DER 2-STUNDEN-CHEF

Insa Klasing ist CEO und Co-Founder des Start-ups TheNextWe, ehemalige Geschäftsführerin von Kentucky Fried Chicken in Deutschland, Österreich, Schweiz und Dänemark sowie Young Global Leader 2017 des Weltwirtschaftsforums. Sie ist für ihren neuen Führungsstil in der Welt des Big Business ebenso wie in der Start-up-Szene anerkannt.

INSA KLASING

DER 2-STUNDEN-CHEF

Mehr Zeit und Erfolg mit dem Autonomie-Prinzip

Luise HOLKE
Campus Verlag
Frankfurt/New York

ISBN 978-3-593-50991-4 Print
ISBN 978-3-593-44138-2 E-Book (PDF)
ISBN 978-3-593-44147-4 E-Book (EPUB)

Copyright © 2019 Campus Verlag GmbH, Frankfurt am Main.
Umschlaggestaltung: Campus Verlag GmbH, Frankfurt am Main
Umschlagmotiv: © Shutterstock: Marijana Radonjic & Akugasahagy
Satz: Publikations Atelier, Dreieich
Gesetzt aus der Minion und der DIN
Druck und Bindung: Beltz Bad Langensalza GmbH
Printed in Germany

www.campus.de

Inhalt

Vorwort von Bill Aulet

handschriftlich: Individualität

Wir stehen kurz vor einem wesentlichen Paradigmenwechsel: Kontrolle hat ausgedient, Autonomie ist jetzt gefragt. Wir befinden uns in einer Welt, in der niemand mehr die Kontrolle hat. Kontrolle war schon immer ein flüchtiges Konzept, aber noch nie so sehr wie heute. Da der technologische Wandel immer schneller voranschreitet, werden immer mehr etablierte Unternehmen Opfer der kreativen Zerstörung agiler neuer Akteure. Unternehmen verändern sich schneller als je zuvor: Professor Richard Foster von der Yale University stellte fest, dass die durchschnittliche Verweildauer von Unternehmen im S&P 500 Index von 67 Jahren im Jahr 1920 auf heute nur noch 15 Jahre gesunken ist.[1] Um in dieser unsicheren Welt zu überleben, müssen etablierte Unternehmen das lernen, was ihre Herausforderer so erfolgreich macht, nämlich die Fähigkeit, radikal zu innovieren und schnell zu skalieren. Beides ist mit Kontrolle nicht möglich. Dies ist schwierig für Volkswirtschaften wie Deutschland, wo Effizienz und Genauigkeit hoch im Kurs stehen. Aber diese Eigenschaften werden in Zukunft weit weniger wert sein als Kreativität. Kreativität erfordert Autonomie. Autonomie, als Voraussetzung für Innovation und Skalierung, wird existenziell für das Überleben von Unternehmen in der neuen Welt.

Als Führungskraft bei IBM und dann als Serial Entrepreneur habe ich beide Welten erlebt und letztere gewählt. Ich glaube an Steve Jobs' berühmtes Zitat »Es macht mehr Spaß, ein Pirat zu sein, als in der Marine zu sein«. Ich lehre seit über einem Jahrzehnt Unternehmertum am MIT. Mein persönliches Bestreben dort besteht darin, nicht nur innovative Unternehmen zu schaffen, die schnell skalieren, sondern auch »antifragile« Chefs zu entwickeln, die in der Lage sind, selbstbestimmt auf die zunehmende Zahl unvorhersehbarer Herausforderungen zu reagieren. Zerbrechliche Wesen brechen unter Druck, aber antifragile Menschen überleben nicht nur, sondern blühen förmlich dabei auf. Sie können mit unpräzisen Informationen in einer unvorhersehbaren Welt arbeiten, in der Versagen nichts Ungewöhnliches ist.

Um den Herausforderungen der neuen Welt zu begegnen, müssen wir über Management hinausgehen und uns auf Führung konzentrieren, wie es *Der 2-Stunden-Chef* sehr treffend tut. Im Mittelpunkt von Management steht Optimierung, die in einigen Geschäftsbereichen wie der Fertigung angemessen ist, wo Risikomanagement und Kontrolle wichtig sind. Als ich bei IBM arbeitete, habe ich Mitarbeiter mit der Absicht gemanagt, sie dazu zu bringen, die Dinge so gut zu machen, wie ich es tat. Dieser Ansatz ist völlig unskalierbar und lässt keinen Raum für Innovationen. Bei Führung hingegen geht es um Kreation, wie die Entwicklung einer Vision und die Erfindung von Mitteln und Wegen, um sie zu erreichen. Autonomie ist eine wichtige Führungsqualität für die Zukunft, und es ist an der Zeit, dass Unternehmen das aktuelle Paradigma von Führung mit Kontrolle fallen lassen, das völlig veraltet und dennoch allgegenwärtig ist.

Ich bin überzeugt, dass Führung gelehrt werden kann, so wie wir am MIT jeden Tag beweisen, dass Unternehmertum gelehrt werden kann. Manager können lernen, sich vom Führen mit Kontrolle zu lösen. Aber das geschieht nicht über Nacht. Es erfordert klare Prinzipien und viel Übung, denn Führung ist letztlich eine Fähigkeit, die wir uns durch »learning by doing« aneignen. Dieses Buch ist von unschätzbarem Wert, da es sowohl die Philosophie und die Methode des Führens mit Autonomie als auch eine Reihe von höchst praktikablen Übungen bietet, die es dem Leser ermöglichen, seinen Führungsstil nicht nur zu überdenken, sondern auch in der Praxis erfolgreich umzusetzen. Dass dies alles von einer inspirierenden Praktikerin mit einer beeindruckenden Erfolgsbilanz kommt, macht dieses Buch einzigartig und unterscheidet es von den vielen theoretischen und oft folgenlosen Abhandlungen über Führung am Markt. Dieses Buch wird die Art und Weise, wie Sie führen, verändern. Ich empfehle Ihnen wärmstens, es zu lesen.

Bill Aulet[2]
Cambridge, Massachusetts, Dezember 2018

Warum ein Reitunfall das Beste war, was mir passieren konnte

... und was das mit der Zukunft Deutschlands zu tun hat

Es ist 14 Uhr an einem ganz normalen Montag. Ich habe Hunger. Seit dem Frühstück ging es von einem Meeting direkt ins nächste. Zeit, auf die Toilette zu gehen, war da nicht, genauso wenig weiß ich bisher, warum meine Assistentin mich dringend sprechen will. Auf meinem Handy reihen sich die Bitten um Rückruf, meine Inbox blinkt unentwegt mit neuen E-Mails. Ich kehre mit meiner To-do-Liste aus den Meetings in mein Büro zurück, davor warten schon drei Mitarbeiter. »Insa, hast du kurz 5 Minuten für mich?« Durch die Glasscheibe sehe ich Martin vorbeigehen, und da fällt mir ein, dass ich vor der nächsten Runde in 15 Minuten unbedingt noch Input von ihm brauche. An Mittagessen ist nicht zu denken. Kommt Ihnen das bekannt vor?

Sechs Monate später an einem ganz normalen Montag um 14 Uhr. Ich komme gerade vom Mittagessen beim Italiener mit einem Kollegen, der nicht direkt an mich berichtet. Es war gut, in Ruhe zu hören, wie es ihm geht und was aus seiner Sicht zurzeit gut bei uns läuft und was nicht. Es wartet niemand vor meinem Büro, denn mit meinen Führungsaufgaben bin ich schon seit 11 Uhr fertig. So habe ich die nächsten zwei Stunden Zeit, nochmal über den Entwurf für unsere zukünftige Neuausrichtung nachzudenken. Danach kommt der Geschäftsführer eines Unternehmens einer ganz anderen Branche zu Besuch. Ich freue mich schon auf den kollegialen Erfahrungsaustausch über Fachkräftemangel und digitalen Datenschutz.

Zugegebenermaßen verläuft zu dieser Zeit nicht jeder meiner Montage so wie dieser. Aber die alten Zeiten sind definitiv vorbei, in denen ich als multinationale Geschäftsführerin einer Restaurantkette durch den Tag hetzte und manchmal kaum Zeit fand, selbst etwas zu essen. Nun habe ich Zeit für die wirklich wichtigen Dinge, und das macht meinen Job spannender und zugleich entspannter als je zuvor.

Wie es zu diesem Paradigmenwechsel kam? Ziemlich brachial und anfangs eher unfreiwillig. Bei einem Reitunfall hatte ich mir beide Arme gebrochen. Von heute auf morgen musste ich wortwörtlich und auch im übertragenen Sinne zahlreiche meiner Führungsaufgaben »loslassen«. Der linke Arm war komplett durchgebrochen und in einer mehrstündigen Operation wieder fixiert worden. Die Reha danach dauerte sechs Wochen – eine Abwesenheitsspanne, die für mich vorher gänzlich unvorstellbar gewesen war. Als ich ins Büro zurückkehrte, trug ich einen Arm immer noch in der Schlinge, der andere war eingegipst. So wurde ich gezwungenermaßen zum »2-Stunden-Chef«, denn für mehr reichte meine tägliche Energie nicht aus. (Wenn ich im Folgenden auf die weibliche Form verzichte, ist das ausschließlich der besseren Lesbarkeit geschuldet, bin ich doch selbst »Chefin«.) Im Nachhinein war es das Beste, was mir passieren konnte, denn dadurch entdeckte ich das Autonomieprinzip und änderte meinen Führungsstil radikal.

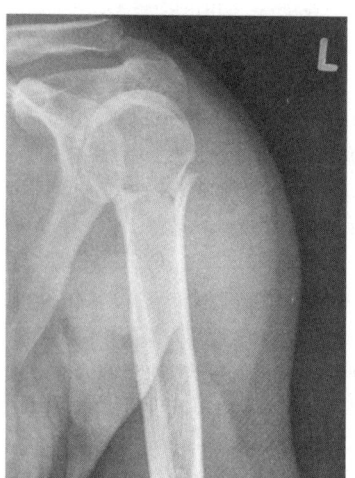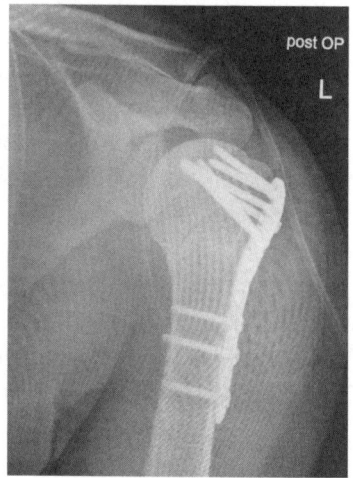

Abbildung 1: Vor und nach der OP

Das Spannende war, dass meine Abwesenheit und meine daraufhin stark reduzierte Führungstätigkeit weder zum Chaos noch zum Stillstand führten. Im Gegenteil, das Team startete voll durch, übernahm immer mehr Verantwortung und beschleunigte Innovationen. Alle brachten sich mehr denn je ein und waren dabei motivierter als je zuvor. Wenn Sie das auch erleben wollen und wissen möchten, wie man das ganz ohne Unfall mit nur zwei Stunden Führung am Tag erreicht, dann sind Sie hier richtig.

Um Missverständnissen vorzubeugen: Auch vor meinem Unfall führte ich schon sehr »kooperativ« und delegierte viele Aufgaben. Mehr ging nicht, so dachte ich damals. Schließlich war ich diejenige, die die Verantwortung übernommen hatte, und unsere Erfolge gaben mir durchaus recht. Wir waren dabei, die Firma zu verdoppeln, und das Leadership-Team, das ich in den Jahren zuvor neu zusammengestellt hatte, arbeitete mit Leidenschaft und Spaß zusammen an unserer Mission. Chef-Sein und Zeitnot gehörten für mich irgendwie zusammen. Wofür wurde ich schließlich sonst bezahlt? Was ich nicht ahnte, war, dass ein Führungsstil, der die Autonomie der Mitarbeiter in den Mittelpunkt stellt, mir selber Freiraum für strategische und andere wichtige Fragen und meinen Mitarbeitern einen zusätzlichen Motivationsschub verschaffen würde.

Autonomie bedeutet aber nicht nur mehr Freiraum und Erfolg für Führungskräfte und Mitarbeiter. In Unternehmen mehr Autonomie zu gewähren, ist aus meiner Sicht auch der einzige Weg, um zu verhindern, dass Deutschland in der digitalisierten Welt vollends den Anschluss verpasst. Im digitalen Zeitalter gilt für Firmen: Wer sich nicht neu erfindet, der verschwindet. Eine derart radikale Innovation erfordert eigenverantwortlich handelnde, motivierte, kreative – kurz: autonome – Mitarbeiter, und dies lässt die Kontrollmentalität in deutschen Chefetagen bislang nicht zu. Auch das oft gepredigte und ohnehin meist nur halbherzig umgesetzte Paradigma »kooperativer Führung« mit seinen Zahlenzielen, wöchentlichen Abteilungsmeetings und regelmäßigen Zielkontrollen basiert letzten Endes immer noch auf Kontrolle und verhindert Autonomie. So werden wir immer mehr zu passiven Konsumenten von Technologien und Geschäftsmodellen, die in den USA, China und Südkorea entwickelt und in Südostasien produziert werden. Wir sind dabei, mit unserem Kontrollwahn unsere gesamtwirtschaftliche Autonomie auf dem Weltmarkt zu verspielen. Es wird Zeit, dass wir das ändern. *Der 2-Stunden-Chef* ist mein Vorschlag, wie das mit einem neuen Führungsparadigma gelingen könnte. Ich wünsche Ihnen viel Freude und gute Erkenntnisse bei der Lektüre!

Insa Klasing/Berlin, April 2019

Kapitel 1
Tag 1: Das Leben wirft mich aus dem Sattel

■ Wie steuert man ein Unternehmen durch die viel beschworene VUCA-Welt (Volatility, Uncertainty, Complexity, Ambiguity), mit ihren stetig wachsenden und unberechenbaren Herausforderungen? Wie erzielt man zuverlässig Wachstum in unzuverlässigen, wandelbaren Zeiten? Wie gewinnt und wie bindet man als Chef trotz Fachkräftemangel die besten Mitarbeiter? Meine Antwort passt in einen Halbsatz: Indem man loslässt und die Mitarbeiter machen lässt.

Sollte Ihnen »Loslassen« zu sehr nach Räucherstäbchen und Selbsterfahrungsgruppe klingen, dann sei noch hinzugefügt: Gemeint ist nicht, sich vor den Anforderungen des Unternehmensalltags in die Gleichgültigkeit eines Laisser-faire zu flüchten. Es geht vielmehr darum, die Autonomie der Mitarbeiter in den Mittelpunkt der eigenen Führungsphilosophie zu stellen. Denn Autonomie ist der Schlüssel zu Motivation, Eigenverantwortung, Kreativität und Weiterentwicklung von Menschen. Sie ist eine echte Wunderwaffe, die in den meisten Organisationen ungenutzt vor sich hinrostet, weil wir von klein auf gewöhnt sind, dass es ohne Kontrolle nicht gehen kann.

Böses Erwachen: Was mich das Loslassen lehrte

Führen durch Autonomie – zu dieser Erkenntnis bin ich, wie schon gesagt, nicht ganz freiwillig gekommen. Es geschah am 14. Mai 2016. Wie jeden Samstag ging ich reiten. Reiten war und ist meine ganz persönliche Energietankstelle, mein Ausgleich, meine Leidenschaft. Ich reite seit meinem siebten Lebensjahr. Wie hätte ich ahnen sollen, dass dieser Reitausflug mein Leben drastisch verändern würde?

Es war ein stürmischer Tag, und mein Pferd ging auf freiem Feld durch. Als es im vollen Galopp bei etwa 60 Kilometern pro Stunde auch noch zu buckeln begann, katapultierte es mich buchstäblich aus dem Sattel. Andere sehen in solchen Momenten ihr Leben an sich vorbeiziehen. Alles, was ich denken konnte, war: ›Abrollen, abrollen!‹ Danach dachte ich erst einmal nichts mehr. Ich erinnere mich an Wortfetzen, hektische Aktivität um mich herum, an besorgte Gesichter. Die Diagnose im Krankenhaus:. Mein linker Arm war buchstäblich abgebrochen, der Knochen war komplett durch.

Das Erste, was ich die behandelnde Chirurgin am Morgen nach der OP fragte, war: »Wie lange? Wie lange wird es dauern, bis ich wieder in der Firma bin?« Die Ärztin lächelte nur: »Das entscheidet Ihr Körper. Aber es wird dauern.« Sie hätte genauso gut Chinesisch sprechen können, denn mein Körper hatte sich bis dato in meinem Leben immer nach meinem Kopf richten müssen. Gerade hatte ein Operationsteam acht mehrere Zentimeter lange Schrauben gebraucht, um meinen linken Arm wieder an meine Schulter zu montieren. Doch woran ich zuerst dachte und was ich vor allem brauchte, war ein Datum: für die Abwesenheitsnotiz, für die Vertretungsregelung, für die Kommunikation mit meinen Mitarbeitern und mit meinem Chef in England.

Versetzen Sie sich einmal in meine Situation: Welches Datum würden Sie in die Abwesenheitsnotiz schreiben? Am Ende wählte ich drei Wochen. Das war der maximale Zeitraum, den mein Bewusstsein sich damals vorstellen konnte. Ich fuhr normalerweise zwei Wochen in den Urlaub, und für zwei Wochen kann man seine Aufgaben gut an eine Vertretung übergeben. Drei Wochen waren also schon ein Stretch. Am Ende fehlte ich insgesamt zwei Monate in der Firma.

> Mein erster Gedanke im Krankenhaus: »Wann bin ich wieder in der Firma?«

Und als ich endlich Krankenhaus und Reha hinter mir hatte und zurück ins Büro kam, hatte ich zwei unbrauchbare Arme, denn erst bei der Physiotherapie hatte sich herausgestellt, dass ich mir nicht nur den linken Arm, sondern auch das rechte Handgelenk gebrochen hatte. Dort trug ich nun einen Gips. Der linke Arm lag in einer Schlinge und war bewegungsunfähig. Ich konnte nichts unterschreiben, mir keine Notizen machen, keine Handtasche tragen oder Türen öffnen. Apples Siri war zu meiner neuen besten Freundin geworden.

Es war super, für alle. Denn ich begann loszulassen, wortwörtlich. Etwas anderes blieb mir auch nicht übrig. Ich hätte mir vorher nie vorstellen können, dass genau das unsere Ergebnisse beflügeln würde. Zuvor hatte ich zwar auch schon einen offenen Führungsstil und habe sehr viel delegiert, aber zwischen delegieren und loslassen fließt der Mississippi.

Vier Jahre zuvor war ich als Geschäftsführerin angetreten, um das Geschäft von KFC in Deutschland zu verdoppeln. Als ich kam, lief alles über meinen Schreibtisch, selbst Einstellungen im Restaurant. Mir war schnell klar, dass ich so als General Managerin der Flaschenhals unseres Wachstums war. Daher verlagerte ich Entscheidungen immer weiter in die Organisation und gründete den sogenannten »Managers Club«. Hier arbeiteten wir gemeinsam mit dem mittleren Management mit den unterschiedlichsten Methoden daran, Entscheidungen aus dem Vorstand in die Organisation zu verlagern. Vier Mal im Jahr hielten wir Workshops und Offsite-Meetings mit dem Managers Club, bei denen Entscheidungsfindung, Problemlösung, Kommunikation, Resilienz und vieles mehr gemeinsam trainiert wurden. Wenn man mehr Verantwortung von den Mitarbeitern einfordert, muss man ihnen auch die notwendigen Werkzeuge dafür an die Hand geben.

Dennoch brachte mein Unfall unsere Zusammenarbeit auf eine andere, zuvor unvorstellbare Ebene. Beim Delegieren entscheidet man sich, in *spezifischen* Situationen Aufgaben abzugeben, möglichst, nachdem man alles gut vorbesprochen hat. Nach dem Unfall ging es aber nicht um spezifische Situationen, sondern um *jede* Situation. Auch, wenn ich zehn Tage nach meinem Sturz im Austausch mit meinem Vertreter stand und wir uns fast täglich besprachen, konnten wir nicht alles vorbesprechen, nicht alles planen. Anders als bei einem Urlaub, bei dem Entscheidungen auch mal zwei Wochen aufgeschoben werden können, musste es hier ohne mich weitergehen, denn es war überhaupt nicht klar, wann ich wieder einsatzfähig sein würde.

Der Unentbehrlichkeitsmythos:
Fünf vermeintliche Argumente

Später fragte ich mich: Was sagt es über das eigene Führungsverständnis aus, wenn »drei Wochen« die maximale Abwesenheitsdauer ist, die sich ein Manager vorstellen kann – und auch das nur mit Mühe? Ich wollte, ich könnte diese Einschätzung auf starke Schmerzmittel und den Schock des Unfalls schieben. Doch auch bei voller Gesundheit wäre meine Entscheidung nicht anders ausgefallen. Mein Gehirn verweigerte sich schlicht der Möglichkeit, dass das Unternehmen auch ohne mich beziehungsweise mit wenigen grundsätzlichen Impulsen laufen könnte. Und das, obwohl in den vergangenen Jahren der Aufbau eines engagierten A-Teams gelungen war, dem ich vertraute, und wir auf dem besten Weg waren, das Geschäft zu verdoppeln.

> Beim Delegieren entscheiden Sie. Beim Loslassen entscheiden andere.

Gewiss, die Friedhöfe sind voll von »Unentbehrlichen«. Nur, wenn wir ganz ehrlich sind: Dort liegen immer die anderen – die, die sich *irrtümlich* für unverzichtbar gehalten haben. Bei uns selbst stellt sich die Sache anders da: Wir sind wirklich unentbehrlich! Selbst wenn unser Verstand uns das souveräne Bekenntnis diktiert, jeder sei ersetzbar – im Herzen und im Bauch ist diese These bei den wenigsten Managern angekommen. Ich nehme mich da nicht aus.

Wir alle finden sehr gute Argumente dafür, wirklich gebraucht zu werden. Und diese Argumente für unsere eigene Unentbehrlichkeit rechtfertigen es dann in unseren Augen, unseren Mitarbeitern nicht mehr Autonomie zu gewähren und sie konsequent auf diese Herausforderung vorzubereiten. Seit meinem Reitunfall habe ich mit vielen leitenden Managern über Autonomie diskutiert. Unter ihnen waren etliche CEOs. Als Argumente für die eigene Unentbehrlichkeit wurden immer wieder die folgenden fünf genannt:

> Der Unentbehrlichkeitsmythos: »Ersetzbar« sind immer die anderen.

Loyalität: »Ich kann meine Leute nicht im Stich lassen«, lautet diese Überzeugung. Das ist ein honoriges Argument, denn Loyalität ist einer der wichtigsten Grundwerte für gute Kooperation. Fraglich ist allerdings, ob Loyalität Dauerpräsenz voraussetzt. Für mich bedeutet

Loyalität: Das Team muss wissen, dass der Chef in heiklen Situationen hinter ihm steht (und auch hinter jedem Einzelnen). Auf das Loyalitätskonto zahlen Führungskräfte wie auch Mitarbeiter durch integres Verhalten langfristig ein. Ein Team, in dem Selbstverantwortung ermöglicht und gelebt wird, misst Loyalität nicht daran, ob die Führungskraft jederzeit vor Ort ist, um Feuerwehr zu spielen.

Mein Krankenzimmer glich teilweise einem Blumenladen, so viele Sträuße bekam ich geschickt. Die Anteilnahme und die vielen guten Wünsche für meine Genesung haben mich aufrichtig gerührt. Der Grundtenor lautete: »Kurier dich in Ruhe aus!« Und da mein Team meine Ungeduld kannte, hätte ich nach geraumer Zeit auch einen Bücherstand für buddhistische Grundlagenliteratur eröffnen können. Im Stich gelassen fühlte sich niemand.

Angst, Erwartungen zu enttäuschen: Hier geht es um die Sorge, die Ansprüche des eigenen Vorgesetzten oder auch verschiedener Stakeholder wie Aktionären, Kapitalgebern, Kunden und Kooperationspartnern nicht zu erfüllen. Mancher fürchtet noch dazu um sein Renommee, seinen Ruf in der Wirtschaftspresse, wenn er länger ausfällt, sei es durch Krankheit oder auch durch ein Sabbatical. Diese Angst teilte ich nicht mehr, denn ich wurde durch eine empathische Unternehmenskultur aufgefangen, in der mein Boss mir sofort signalisierte, meine wichtigste Aufgabe sei, gesund zu werden – alles andere sei zweitrangig. Außerdem war das Unternehmen solide aufgestellt. Externe Gesprächspartner waren es gewöhnt, dass Mitarbeiter unterhalb der Geschäftsführung kompetent und eigenverantwortlich agierten. Autonomie und Loslassen setzen einen geeigneten Kontext voraus. Man kann nicht von heute auf morgen den Schalter von Gängelei auf »Mach mal selbst!« umlegen. Ein traditionell geführtes Unternehmen zu transformieren braucht Zeit. Wie Sie diesen Wandel einleiten können, lesen Sie in den Kapiteln 4, 5, 6 und 7.

Pflichtbewusstsein: »Als alleinvertretungsberechtigter Geschäftsführer *muss* ich da sein!«, so das Argument. »Wer sonst soll wichtige Dokumente unterschreiben?« Doch auch dieses strukturelle Dilemma ist lösbar durch Prokura für Leistungsträger und das Vieraugenprinzip bei grundlegenden Entscheidungen. Aus meiner Sicht muss es sogar gelöst werden, sonst steht das Unternehmen still, wenn der Entscheidungsträger sich nicht »nur« die Arme bricht, sondern total ausfallen sollte. Übrigens gilt das nicht nur für das Topmanagement: Ein Unternehmen, das von einer einzigen Person abhängig ist – beispielsweise vom IT-Manager, der sich als Einziger mit dem Shop-System auskennt –, fährt eine Kamikaze-Strategie.

Mögliche Katastrophen abwenden: »Der Fußballtrainer sitzt ja auch die ganze Zeit auf der Bank, um notfalls einzugreifen, und verzieht sich nicht in die Kabine«, sagte einer meiner Gesprächspartner. Die Sorge, wer als Führungskraft nicht ständig präsent sei, werde von einer »Katastrophe« kalt erwischt, ist gar nicht so selten. Mancher fragt sich schon nach zwei Wochen Urlaub bang, was wohl in seiner Abwesenheit passiert sein könnte. Ein gutes Katastrophenwarnsystem funktioniert allerdings gerade nicht durch besonders enge oder gar autoritäre Führung, sondern durch eine positive Fehlerkultur und Offenheit. Wenn Fehler nicht sanktioniert, sondern als wertvolle Lernhinweise verbucht werden, ist das die beste Voraussetzung für ein funktionierendes Frühwarnsystem. Dazu bedarf es des Handelns nach der Maxime »Ein Fehler ist völlig okay, wenn er proaktiv adressiert wird und Lösungsmöglichkeiten vorgeschlagen werden, damit er sich nicht wiederholt.« (Dazu mehr in Kapitel 7.) Glaubwürdig wird dies, wenn der Führende es vorlebt und auch eigene Versäumnisse nicht unter den Teppich kehrt. Denken Sie an die Skandale und Katastrophen der vergangenen Jahre, ob Bankenkrise oder Abgasskandal: Sie kamen nicht wie der Blitz aus heiterem Himmel. Sie waren Folge einer Unternehmenskultur, in der offiziell keine Fehler passierten und in der zum Beispiel Entwicklungsingenieure nicht zugeben durften, dass ambitionierte Abgaswerte in der vorgegebenen Zeit nicht zu erreichen waren.

Rechtfertigung des eigenen Gehalts: »Wer das größte Gehalt verdient, sollte auch den größten Beitrag leisten«, so der Gedanke. Wer diese Überzeugung hegt, meint, es sich selbst und dem Unternehmen schuldig zu sein, morgens der Erste und abends der Letzte im Unternehmen zu sein. Übersehen wird dabei, dass eine Führungskraft nicht für die Zahl ihrer Arbeitsstunden entlohnt wird, sondern für die Bereitschaft, eine größere Verantwortung zu schultern. Außerdem wird sie bezahlt für strategischen Weitblick, innovative Ideen, kluge Personalpolitik, Verhandlungsgeschick, ein gutes Netzwerk zum Wohle des Unternehmens und vieles mehr. Im Hamsterrad leiden diese relevanten Führungsleistungen.

Letztendlich sind alle fünf Argumente Mythen und Geschichten, die wir uns selbst erzählen, um uns unserer eigenen Unentbehrlichkeit zu versichern. Es schmeichelt unserem Ego, dass man uns braucht. Unser »Gebraucht-Werden« entschädigt uns für lange Arbeitstage, durchgrübelte Wochenenden und ein reduziertes Privatleben. Genau genommen beißt sich hier die Katze in den Schwanz: Weil wir uns für unentbehrlich halten, arbeiten wir so viel. Und dass wir so viel arbeiten, ist gleichzeitig der beste Beweis dafür, wie unentbehrlich wir sind.

> Wofür werden Sie bezahlt? Für lange Arbeitstage oder für große Verantwortung und strategischen Weitblick?

Der Chef und sein Ego: Das gesunde Maß

Mit dem Ego ist das so eine Sache. Vom *Duden* schlicht als Substantiv »Ich« definiert, beschreibt das *Cambridge Dictionary* das Ego als »Idee oder Meinung von sich selbst, besonders die Meinung über die eigene Wichtigkeit und Fähigkeit«[1]. Das klingt zunächst neutral, schließlich kann diese Meinung über sich selbst sowohl hoch als auch niedrig ausfallen, also ein Ego jeglicher Größe beinhalten. Als ich nach meinem Unfall über meine absurde Abwesenheitsnotiz und vermeintliche Unentbehrlichkeit reflektierte, fragte ich mich, wie viel Ego eigentlich gesund sei für einen Chef.

Auf der Suche nach einer Antwort stieß ich in der Literatur auf zwei Extreme. Am einen Ende des Spektrums gibt es die Literatur des Ego-Bashing. So sieht der amerikanische Autor Ryan Holiday das Ego gar als unseren größten Feind. Er meint, es sei »der ungesunde Glaube an die eigene Bedeutung. Arroganz. Ich-bezogener Ehrgeiz.«[2] Und in dieser Ich-Bezogenheit verortet er die Ursache allen Übels: »Auch wenn die wenigsten von uns ›Egomanen‹ sind, wurzelt so gut wie jedes denkbare Problem und Hindernis im Ego.«[3] Ego-Bashing ist besonders naheliegend bei Chefs, denn sie gelten häufig als Egoisten, denen es nur um ihre eigenen Interessen geht. Diese angebliche

Selbstbezogenheit von Chefs ist laut Stanford-Professor Jeffrey Pfeffer schädlich für die Organisationen, die sie führen, da die Interessenlagen grundsätzlich divergieren.[4] Individuen überleben in einer Organisation laut Pfeffer eher, indem sie selbstbezogen handeln, während das Überleben einer Gruppe häufig auch davon abhängt, dass ihre Mitglieder ihr eigenes Wohlergehen der Gruppe opfern und Dinge für andere tun.[5]

Da in unserer Gesellschaft Selbstbezogenheit grundsätzlich als schädlich gebrandmarkt ist, ist es kein Wunder, dass am anderen Ende des Spektrums in der Führungsliteratur das genaue Gegenteil, also Selbstlosigkeit in der Führung, propagiert wird. Der Amerikaner Robert Greenleaf publizierte schon 1977 den Management-Klassiker *Servant Leadership*, der vierzig Jahre später immer noch verlegt wird, weit über seinen Tod hinaus. Darin propagiert er, dass die erste und wichtigste Aufgabe eines Leaders ist, seinen Mitarbeitern zu dienen. Der Servant-Leader zeichnet sich dadurch aus, dass er nicht seine eigenen Bedürfnisse voranstellt, sondern dafür sorgt, dass die wichtigsten Bedürfnisse anderer erfüllt werden.[6] Der Servant-Leader ist an erster Stelle Servant, und erst dann Leader.

> Ist das Ego grundsätzlich schädlich? Und sind Chefs anfällig für übertriebene Selbstbezogenheit?

Auch in der ansonsten nicht zimperlichen Welt des Start-up-Investors Rocket Internet findet sich ein Anspruch an Selbstlosigkeit. »Egoless Culture« ist ein Wert des Investors, der auch in den Beteiligungen, zum Beispiel bei Foodora und Zalando, gilt. Erwartet wird beispielsweise, dass »Entscheidungen trotz persönlichem Ego schnell wieder revidiert werden müssen. Jeder müsse bei Rocket über seinen Schatten springen können, was nicht immer ganz einfach sei.«[7]

Mir ist diese Verunglimpfung des Egos zu kurz gegriffen. Natürlich bin ich nicht dafür, dass falsche Entscheidungen nur deshalb nicht revidiert werden, weil der Chef sonst sein Gesicht verliert. Selbstverständlich will niemand für jemanden arbeiten, dem es nur um sich geht, und dem die Bedürfnisse der Mitarbeiter völlig egal sind. Egomanen und Narzissten sind keine guten Chefs, das steht außer Frage. Aber das andere Extrem, Selbstlosigkeit, ist auch keine Lösung. Es ist unrealistisch, unklug und unnötig.

- Unrealistisch, weil wir als Menschen gar nicht anders können, als unsere eigenen Interessen zuallererst im Auge zu haben.
- Unklug, weil wir mit dem Ideal des Egoless-Leaders einen wichtigen Motor für große Ergebnisse abstellen. »Menschen, die eine große Karriere anstreben, müssen sehr von sich überzeugt sein. Sie brauchen Durchhaltewillen, mentale Robustheit, Widerstandskraft und ein stark ausgeprägtes Ego, das ihnen hilft, auch schwierigste Situationen zu meistern und Durststrecken zu überwinden«[8], weiß das Coaching-Duo Dorothea Assig und Dorothee Echter.
- Und unnötig, weil ein gesunder Fokus auf die eigenen Interessen nicht zwangsläufig Schaden für alle anderen bedeutet. Im Gegenteil, wenn jeder auf sich achtet, ist für alle gesorgt. Niemand kennt die eigenen Bedürfnisse besser als man selbst. Und wer nicht zuerst auf sich achtet, der kann im Notfall auch schlecht anderen helfen, genauso wie im Flugzeug, wo es auch sinnvoll und geboten ist, bei fallendem Luftdruck die Sauerstoffmaske zuerst sich selbst aufzusetzen, bevor man Kindern und hilfsbedürftigen Personen hilft.

Klar ist, dass wir ohne unser Ego gar nicht erst in eine Führungsposition gekommen wären. »Denn kaum ein Chef ist als Chef auf die Welt gekommen. Die allermeisten sind die Karriereleiter hochgeklettert. Bei jeder Stufe haben sie sich durchgesetzt, weil sie besser waren als alle anderen Kandidaten, die auf den gleichen Posten hofften«, schreibt der Management-Trainer Markus Jotzo.[9] In dieser Phase kann von Selbstlosigkeit keine Rede sein, es zählt allein, sich zu beweisen und weiterzukommen.

Für eine große Karriere braucht es ein gesundes Ego. Der »egolose« Chef ist eine Illusion!

Doch das ändert sich, wenn man erst einmal die Chefposition erreicht hat. »Um an die Spitze zu kommen, ist ein großes Ego notwendig. Um an der Spitze zu bleiben, muss das Ego unter Kontrolle gebracht werden. Wenn dort die Konzentration auf das Ego zu stark wird, wenden sich Menschen enttäuscht ab«[10], schreiben Assig und Echter. Das Ego unter Kontrolle zu bringen, ist keine leichte Aufgabe. Schließlich hat sich die Stärkung des Egos auf dem Weg nach oben als vielversprechendes Muster erwiesen.[11]

Die Ego-Lösung: Führen mit Autonomie

Wir brauchen also einen neuen Ansatz – einen, der den aus meiner Sicht vollkommen legitimen selbstbezogenen Interessen der Führungskräfte nach Verantwortung, Status und Weiterkommen gerecht wird, also ihr Ego nährt, aber der gleichzeitig das beste Ergebnis für Mitarbeiter, Kunden und Investoren hervorbringt. Dieser Ansatz ist Führen mit Autonomie.

Autonomie ist, wie ich im nächsten Kapitel zeigen werde, der Schlüssel zu Motivation, Eigenverantwortung und Kreativität. Je mehr Spielraum ich meinen Mitarbeitern gebe, desto härter arbeiten sie, desto mehr Verantwortung übernehmen sie, desto kreativer gehen sie vor. Je mehr ich sie kontrolliere, desto kleiner wird ihr Spielfeld, desto weniger werden sie geben. Wer die Autonomie seiner Mitarbeiter in das Zentrum seines eigenen Führungsverhaltens stellt, steigert seine Ergebnisse – und damit gewinnt automatisch auch sein Ego. Denn wer tolle Ergebnisse mit seinem Team erreicht, gewinnt am Markt, hat die besten Chancen, befördert zu werden, steigt in der Hierarchie auf und wird am Ende mit höherem Gehalt und Einfluss belohnt. Und seine Mitarbeiter gewinnen mit ihm, denn Menschen lieben es, erfolgreich zu sein. Jeder möchte Teil von etwas Großartigem sein. Und was auf den Chef in Bezug auf sein Ego zutrifft, stimmt für das Team ebenso: Gute Ergebnisse stärken das Ego der Teammitglieder, und zwar in dem Maße, wie jeder daran mitgewirkt hat. Führen mit Autonomie stärkt also das Ego des Chefs und das Ego der Mitarbeiter gleichzeitig. Und umgekehrt gilt: Je egomanischer ich mich verhalte, desto mehr werde ich abgelehnt, desto weniger Menschen folgen mir gerne, desto mehr leiden meine Ergebnisse und mein Ego.

Der Schlüssel für die geschilderte Win-win-Situation sind gute Ergebnisse. Diese bekommt man, wie ich selbst erleben durfte, am besten, indem man loslässt und die Mitarbeiter machen lässt. Ich kenne nur sehr wenige Führungskräfte, die sich konsequent über Resultate definieren, über Arbeitsergebnisse, Erfolge, die andere erzielt haben – einfach nur, weil man ihnen keine Steine vor die Füße gerollt hat. Die meisten definieren sich über ihr Tun. Sie wollen am liebsten mal eben die Firma retten

»Führen mit Autonomie« stärkt das Ego des Chefs und das seiner Mitarbeiter.

oder zumindest wichtige Weichen stellen, Mitarbeitern auf die Sprünge helfen, Fehlentscheidungen verhindern und Projekte vorantreiben. Hinzu kommt, dass sich viele als Stürmer sehen, der den Ball ins Tor befördert, um nachher im Rampenlicht generös auf den Anteil der Mannschaft hinzuweisen. Auf der Bank zu sitzen und zuzuschauen, wie andere Tore schießen, liegt den allerwenigsten.

Aber was wäre, wenn das Auf-der-Bank-Sitzen und Zuschauen der wichtigste Beitrag überhaupt ist? Der Beitrag, der einen Sieg erst ermöglicht? Wenn der Fußballtrainer auf den Platz läuft und mitspielt, bleibt die Bank leer, und das Team ist effektiv führungslos. Niemand hat mehr das Gesamtbild im Blick, niemand analysiert die gegnerische Mannschaft und passt die Taktik dem Spielverlauf an, und es ist niemand mehr da, der entscheiden kann, wer ausgewechselt wird. Es lohnt sich also, sitzen zu bleiben. Doch in der Praxis passiert zu häufig das Gegenteil: Wir Chefs mischen immer mal wieder im Tagesgeschäft mit.

Um wirklich dauerhaft auf der Bank sitzen zu bleiben, brauchen wir ein neues Verständnis von unserem eigentlichen Beitrag als Führungskraft. Damit wir für die eben genannten Kernaufgaben Zeit haben, müssen wir unsere Mitarbeiter machen lassen. Mein Beitrag als Chef ist nicht mein eigenes »Tun«. Die anderen »tun« und erzielen damit die

Wer behält die Übersicht, wenn der Trainer mitspielt?

gewünschten Ergebnisse. Ich lasse das zu. In der Konsequenz heißt das, eine Führungskraft wird bezahlt für ihr »Sein«.

In den USA pflegt man die Maxime »Let them shine!«. Gemeint sind die Mitarbeiter. Tolle Mitarbeiter zu haben, die glänzende Ergebnisse erzielen, strahlt auf die Führungskraft ab und wird als Beleg für gute Führung gewertet. In vielen US-Unternehmen ist zudem der konsequente Aufbau eines Nachfolgers bonusrelevant. Belohnt wird also, wer sich entbehrlich macht. Auch das ist ein wirksamer Schutz vor dem Irrtum der eigenen Unersetzlichkeit und fördert die konsequente Übertragung von Verantwortung auf Teammitglieder.

Warum wir kontrollieren: Sicherheit und Macht

Wer jetzt immer noch denkt, Loslassen sei keine gute Idee, weil das einem Machtverlust gleichkäme und nicht zuletzt Unsicherheit produziere, der befindet sich in bester Gesellschaft. Jeder Mensch kontrolliert immer aus einer für sich positiven Absicht heraus, entweder aus einem Bedürfnis nach Sicherheit oder aus einem Bedürfnis nach Macht.

Kontrollieren, um Sicherheit herzustellen, ist zutiefst menschlich. Schon der Evolutionspsychologe Abraham Maslow stellte in seiner Bedürfnispyramide Sicherheit an zweite Stelle, übertroffen an Wichtigkeit nur von physiologischen Bedürfnissen wie schlafen, essen und trinken. Man kann über seine Theorie durchaus streiten, aber es steht außer Frage, dass, wer um sein eigenes Überleben bangen muss, nicht den Luxus hat, sich über Selbstverwirklichung Gedanken zu machen. Frauen verspüren das Bedürfnis nach Sicherheit zumeist stärker als Männer, da sie dafür sorgen müssen, dass die Kinder überleben. Ohne ein Streben nach Sicherheit gäbe es die Menschheit gar nicht.

Wer seine Mitarbeiter kontrolliert, indem er nachfragt, Arbeitsschritte überprüft und sich in jede E-Mail auf cc setzen lässt, der stellt Sicherheit über die Ergebnisse her und macht sie dadurch für sich berechenbar. Der Gewinn für den Chef beim Kontrollieren ist, dass er einen großen Einfluss auf das Ergebnis hat. Doch das hat seinen Preis: Der Chef reduziert damit das Engagement seiner Mitarbeiter, denn sie würden mit mehr Autonomie mehr geben. Mehr dazu lesen Sie im nächsten Abschnitt.

Das Bedürfnis nach Sicherheit haben alle Menschen, aber es ist unterschiedlich stark ausgeprägt. Der Motivationspsychologe Julius Kuhl beschreibt unsere hintere linke Gehirnhälfte als »Controller«, der für die Ergebniskontrolle zuständig ist.[12] Wie stark dieser Controller zum Einsatz kommt, hängt davon ab, wie stark die drei anderen Verarbeitungs- und Steuerungszonen im Gehirn ausgeprägt sind, die Informationen aufnehmen und verarbeiten und aus Absichten Handlungen werden lassen.

Die drei anderen Gehirnzonen sind laut Kuhl der »Logiker« vorne links, der für die Handlungsplanung zuständig ist, der »Geschäftsführer« vorne rechts, verantwortlich für die Zielbildung, und der »Macher« hinten rechts, der für die Handlungsausführung sorgt. Chefs mit einem ausgeprägten »Controller« werden sich mehr einmischen und nach Fehlern Ausschau halten als Chefs, deren »Macher« dominiert, und die vergleichsweise weniger Sicherheit brauchen, um voranzugehen und andere vorangehen zu lassen.

Diese verschiedenen Ausprägungen gibt es natürlich auch bei den Mitarbeitern. Wenn man seine Mitarbeiter gut kennt, kann man das in der Führung nutzen. So ist ein »Controller«-Typ eher motiviert, sich für Sicherheit einzusetzen, also Fehler zu finden und Schaden zu vermeiden. Für einen »Logiker« wäre das keine inspirierende Herausforderung, er ist stattdessen mit Zielen für etwas zu gewinnen.[13]

Egal wie ausgeprägt unser Bedürfnis nach Sicherheit ist, Fakt ist, dass es bei jedem existiert. Beim Führen mit Autonomie statt Kontrolle geht es nicht darum, Kontrolle einfach über Bord zu werfen und durch Autonomie zu ersetzen. Das ist schon allein deshalb nicht möglich, weil wir die Einhaltung von Gesetzen und Vorschriften sicherstellen müssen. Vielmehr geht es beim Führen mit Autonomie darum, herauszufinden, was ich als Chef an Sicherheit brauche, um meinem Team mehr Autonomie zuzugestehen und so bessere Ergebnisse zu erlangen. Vielleicht kann ich loslassen und dem Mitarbeiter nicht jeden Tag über die Schulter schauen, wenn bestimmte Meilensteine zu festen Zeitpunkten vereinbart sind.

Das Gleiche gilt es auch für die Mitarbeiter herauszufinden: Wie viel Sicherheit braucht jeder einzelne? Der Chef kann seinem Team auch beim Führen mit Autonomie Sicherheit geben, zum Beispiel indem er einen berechenbaren Rahmen mit klaren Zielen schafft. Außerdem kann er bei jedem einzelnen Mitarbeiter ausloten, wie viel Autonomie sinnvoll ist. Mehr Autonomie bedeutet immer auch mehr Verantwortung, und das ist nicht für jeden Mitarbeiter die richtige Lösung. Was braucht der Mitarbeiter, um mehr Verantwortung zu übernehmen? Auch die Antwort darauf fällt bei jedem Menschen anders aus. *One size fits all* ist fehlplatziert beim Führen mit Autonomie. Wie es maßgeschneidert gelingt, dazu mehr in Kapitel 5.

Neben Sicherheit ist das Bedürfnis nach Macht ein weiteres Motiv für Kontrolle. Machtmotivierte Chefs kontrollieren, weil sie sicherstellen wollen, dass die Dinge exakt so gemacht werden, wie sie es für richtig halten. Sie üben ihre Macht aus, um »Einfluss auf das Verhalten, die Überzeugungen oder die Gefühle anderer Menschen auszuüben«[14]. Dabei sind sie durchaus gewillt, den eigenen Willen

Einen Rahmen schaffen, der den Mitarbeitern Sicherheit gibt, statt kleinteilig zu kontrollieren.

auch gegen das Interesse eines anderen durchzusetzen. Kontrolle ist ein entscheidendes Instrument bei der Ausübung von Macht. Psychologen fanden sogar heraus, dass »die Genugtuung über die (vermeintliche) Kontrolle die meisten Auswirkungen der Machtmotivation vermittelt.«[15]

Wer so denkt, dem wird Führen mit Autonomie auf den ersten Blick nicht gefallen. Wird damit nicht die Macht vom Chef auf das Team übertragen? Und der Chef dadurch weniger mächtig? Das Gegenteil ist der Fall, Autonomie zu gewähren, stärkt die eigene Macht. »Macht steigt mit Freiheiten auf beiden Seiten«[16], schreibt der Soziologe Niklas Luhmann in seinem Buch *Macht*. Wie das? Je mehr Wahlmöglichkeiten ich selbst als Chef habe, andere zu beeinflussen, desto größer ist meine

Wer sich auf formale Macht berufen muss, ist de facto machtlos.

Macht. Und je mehr Wahlmöglichkeiten derjenige hat, den ich beeinflusse, desto mächtiger bin ich, schließlich hätte er sich ja auch anders entscheiden können. Nur der mächtigste Chef kann es sich leisten, Autonomie zu gewähren, wohlwissend, dass das Team ihm trotzdem folgt. Das wusste schon der chinesische Philosoph Lao Tse viele hundert Jahre vor Christi Geburt und formulierte es in dem wohl bis heute nach der Bibel weltweit am weitesten verbreiteten Buch *Tao Te King* wie folgt:

Den allerhöchsten Herrscher
können die Menschen nur ahnen;
dann erst kommt der, den sie kennen und lieben;

dann der, den sie fürchten;
dann der, den sie verachten.

Wer nicht genug Vertrauen hat,
dem wird man auch nicht vertrauen.

Er spricht zögernd
und geht nicht leichtfertig mit Worten um.
Ist sein Werk vollendet und seine Arbeit getan,
so sagen alle Menschen:
»Es geschah wie von selbst.«[17]

Besser kann man es auch Jahrhunderte später kaum sagen. Die Frage ist also, wie wir zum mächtigsten Chef, zum »allerhöchsten Herrscher« werden und unsere Macht fast unsichtbar so mehren, dass die Menschen uns gerne und wie von allein folgen und die erbrachte Leistung am Ende als ihre eigene erachten, so wie es Lao Tse beschreibt. Der amerikanische Psychologe Dacher Keltner bietet eine ungewöhnliche Antwort: Unsere Macht basiert darauf, »wie gut wir anderen zu Macht verhelfen«[18]. Denn aus seiner Sicht wird Macht nicht ergriffen, im Machiavellischen Sinn, sondern von Gruppen gewährt, seit vertikale Hierarchien durch horizontale Netzwerke abgelöst werden.[19] Dafür ist Führen mit Autonomie genau die richtige Mechanik.

Führen mit Kontrolle: Welchen Preis wir persönlich zahlen

Führen mit Kontrolle ist allseits verbreitet, aber den wenigsten Chefs ist bewusst, welchen Preis sie persönlich dafür bezahlen. Im Kern kostet Kontrolle den Chef Zeit und Erfolg.

Der Faktor Zeit ist leicht nachzuvollziehen: Wenn ich täglich den Arbeitsfortschritt meines Teams kontrolliere, habe ich fünf Tage die Woche damit zu tun. Wenn ich es nur einmal die Woche tue, habe ich vier Tage frei. Je mehr ich mich ins Tagesgeschäft einmische, je mehr Themen ich kontrolliere, desto mehr Aufwand habe ich, weil alles über meinen Schreibtisch geht und ich in umso mehr Meetings sitze. Und das wird immer schlimmer: Wer einmal anfängt, seine Mitarbeiter zu kontrollieren, der bekommt von ganz allein immer mehr von ihnen zugeschoben, weil sie sich nun auch bei anderen Themen lieber absichern wollen. Zudem sind die wenigsten Themen mit einem Mal erledigt, denn je mehr sich der Chef einmischt, desto mehr Abstimmungsschleifen gibt es. Die zunehmende Anzahl an Themen und die steigende Anzahl an Runden zu jedem Thema potenzieren sich gegenseitig – bis uns die schiere Anzahl an Meetings, E-Mails und Rückrufen über den Kopf wächst.

Wer kontrolliert, investiert also mehr Zeit und damit auch mehr Kraft. Und das in einer Zeit, in der unsere Aufgaben an sich durch Globalisierung und Digitalisierung komplexer und schnelllebiger geworden sind. Unsere Leistungsfähigkeit ist mehr denn je herausgefordert. Alte Gewissheiten gelten nicht mehr, auch etablierte Geschäftsmodelle werden von heute auf morgen existenziell infrage gestellt. Wer da nicht in der Lage ist, die Firma komplett neu zu erfinden, der geht unter (mehr dazu in Kapitel 3). Führen wird in der unberechenbaren VUCA-Welt immer anspruchsvoller.

Da wird die zunehmende Herausforderung mitunter zur Überforderung, selbst für die allerhöchsten Herrscher unserer Zeit – um es in Lao Tses Worten zu sagen –, wie zum Beispiel Elon Musk. Als ich dieses Buch zu schreiben begann, hätte sein Stern nicht höher stehen können am Firmament der Zukunftsmacher, in einer Hemisphäre mit Jeff Bezos, Steve Jobs und den Google-Gründern. Er war gerade dabei, mit Tesla die Elektromobilität zum Mainstream zu machen, mit der Solar City die Batterieproduktion zu revolutionieren, mit der Boring Company die größenwahnsinnigsten und kompliziertesten Bohrungen zu tätigen und gleichzeitig mit SpaceX Raketen zum Mars zu schicken. Keine Herausforderung schien Elon Musk zu groß, und er schien keinen Schlaf zu brauchen.

> Kontrolle kostet Zeit und Kraft. Und wer einmal damit anfängt, muss bald immer mehr kontrollieren.

Während ich dieses Buch verfasste, fiel sein Stern im August 2018 wie eine Sternschnuppe im freien Fall, und mit ihm sank der Aktienkurs von Tesla. Anlass war ein Tweet, in dem er nach monatelangen giftigen Auseinandersetzungen mit Anlegern ankündigte, Tesla zu 420 US-Dollar pro Aktie von der Börse nehmen zu wollen, das Geld dafür sei bereits gesichert. Diese Transaktion hätte mehr als 10 Milliarden Dollar gekostet.[20] Wenige Tage später relativierte er den Tweet wieder. Die Aktionäre verklagten ihn, die Börsenaufsicht ermittelte gegen ihn.[21] In einem aufsehenerregenden Interview mit der *New York Times* berichtete Musk, laut Angaben der Zeitung mit den Tränen kämpfend, dass er bis zu 120 Stunden pro Woche arbeite, und er gab zu, häufig das Schlafmittel Ambien zu nehmen.[22] Die *FAZ* kommentierte: »Das alles klingt dramatisch, geradezu herzzerreißend, zeichnet es doch das Bild eines Mannes, der sich für unverzichtbar hält und an diesem Missverständnis zu zerbrechen droht.«[23] Das Tech-Magazin *Wired* titelte einfach: »Elon Musk is broken.«[24]

Zerbrochen ist Musk an dem Versuch, zu viel gleichzeitig zu kontrollieren. Seine Biografin beschreibt, wie sehr er sich in das Tagesgeschäft seiner Firmen einbringt, und zwar in allen Firmen gleichermaßen, im Gegensatz zu Steve Jobs, der mehr Energie in Apple als in Pixar steckte.[25] Das stellte Musk auch kürzlich wieder unter Beweis. Als sein Team es nicht schaffte, die bereits verkauften Tesla-Modelle der Serie 3 auszuliefern, übernahm er kurzerhand die Zügel und schlief sogar in der Fabrik.[26]

Am bemerkenswertesten finde ich, dass Elon Musk seine vermeintlichen Tränen während des Interviews mit der *New York Times* später dementierte, als Antwort auf einen Tweet der Deutschen Unternehmerin Tijen Onaran. Sie hatte den Artikel einer Journalistin von *Forbes.com* gepostet, in dem diese moniert hatte, dass es offensichtlich für Männer okay sei, öffentlich zu weinen, es bei Frauen aber als Schwäche ausgelegt werde.[27] Offensichtlich widerspricht ein ehrlicher Umgang mit Überlastung in der Öffentlichkeit auch bei Männern der Erwartung, dass ein Chef ausnahmslos funktioniert, egal wie hoch der Druck ist. Schon 2010 beobachtete die Professorin und heutige Herausgeberin der *Wirtschaftswoche* Miriam Meckel: »Den ganzheitlichen Blick zuzulassen, das Denken, Fühlen, Zweifeln, das zum Menschen gehört, all das ist in dieser Leistungsgesellschaft größtenteils verschüttet worden.«[28] Stattdessen begegnen immer mehr Menschen den zunehmenden Herausforderungen im Job mit der Einnahme leistungssteigernder Medikamente[29] und überwinden ihre Schlafstörungen mit Schlafmitteln, um morgens wieder leistungsfähig zu sein. Auch das hatte Meckel bereits 2010 als gängige Praxis im Silicon Valley konstatiert[30], lange bevor es Elon Musk öffentlich zugab.

Aber Führen mit Kontrolle raubt dem Chef nicht nur die Zeit und damit die Kraft, die Nerven und den Schlaf. Es raubt ihm vor allem den Erfolg. Wer kontrolliert, der begrenzt. Der schränkt seine Mitarbeiter ein, reduziert ihre Möglichkeiten und verhindert damit die Entfaltung ihres Potenzials. Je weniger sie gestalten und entscheiden können, desto weniger engagieren sie sich. Wozu auch? Am Ende macht es der Chef dann im Zweifel sowieso anders, und der Einsatz war ganz umsonst. Die Mitarbeiter resignieren und machen irgendwann Dienst nach Vorschrift, geben genauso viel, wie gefragt ist und keinen Deut mehr. Irgendwann fährt die ganze Firma mit angezoge-

Elon Musk: Zusammenbruch durch Omnipräsenz und Kontrollwahn.

ner Handbremse, und das kann sich im heutigen Marktumfeld eigentlich niemand mehr leisten.

Während die Mitarbeiter immer weniger machen, landet beim Chef immer mehr. Die Verantwortung verlagert sich vom Mitarbeiter zum Chef. Denn wer sich Zwischenergebnisse vorlegen lässt und im Tagesgeschäft mitmischt, der wird Teil von immer mehr Entscheidungen. Die Augen im Raum blicken immer häufiger auf ihn. Ich zeige im nächsten Kapitel noch genauer, wie das Gegenteil – Loslassen oder Führen mit Autonomie – das Engagement, die Eigenverantwortung und die Kreativität der Mitarbeiter geradezu entfacht. »Es ist erstaunlich, dass sich der IQ eines Menschen zu verdoppeln scheint, sobald man ihm die Verantwortung überträgt und ihm das Gefühl gibt, dass man ihm vertraut«, stellte der amerikanische Unternehmer und Bestseller-Autor Timothy Ferriss fest, nachdem er seinen Kundenbetreuern erlaubte, alle Probleme, deren Behebungen weniger als 100 Dollar kostete, selbst zu lösen.[31] Als Führungskraft Autonomie zuzulassen ist der größte Hebel für ihren Erfolg.

Kurzum: In der VUCA-Welt können wir es uns gar nicht mehr leisten, über Kontrolle zu führen. Wir brauchen das gesamte Potenzial unserer Mitarbeiter, ihre Initiative und ihren kreativen Genius, um den Herausforderungen der sich digitalisierenden Welt gewachsen zu sein, und wir persönlich brauchen einen leeren Schreibtisch und unseren Schlaf, um mit ruhiger Hand und Weitsicht die Unternehmen in eine ungewisse Zukunft zu führen.

> Wer kontrolliert, begrenzt – und gefährdet seinen Erfolg.

Es gab immer wieder neue Ansätze in der Führungsliteratur, die oft ignoriert wurden, aber jetzt sind wir an einem historischen Wendepunkt angekommen, an dem es mit einem »Weiter so!« nicht weitergehen wird. »Der fundamentale Wandel auf wirtschaftlicher, gesellschaftlicher, technologischer und politischer Ebene macht Führung ungenügend, die vor wenigen Jahrzehnten noch hervorragende Ergebnisse erzielte. Es genügt nicht, lediglich mehr oder Besseres des Gleichen zu fordern«, erklärt der Unternehmer Hermann Arnold.[32] Es ist Zeit, umzudenken.

Es ist zwischen den Zeilen schon angeklungen: Loslassen klappt nur, wenn die Unternehmens- und die Teamkultur es zulassen, wenn Menschen es also gewöhnt sind (oder sich wieder daran gewöhnt haben), Verantwortung zu tragen, wenn gemeinsame Werte als Richtschnur des Handelns dienen und wenn die angestrebten Ziele jedem bewusst sind und von allen geteilt werden. Jeder Führende kann die Weichen dafür richtig stellen. Dazu gehört auch, dass er oder sie potenzielle Nachfolger aufbaut und sich konsequent entbehrlich macht. Ich bin weit davon entfernt, jedem zu empfehlen, einfach ab morgen die Zügel aus der Hand zu geben, denn das wäre naiv. Aber ich bin überzeugt, dass Loslassen funktioniert, wenn der Boden dafür bereitet ist – und zwar in weit höherem Maße und mit weit besseren Ergebnissen, als sich selbst die »kooperativsten« Chefs vorstellen können. Ich habe es am eigenen Leib erfahren.

DIE QUINTESSENZ

1. Zwischen Delegieren und Loslassen fließt der Mississippi.
2. Chefs brauchen ein gesundes Maß an Ego. Selbstlosigkeit ist unrealistisch. Wir brauchen unser Ego, um aufzusteigen. Aber einmal oben angekommen ist ein Übermaß an Ego hinderlich.
3. Die Ego-Lösung schlechthin ist Führen mit Autonomie. Andere leisten dadurch mehr, es gibt bessere Ergebnisse, das eigene Ego gewinnt – und das der Mitarbeiter auch.
4. Menschen kontrollieren aus einem Bedürfnis nach Sicherheit und nach Macht. Sicherheit ist eine Illusion. Macht wird nicht erworben, sie wird gewährt. Wer sie demonstrieren muss, hat keine.
5. Der persönliche Preis, den Chefs für Kontrolle zahlen, ist hoch: Überstunden, Schlafmangel und weniger Engagement des Teams.

Kapitel 2

Tag 15: Das Team startet durch

■ Während ich mit 30 Minuten Lymphdrainage in der Reha schon meine Tagesenergie erschöpft hatte, gab mein Team Gas und startete richtig durch. Meine Abwesenheit beflügelte die Organisation – die meisten übernahmen neue Aufgaben, die Innovationsgeschwindigkeit stieg, und die Mitarbeiter machten große Entwicklungsschritte. Viele arbeiteten härter als zuvor, empfanden das aber nicht als Belastung. Ganz im Gegenteil, es machte ihnen großen Spaß.

»Was muss diese Frau für ein demotivierender Despot gewesen sein?«, mögen Sie sich jetzt denken. Man kann mir viele Dinge nachsagen, aber ein Despot bin ich nicht. Es ist mir ein tiefes Bedürfnis, alle mitzunehmen. Dennoch führte nach meinem Unfall weniger Führung zu mehr Leistung. Wie konnte das sein? Die überraschende Erkenntnis: Meine Abwesenheit verstärkte automatisch die Autonomie jedes Einzelnen, und diese ist der Schlüssel für Motivation, Kreativität und Weiterentwicklung. Wer es also wirklich gut meint mit seinen Mitarbeitern, ist einfach länger mal nicht da.

Was passiert, wenn das Spiel läuft, die Trainerbank aber leer bleibt? Und zwar nicht nur kurzzeitig, weil der Trainer eben auf die Toilette muss. Nein, er kommt einfach gar nicht wieder. Was macht die Mannschaft jetzt? Hält sie an der vereinbarten Spielstrategie fest? Ermutigen die Spieler sich gegenseitig? Übernimmt der Kapitän die Rolle des Trainers? Wer würde dann an seiner Stelle spielen? Oder ist das Team verwirrt, lässt nach und ändert gar die Taktik?

Kurzer Selbsttest: Was glauben Sie, würde passieren, wenn Sie ab morgen sechs Wochen nicht im Büro erschienen? Wie würde Ihr Team in Ihrer Abwesenheit handeln?

- Das Team nimmt den Fuß vom Gas und geht früher nach Hause.
- Das Team macht weiter wie bisher.
- Das Team beschleunigt und arbeitet noch härter.

Trainerbank leer: Das Team spielt noch härter

Wenn mir vor dem Unfall jemand diese Frage gestellt hätte, hätte ich die mittlere Option angekreuzt: Alles geht weiter wie bisher. Ich war bereits vier Jahre in meiner Rolle, als der Unfall geschah, hatte mittlerweile ein klasse Team aufgebaut, jeden im Leadership-Team selbst ausgewählt und vertraute allen. Wir waren als Team eingespielt, die Strategie ging auf, und wir waren auf dem besten Weg, unsere Ziele zu erreichen.

Aber meine Vermutung wäre falsch gewesen: Mein Team startet stattdessen durch, in jeder Hinsicht. Frei nach dem Motto: Jetzt erst recht! Der von mir benannte Vertreter übernimmt einige meiner wichtigsten laufenden Aufgaben und fliegt für mich auf die globale Konferenz der Länderchefs, um Deutschland zu repräsentieren. Um dafür Zeit zu schaffen, gibt er einige seiner wichtigsten Aufgaben weiter an seine Nummer zwei, und der tut es ihm gleich, und dessen Nummer zwei macht es genauso. Es entsteht eine regelrechte Kettenreaktion: Fast jeder bekommt wichtige neue Aufgaben und gibt dafür eigene Aufgaben ab, lässt also selbst los, um der Situation gerecht zu werden. Viele machen einen Entwicklungsschritt und arbeiten noch härter als zuvor.

Außerdem arbeiten sie nicht einfach ab, was schon vereinbart war: Hochmotiviert nehmen sie sich neue, zusätzliche Projekte vor und treiben sie in einem Wahnsinnstempo voran. Das Team testet kurzerhand ein radikales neues Produkt: einen Burger ohne Brot. Dieses Produkt war zwar in Amerika äußerst erfolgreich gewesen, erschien mir aber für Deutschland immer unangemessen: Anstelle des Brötchens, das bei jedem normalen Burger das Fleisch umschließt, sind es hier zwei riesige Filetstücke, die den Käse und den Bacon in der Mitte halten. Das Team wusste um meine Skepsis, aber nicht alle teilten sie, und in meiner Abwesenheit witterten einige Kollegen die Chance zu beweisen, dass dieses Produkt auch in Deutschland Erfolg haben kann. Da klar war, dass ich irgendwann zurück sein und nur von guten Testergebnissen zu überzeugen sein würde, setzten sie in Windeseile einen Testmarkt auf und halfen mit Guerilla-Marketing nach: Kurzerhand hängten sie alle Menü-Anzeigetafeln ab, auf denen man sonst im Drive Through die Gerichte auswählen konnte, und ersetzten sie durch Poster, die ein einziges großes Bild des Burgers ohne Brot zeigten, darüber die Aufschrift »Die Legende kommt«. Es wird Sie nicht wundern: Die Testergebnisse waren grandios, man konnte im Drive Through ja auch nichts anderes mehr bestellen.

Noch bemerkenswerter als diese kreative und mutige Herangehensweise war das Tempo: Als börsennotierter Konzern hatten wir weltweit etablierte Testprotokolle. Danach hatte jedes neue Produkt viele Monate Vorlauf, doch nun ging das alles innerhalb weniger Wochen. Eine hochspannende Erkenntnis in dieser Zeit war: In der Abwesenheit des Chefs beginnt sich das Team wie ein Start-up zu verhalten, hungrig darauf, radikale Innovationen in Windeseile auf den Weg zu bringen. Warum nur?

> In meiner Abwesenheit beginnt mein Team, sich wie ein Start-up zu verhalten.

Geheimwaffe Autonomie: Was verbirgt sich dahinter?

Als ich nach meinem Unfall in Vorbereitung auf einen Vortrag in die Literatur zu Motivation eintauchte, fiel es mir wie Schuppen von den Augen: Das Durchstarten des Teams war gar nicht überraschend, sondern völlig logisch! Mein Loslassen auf unbestimmte Zeit gab den Mitarbeitern Autonomie. Und Autonomie ist – wie bereits mehrfach erwähnt – der Schlüssel zu Motivation, Kreativität und Weiterentwicklung von Menschen. Das erklärt, weshalb nach meinem Unfall weniger Führung mehr Leistung hervorbrachte. Das klingt paradox? Schauen wir uns das Phänomen Schritt für Schritt an.

Beginnen wir mit der Definition: Autonom ist laut dem deutschen Professorenduo Michael Pauen (Soziologie) und Harald Wel-

> Nach meinem Unfall bedeutete weniger Führung mehr Leistung.

zer (Philosophie) die Person, die »nach ihren eigenen Prinzipien handelt, und zwar auch dann, wenn sie dabei Widerstände überwinden oder Gefahren in Kauf nehmen muss«[1]. Nach den amerikanischen Psychologieprofessoren Edward Deci und Richard Ryan ist autonom, wer selbstbestimmt handelt. Für sie ist autonomes Verhalten frei und selbst gewollt,[2] im Gegensatz zu kontrolliertem Verhalten, das fremdbestimmt ist. Im letzten Fall sprechen Pauen und Welzer von Heteronomie, dem Gegenbegriff von Autonomie: Handeln, das von externen Einflüssen wie der Umwelt, den Gepflogenheiten einer Gruppe oder den Wünschen und Überzeugungen anderer bestimmt wird.[3] Wer jetzt denkt, die Mitarbeiter hätten vor meinem Unfall unter Zwang gehandelt, liegt falsch: Bei Heteronomie wird kein direkter Zwang ausgeübt, vielmehr handelt es sich um eine Form von Konformismus, bei dem man selbst »die eigenen Überzeugungen, Wünsche und Prinzipien denen anderer unterordnet«[4], beispielsweise, weil derjenige, der anderer Meinung ist, der Chef ist. Zudem ist Autonomie nicht zu verwechseln mit Unabhängigkeit: Es geht nicht darum, alles allein zu machen. Man kann sehr wohl autonom handeln mit und in Abhängigkeit von anderen Personen.[5]

Deci und Ryan erforschen seit 40 Jahren gemeinsam an der University of Rochester, warum wir tun, was wir tun. Für sie ist Autonomie das wichtigste psychologische Grundbedürfnis überhaupt,[6] wichtiger als unser Bedürfnis, sozial eingebunden zu sein[7], und unser Bedürfnis nach Kompetenz.[8] Autonomie ist ein universelles Grundbedürfnis, das jeder gesunde Mensch hat, auch wenn es bei den einzelnen unterschiedlich stark ausgeprägt ist.[9]

Autonomie ist das wichtigste psychologische Grundbedürfnis überhaupt.

Intrinsische Motivation: Nachtschichten für negativen Stundenlohn

Laut Deci und Ryans Theorie der Selbstbestimmung ist der beste Weg, Menschen zu motivieren, ihre Autonomie zu unterstützen. Mit anderen Worten, je weniger wir Menschen einschränken und je mehr wir sie einfach machen lassen, desto motivierter sind sie. Dazu gibt es unzählige Studien, die nachweisen, dass Einschränkungen von selbstbestimmtem Handeln wie Überwachung, Evaluierungen und Deadlines die intrinsische Motivation reduzieren, während intrinsische Motivation verstärkt wird, wenn man Menschen eine Wahl gibt und ihre inneren Bedürfnisse anerkennt.[10] Das erklärt das Durchstarten des Teams: Meine Abwesenheit auf unbestimmte Zeit erhöhte automatisch die Autonomie jedes Einzelnen.

Dies basiert auf der Annahme, dass Menschen von sich aus, also *intrinsisch*, motiviert sind und nicht von außen, also *extrinsisch*, motiviert werden können. Ja, Sie haben richtig gelesen: Man kann Menschen nicht motivieren. Wenn jemand nicht will, geht er keinen Zentimeter voran,

> Man kann Menschen nicht motivieren.

egal ob Sie Belohnungen ausrufen (Zuckerbrot) oder Konsequenzen aufzeigen (Peitsche). Der Mensch geht erst voran, wenn er selbst entscheidet, dass er es möchte. Die Entscheidung liegt bei ihm, nicht bei Ihnen.

Wenn Sie jetzt denken, dass das alles naiver Unsinn sei, sind Sie nicht allein, sondern in großer Gesellschaft. Wir hoffen doch alle bei einem schlecht laufenden Spiel des Lieblingsvereins auf die Kraft der Kabinenansprache des Trainers in der Pause. In der Unternehmenskrise setzen wir auf die Fähigkeit des neuen CEOs, die ermüdete Belegschaft wieder zu motivieren, um den Turnaround zu meistern. Und im Konzert hoffen wir auf das Genie des berühmten Dirigenten, das Beste aus seinen Musikern am Konzertabend »herauszuholen«. Kurz, wir glauben an die Macht der Motivation, die von außen kommt.

Das dahinterstehende Menschenbild ist äußerst passiv: Ohne den motivierenden Trainer kämpfen die Spieler in der zweiten Halbzeit nicht so engagiert um den Sieg, ohne den begeisternden CEO gehen die Mitarbeiter nicht entschieden voran, um die Firma zu retten, und ohne das Fingerspitzengefühl des Dirigenten geben die Musiker nicht ihr Bestes. Ganz zu schweigen von externen Anreizen wie Geld und Ruhm. Aber ist das wirklich so? Sind wir Menschen lethargische Lebewesen, die externe Stimulanz und Anreize brauchen, um loszulegen?

Wenn ich meine 2-jährige Nichte beobachte, komme ich zu einem anderen Schluss. Sie ist ständig auf den Beinen, erkundet alles, fordert sich und uns – auch wenn wir gerade nicht mit ihr spielen, also ihr externe Anreize geben. Als Erwachsene engagieren wir uns ebenfalls aktiv bei Dingen, die wir interessant finden, ohne dass uns jemand dazu anhält oder es eine klare Aussicht auf Belohnung gibt, sonst gäbe es keine Vereine, keine Demonstrationen, keine Eltern.

Es gibt ein eindrucksvolles YouTube-Video,[11] in dem eine vermeintliche Recruiting-Firma immer wieder neue Kandidaten per Video für folgenden Job interviewt: Sie suchen einen Director of Operations mit einem hohen Maß an Verhandlungsgeschick und zwischenmenschlichen Fähigkeiten, idealerweise mit Abschlüssen in Medizin, Finanzen und Kulinarik. Körperliche Fitness ist entscheidend, der Job wird fast die ganze Zeit im Stehen ausgeübt. Die Interviewkandidaten fragen verwundert nach: »Für wie viele Stunden?« »24 Stunden am Tag, 7 Tage die Woche, 365 Tage im Jahr«, lautet die Antwort. Selbst zu Weihnachten und Ostern gibt es keinen Urlaub, dann erhöht sich die Arbeitsbelastung sogar. Zudem wird der Job nicht bezahlt, es handelt sich um eine Pro-Bono-Tätigkeit. Die Interviewkandidaten können es nicht fassen. Wer würde so einen Job freiwillig machen? »Milliarden von Menschen«, sagt der Interviewer, und dann fällt der Groschen – es handelt sich um den Job der Mütter, der intrinsische Motivation pur verlangt. Das Video entpuppt sich zwar dann als Werbefilm eines amerikanischen Grußkartenherstellers zum Muttertag, aber seine Botschaft ist klar: Mütter und Väter investieren über Jahrzehnte nicht nur Zeit, sondern auch sehr viel Geld für das Privileg, diesen Job machen zu dürfen, ganz zu schweigen, was manche investieren, um überhaupt erst mal Eltern zu werden. Weil es ihre intrinsische Motivation ist, weil sie es wollen.

Selbst im beruflichen Umfeld gibt es immer mehr Menschen, die gerne etwas tun, ohne dafür bezahlt zu werden, aus Interesse an der Tätigkeit selbst. Nehmen wir beispielsweise Start-ups. Während früher die besten Uni-Absolventen Banker, Berater und Vorstände mit dicker Limousine und Fahrer werden wollten, ist es heute hip, turnschuhtragender Gründer mit Fahrrad in Berlin zu werden. Die Aussicht auf monetären Erfolg ist dabei zweifelhaft: Mehr als 80 Prozent der Start-ups scheitern innerhalb der ersten drei Jahre[12], und die meisten Gründer verdienen lange Zeit gar nichts, oder, wenn sie denn einen Investor haben, deutlich unter dem, was sie als Angestellte verdienen könnten. Das Prinzip der Investoren ist nämlich, die Gründer »hungrig« zu halten. Eine Zeitlang bezahlen manche Gründer sogar für das Privileg, diesen Job machen zu dürfen, indem sie ihre Ersparnisse einbringen, um zukünftiges Wachstum vorzufinanzieren mit Produkt- und Markenentwicklung (da spreche ich aus persönlicher Erfahrung). Wenn man dann noch den überproportionalen Zeiteinsatz von Gründern berücksichtigt – die Lichter gehen meiner Erfahrung nach in Co-Working-Büros deutlich später aus als in Konzernen –, kommt man auf einen Stundenlohn, der deutlich unter Mindestlohn liegt, beziehungsweise sogar negativ ist, wenn die Gründer selbst ihr Erspartes investieren. Warum tun sie das? Weil sie von ihrer Idee überzeugt sind, weil sie diese selbstbestimmt voranbringen wollen. Gründen braucht eine enorme intrinsische Motivation.

Kennen Sie die Plattform Stack Overflow? Ich kannte sie nicht, bis mein Bruder nachts, statt zu schlafen, dort fremden Menschen am anderen Ende der Welt Antworten auf ihre Software-Programmier-Fragen gab. Bekam er dafür einen Nachtzuschlag? Nein, er bekam nicht einen einzigen Euro, es war ein reines Hobby und Privatvergnügen, so wie andere Bewertungen auf TripAdvisor oder Einträge für Wikipedia schreiben. Warum arbeitete er – wie Millionen andere Menschen auch – trotzdem so hart dafür? Mein Bruder war nicht durch Geld motiviert, sondern opferte seinen Nachtschlaf allein aus intrinsischer Motivation. Zum einen ging es ihm darum, etwas zurückzugeben, denn als Software-Entwickler ist er selbst im Schnitt fünf Mal täglich auf Stack Overflow, um Antworten auf seine eigenen Fragen zu finden, und bekommt von anderen Antworten. Das ist auch das Grundbedürfnis, das hinter der gesamten Open-Source-Software-Bewegung steht, in der Programmierer freiwillig Code schreiben und unentgeltlich veröffentlichen.

Gründen ist intrinsische Motivation auf Steroiden: Viele Gründer haben einen negativen Stundenlohn.

Zum anderen macht es meinem Bruder Spaß: Er ist ein Mensch, der anderen gerne weiterhilft und Dinge erklärt. Und weil er seine Sache gut macht, wurde er bei Stack Overflow mit Anerkennung belohnt, die für jedermann sichtbar ist. Ein Nutzer, dessen Frage er beantwortet hatte, schrieb: »Damn, Klaas. Google needs people like you writing their dev pages! I think you are quite right about […] Thanks for opening my eyes ;-)«.[13] Danach ist er erschöpft, aber mit einem breiten Grinsen im Gesicht eingeschlafen. Und hat am nächsten Tag hochmotiviert die nächste Frage beantwortet, kostenlos.

Kreativität: Wenn ein Konzern zum Start-up mutiert

Nun wissen wir, weshalb mein Team bei KFC in meiner Abwesenheit einen Gang hochgeschaltet hat und so engagiert vorangegangen ist. Aber was erklärt die kreative Energie, mit der einige im Team den neuen Burger in Windeseile etablierten und dabei im Handumdrehen auch das erprobte Testprotokoll des Konzerns reformierten?

Dafür gibt es offensichtliche und weniger offensichtliche Erklärungen. Fangen wir bei den offensichtlichen an. Kreativität braucht Freiraum. Wenn bereits alles im Detail vorgegeben ist, ist es einfacher, konform vorzugehen, und der Anreiz, kreativ zu werden, begrenzt. Autonomie schafft Freiraum: Je größer die Autonomie, desto mehr mögliche Lösungen gibt es, desto größer die Kreativität.

Wenn dieser Freiraum plötzlich da ist, das Team selbst entscheidet, was es bis wann angeht und wie es dabei vorgeht, dann kann es auf einmal sehr schnell gehen, weil Überzeugungsarbeit und Abstimmungsrunden wegfallen. Statt mich erst mal von neuen Ideen zu überzeugen, um sie dann zu testen, hat das Team einfach gehandelt. Genau so, wie es Start-ups tagtäglich tun: Man probiert aus, lernt dazu, passt an und probiert wieder aus. Statt alles im Voraus perfekt zu gestalten und nach langem Vorlauf am Kunden zu testen, wo sich im Zweifel herausstellt, dass diesem das Produkt gar nicht gefällt. So ist die Innovationsgeschwindigkeit viel höher und die Erfolgsquote auch.

> Autonomie schafft Freiraum, und Kreativität braucht Freiraum. Dann kann alles sehr schnell gehen.

Autonomie setzt meiner Meinung nach aber auch Kreativität frei, weil mehr Köpfe an Lösungen beteiligt sind als vorher und somit mehr Ideen generiert werden, die näher am Kundenbedürfnis sind. Indem Führungskräfte loslassen und Aufgaben weitergeben, kommen auf einmal Mitarbeiter zum Zuge, die viel näher am Kunden sind und seine Bedürfnisse im Zweifel besser verstehen. Sie sind Experten auf ihrem Gebiet, und die Wahrscheinlichkeit, dass sie eine passende Lösung kreieren, ist viel höher als bei den Generalisten weiter oben in der Hierarchie. Die besten Ideen für neue Burger kamen fast immer von den Mitarbeitern in den Restaurants. Das zeigt im Übrigen auch, wie überholt das alte Paradigma ist, dass der CEO es grundsätzlich besser weiß. Je diverser die Köpfe sind, desto besser. Je unterschiedlicher die Menschen, die über etwas nachdenken, desto ungewöhnlicher sind die Lösungen, die dabei herauskommen.

Nun zu den weniger offensichtlichen Erklärungen, warum Autonomie Kreativität freisetzt. Die Professorin Teresa Amabile von der Harvard Business School erforscht seit über 40 Jahren Kreativität in Firmen.[14] Dabei hat sie herausgefunden, dass Kreativität in Menschen eine Funktion ihres Fachwissens, ihrer Fähigkeit zu kreativem Denken und ihrer Motivation ist. Der weitaus wichtigste Faktor von diesen dreien ist die Motivation: Fachwissen und die Fähigkeit zu kreativem Denken sind wie Rohstoffe, aber die Motivation entscheidet, was Menschen aus diesen Rohstoffen machen. Die beste Ausbildung und die größte Fähigkeit zu kreativem Denken sind nutzlos, wenn jemand nicht daran interessiert ist, ein bestimmtes Problem zu lösen.[15] Dabei geht es nicht um Motivation im Allgemeinen, sondern um intrinsische Motivation: Eine innere Leidenschaft für die Aufgabe führt laut Amabile zu kreativeren Lösungen als externe Anreize, wie zum Beispiel Geld.[16] Laut Amabile sind Menschen dann am kreativsten, wenn sie hauptsächlich durch das Interesse an der Arbeit an sich sowie die Herausforderung und Erfüllung motiviert sind und nicht durch externen Druck.

Intrinsische Motivation ist also der wichtigste Treiber von Kreativität, und Autonomie wiederum fördert die intrinsische Motivation, wie wir bereits gesehen haben. Wer Kreativität in seinem Team fördern will, sollte demzufolge gezielt die intrinsische Motivation fördern, indem er mehr Autonomie zulässt und das Team einfach machen lässt.

In der Praxis ist häufig das Gegenteil der Fall: Die meisten Firmen setzen auf die anderen zwei Hebel der Kreativität. Sie investieren in den Ausbau von Fachwissen und zunehmend auch ins Training von kreativem Denken, wie zum Beispiel Design Thinking. Aber die beste neue Methode kann nicht wirken, wenn der Mitarbeiter nicht motiviert ist, denn dann wird er sie einfach nicht einsetzen. Viele

> Intrinsische Motivation ist der wichtigste Treiber von Kreativität, und Autonomie fördert intrinsische Motivation.

Firmen vergeuden Geld und Zeit mit Design-Thinking-Workshops und lassen den größten Hebel für Kreativität – die intrinsische Motivation – unberührt, obwohl dieser die direkteste Wirkung auf Kreativität hat und kostenlos ist. Lieber kaufen sie Innovationsfähigkeit mit Workshops, als das eigene Führungsverhalten zu ändern und mehr Autonomie zuzulassen. Und dann wundern sie sich, weshalb sich ihre erheblichen Investitionen in neue Denkweisen nicht in mehr Innovation auszahlen. Ohne innere Motivation geht es nicht, und deshalb ist der Leitspruch in unserem Start-up TheNextWe auch: »Erst die Köpfe, dann die Methoden«.

Ähnlich fehlgeleitet ist der allgegenwärtige Fokus auf den Umbau von Konzernbüros, um eine neue Art der Zusammenarbeit und damit auch Kreativität zu fördern. Es werden Millionen in den Umbau von Büros investiert, und dann ist man konsterniert, wenn sich nach dem Umzug alle genauso verhalten wie vorher. Ein neues Büro an sich ändert noch gar nichts. Keine Frage, ich arbeite heute auch lieber in der Factory Berlin mit meinem Start-up als in meinem alten Büro bei KFC mit den langen Gängen und den vielen Türen. Die Factory ist eine Co-Working-Community mit offenen, stylischen und bequemen Büros, die mehr an ein Zuhause erinnern, in denen man sich gerne aufhält, sich frei bewegen und zusammenarbeiten kann. Aber ein modernes Büro bedeutet noch nicht kreatives Arbeiten, und wer viel Zeit und Geld in den Umbau investiert, *anstatt* mehr Autonomie zuzulassen, der schadet der Kreativität sogar.

Schon 1998, also lange vor dem heutigen Umbauwahn, schrieb die amerikanische Kreativitätsforscherin Teresa Amabile dazu: »Ein Problem, das wir immer wieder beobachten ist, dass Manager sich auf das ›richtige‹ physische Umfeld konzentrieren, als Kosten von viel wirksameren Maßnahmen wie [...] Autonomie in Bezug auf Arbeitsprozesse zuzugestehen.«[17] Also, lieber loslassen und die Mitarbeiter machen lassen, als Millionen für neue Möbel ausgeben!

Weiterentwicklung: Autonomie ist Fordern und Fördern

Wenn ich ehrlich bin, hatte ich während der Reha immer wieder ein schlechtes Gewissen, wenn ich meinem Team noch mehr zumuten musste. Mit jedem Termin, der in meinem Kalender aktuell wurde, und den jemand anderes für mich wahrnehmen musste, wurde es schlimmer. Hatten sie nicht selbst schon genügend Termine im Kalender und Herausforderungen auf dem Tisch? Als ich zurück ins Büro kam, wurde mir klar, dass dieses schlechte Gewissen fehlplatziert war: Dem Team noch mehr Autonomie zu geben und es so noch mehr zu fordern, war nicht nur keine Zumutung, sondern eine Bereicherung gewesen in Form von Freude und großer Weiterentwicklung für jeden Einzelnen. »Es hat Spaß gemacht, und ich habe viel gelernt«, war der Tenor.

Ben Horowitz, dem legendären Gründer der Venture-Capital-Firma Andreessen Horowitz, ging es ähnlich. In seinem Buch *Wenn es hart auf hart kommt* beschreibt er, wie er als Gründer und CEO von Opsware sein Team bat, sich sechs Monate von ihren Familien zu verabschieden, um sieben Tage die Woche von früh bis spät die enormen Produktprobleme zu lösen, und so die Firma vor der Insolvenz zu retten. »Ich fühlte mich furchtbar – schon wieder bat ich meine Mannschaft darum, ein großes Opfer zu bringen.«[18] Später beschreibt einer seiner besten Ingenieure diese sechs Monate als die Zeit, die ihm am meisten Spaß gemacht habe, mit herausfordernden technischen Aufgaben, die eine tolle Wachstumsmöglichkeit für das Team war.[19] Als Horowitz das Jahre später las, rührte ihn, die Investorenlegende, dies zu Tränen: »Ich weinte, weil ich es nicht gewusst hatte. [...] Ich war der Meinung, ich hätte allen zu viel abverlangt.«[20] Die Rettung gelang, die Mitarbeiter behielten ihren Job, und Opsware wurde 2007 von Hewlett-Packard für 1,6 Milliarden US-Dollar gekauft.

Man mutet also seinen Mitarbeitern riesige zusätzliche Herausforderungen zu, und das Ergebnis sind Freude und Weiterentwicklung? Ja, so ist es. Das Lebenswerk des ungarisch-amerikanischen Psychologen Mihaly Csikszentmihalyi von der University of Chicago erklärt, warum: »Entgegen unserer Überzeugung sind solche Momente die besten Momente im Leben«, schreibt Csikszentmihalyi, »nicht passiv, rezeptiv, entspannend [...] Die besten Momente ereignen sich gewöhnlich, wenn Körper und Seele eines Menschen bis an die Grenzen angespannt sind, in dem freiwilligen Bemühen, etwas Schwieriges und etwas Wertvolles zu erreichen.«[21] Diese Momente nennt er »optimal experience«, und in ihnen erleben wir tiefe Freude, ja tauchen sogar so sehr in die jeweilige Aktivität ein, dass wir alles um uns herum vergessen. Das ist Flow, und unsere Gefühle in diesem mentalen Zustand sind äußerst beglückend. Csikszentmihalyis Forschung zeigte, dass das Erleben von Flow viel häufiger bei der Arbeit als in der Freizeit auftauchte.[22] Jede Flow-Erfahrung trieb die jeweilige Person zu höherer Leistung an.[23]

Damit wir Flow erleben können und dabei über uns selbst hinauswachsen, müssen wir so gefordert sein, dass die Herausforderung unsere ganze Konzentration beansprucht. Dabei tritt Flow allerdings nur ein, wenn unsere Fähigkeiten der jeweiligen Herausforderung entsprechen. Wenn die Herausforderung größer ist als unsere Fähigkeiten, sind wir schnell überfordert, wenn unsere Fähigkeiten die Herausforderung übertreffen, sind wir schnell unterfordert und gelangweilt.[24] Man spricht dann auch von »Bore-out« im Gegensatz zu »Burn-out«. Allerdings sollten beide – Herausforderung und Fähigkeiten gleichermaßen – *über* dem gewohnten Niveau einer Person liegen,[25] damit Flow entstehen und die Herausforderung als beglückend empfunden werden kann.

Im Klartext: Enthalten Sie Ihren Mitarbeitern nicht das Glück vor, an schwierigen Herausforderungen außerhalb ihrer Komfortzone zu wachsen. Sie nehmen ihnen damit die besten Momente des Lebens und den besten Weg zu lernen, nämlich on the job. Man kann Learning by doing nicht ersetzen. Eine Studie des Center for Creative Leadership bestätigt dies: Dort hatte man in 30 Jahren Forschung herausgefunden, dass Führungskräfte zu 70 Prozent durch Herausforderungen im Job lernen, zu 20 Prozent von anderen Menschen und nur zu 10 Prozent durch Kurse.[26] Wenn Sie Ihre Mitarbeiter also wirklich weiterentwickeln wollen, dann fordern Sie sie mit schwierigen Aufgaben im Tagesgeschäft.

Fördern ist somit Fordern. Wer seinem Team schwierige neue Aufgaben zutraut, wird erleben, wie es daran wächst. Wer hingegen sein Team nicht fordert, begrenzt die Weiterentwicklung seiner Mitarbeiter und lässt Potenziale brachliegen. Das hat mitunter schwerwiegende Folgen für die Mitarbeiter und das Unternehmen. Die unterforderten Mitarbeiter langweilen sich. Bestseller-Autor Reinhard Sprenger schreibt in seinem Buch *Mythos Motivation*, dass es den meisten Menschen außerordentlich schwerfällt, Langeweile auszuhalten.[27] Im ersten Schritt erfinden sie dann Probleme, um ihre Fähigkeiten bei der

Fördern ist Fordern. Wer seine Mitarbeiter nicht fordert, verliert sie.

Problemlösung wieder zu erleben. Wenn die Unterforderung aber anhält, gehen sie in die innere Kündigung. Sprenger ist überzeugt: »Viel von dem, was in unseren Unternehmen heute unter ›innerer Kündigung‹ eingeordnet wird, ist auf Verwöhnung und Unterforderung zurückzuführen. Und nicht auf ›heavy workload‹ und Überforderung. Was fehlt, ist nur allzu oft: Heraus-Forderung.«[28]

Die besten Mitarbeiter bleiben nicht langfristig in der inneren Kündigung, sie suchen sich einfach einen neuen Job mit einer echten Herausforderung. Die besten Mitarbeiter konnten sich schon immer aussuchen, für wen sie arbeiten, und angesichts eines zunehmenden Fachkräftemangels können es die meisten anderen inzwischen auch. Letztlich bedeutet das: Wer als Chef seine Mitarbeiter nicht fordert, verliert sie.

Um Missverständnissen vorzubeugen: Seine Mitarbeiter *inhaltlich* zu fordern, ist kein Plädoyer für dauerhafte Überstunden, sprich *zeitliche* Überforderung. Das sei hier sehr klar gesagt. Im Gegenteil, der Burn-out ist genauso schädlich für Flow und Leistung wie der Bore-out. Als Chef mit Autonomie zu führen, heißt nicht, dass man selber weniger macht und dafür die Mitarbeiter mehr, dass man das »Getrieben-Sein« einfach weitergibt. Mit Autonomie zu führen, heißt, den Mitarbeitern den nötigen Freiraum zu geben, selbst zu priorisieren und selbstbestimmt über das richtige Maß zu befinden. Dazu muss man bereit sein, auch mal ein Nein zu akzeptieren, und angemessene Erwartungen zu entwickeln und realistische Ziele zu setzen. Die unrealistischen Wachstumsansprüche um jeden Preis, die viele Firmen prägen, führen zu unrealistischen Erwartungen und sind eine Hauptursache für »Überstunden, exzessive Geschäftigkeit und Schlafmangel«, schreiben die erfolgreichen amerikanischen Gründer von Basecamp in ihrem Buch *It doesn't have to be crazy at work.*[29]

Führen mit Kontrolle: Wie man seine Mitarbeiter zerstört

Autonomie ist demnach der Schlüssel zu Motivation, Kreativität und Weiterentwicklung. Da, wo die Autonomie der Mitarbeiter gestärkt wird, reagieren sie mit größerem Einsatz, hoher Innovationskraft, und sie wachsen mit ihren Aufgaben.

Die gelebte Managementpraxis in vielen Firmen, egal ob klein oder groß, scheint davon aber noch nichts mitbekommen zu haben. Autonomie ist ein Fremdwort in unseren Büros, Kontrolle ist das vorherrschende Managementparadigma. Allerorts werden die Geschäfte gesteuert: mit KPIs, Zielvorgaben, Deadlines, erfolgsabhängigen Boni, Leistungsvergleichen, endlosen Evaluierungen und so weiter. All dies dient der Absicht, das Verhalten von Mitarbeitern zu steuern, sodass diese entweder wegen einer in Aussicht gestellten Belohnung loslegen oder aber, um eine angedrohte Bestrafung zu vermeiden. Das Kontrollparadigma basiert auf der Annahme, dass sich die Mitarbeiter ohne diese äußeren Anreize und Mittel eben nicht wie gewünscht verhalten werden. In letzter Konsequenz heißt das, man will das Verhalten der Mitarbeiter durch äußere Einflussnahme kontrollieren. Das verstehe ich unter »Führen mit Kontrolle«.

Führen mit Kontrolle ist fatal, denn diese Praktiken verringern intrinsische Motivation, Kreativität und Weiterentwicklung. Man muss sich das mal auf der Zunge zergehen lassen: Firmen zahlen zum Teil Millionen Boni, die die Motivation ihrer Mitarbeiter verringern. Nur weil sie an einem veralteten Menschenbild festhalten, das Arbeitnehmer als passive Wesen betrachtet, die nur vorangehen, wenn sie dadurch mehr verdienen. Wie absurd!

Während ich das schreibe, höre ich schon förmlich den Shit-Storm, den diese Zeilen hervorrufen könnten: Wer die Kontrolle aufgibt, erntet doch Anarchie! Wie soll eine Firma ohne Evaluierung, Deadlines und KPIs funktionieren? Ohne Zuckerbrot und Peitsche bewegt sich niemand in die gewünschte Richtung, nicht in der Schule, nicht im Straßenverkehr, nicht in der Firma. Und wo landen wir dann?

Ja, Zuckerbrot und Peitsche können eine Zeitlang das Verhalten von Schülern, Autofahrern und Mitarbeitern beeinflussen, vor allem bei Routineaufgaben. Aber das funktioniert eben nur begrenzt.[30] Ein Problem sind unerwünschte Nebeneffekte: Der Dieselskandal zeigt nur zu eindrücklich, welche Abkürzungen Menschen zu nehmen bereit sind, wenn sie dazu gedrängt werden, ein bestimmtes Abgasziel zu erreichen. Ein weiteres Problem ist, dass das gewünschte Verhalten nur so lange anhält, wie die Anreize vorhanden sind: Wie viele Autofahrer verlangsamen ihre Fahrt nur in Sichtweite eines Blitzers? Wie viele Schüler hören auf, sich mit einem bestimmten Thema zu beschäftigen, sobald die Klausur bestanden ist? Ein weiteres Problem ist, dass sich Menschen irgendwann nur noch für eine extrinsische Belohnung engagieren. Dies ist zu beobachten bei Mitarbeitern, die zusätzliche Aufgaben abseits ihrer Zielvorgaben schlichtweg ablehnen.

Die negativen Konsequenzen von Führen mit Kontrolle sind enorm: »Unser vorherrschendes Managementsystem hat die Menschen zerstört. Menschen verfügen von Geburt an über eine intrinsische Motivation, besitzen Selbstachtung, Würde, Neugier und Freude am Lernen. […] Management durch Ziele, Sollvorgaben, finanzielle Anreize und Businesspläne, all diese Maßnahmen […] verursachen weiteren Schaden, dessen Größe auch nicht nur annähernd abzuschätzen ist«[31], schrieb der Qualitätsmanagementexperte William Edwards Deming schon vor über einem Vierteljahrhundert.

In dem Maße, wie Autonomie Motivation, Kreativität und Weiterentwicklung fördert, zerstört sie Führen mit Kontrolle. Warum das so ist, können Sie nach der ausführlichen Betrachtung von Autonomie vielleicht schon erahnen. Daher will ich es hier nur knapp in einem Satz für jede dieser drei Faktoren beschreiben:

> Kontrolle zerstört Motivation, Kreativität und Weiterentwicklung.

1. Motivation. Deci und Ryan haben in ihren Experimenten nachgewiesen, dass Menschen die Freude an Aktivitäten verlieren, die sie gerne machen, sobald sie dafür bezahlt werden, da sie dann diese Aktivitäten mehr und mehr als Mittel zum Geldverdienen sehen, welches die ursprüngliche Freude an der Aktivität selbst zerstört.[32]

2. Kreativität. Amabile spricht von regelrecht »kreativitätszerstörenden Praktiken«[33], wie zum Beispiel kontrollierende Anreize, die den Innovationswillen der Mitarbeiter zerstören: Jemand, der ein Problem für die Aussicht auf eine monetäre Belohnung löst, wird den direkten und etablierten Weg zur Belohnung nehmen, anstatt kreative neue Wege zu gehen, die die Firma weiterbringen.[34]

3. Weiterentwicklung. Deci und Ryan haben die unterschiedlichsten Experimente zu Lernen mit und ohne äußere Kontrolle gemacht und kommen zu dem Schluss, dass »Lernerfolge höher sind, wenn sie aus intrinsischer Motivation entstehen als aus externen Kontrollen«[35], weil etwas für eine Prüfung oder eine Belohnung zu lernen nicht annähernd so viel Spaß macht, wie etwas zu lernen, weil man daran interessiert ist.

Kassensturz: Was Kontrolle uns kostet

Führen mit Kontrolle ist teuer. So teuer, dass wir es uns aus meiner Sicht gar nicht leisten können, weiterhin am Kontrollparadigma festzuhalten und Mitarbeiter nicht zu ihren Bedingungen zu führen. Kontrolle kostet die Firmen ihre Mitarbeiter, unser Land seinen Wettbewerbsvorteil und unsere Gesellschaft ihr Momentum. Kontrolle führt zu Stillstand, und Stillstand ist der Tod, wie auch Herbert Grönemeyer weiß.[36]

Kontrolle zerstört die Motivation – und ein Mangel an Motivation ist ruinös für Firmen. Der in Stanford lehrende Managementprofessor Robert Sutton zählt die Kosten schlechter Führung auf: häufige Personalwechsel, ein höherer Krankenstand, geringere Arbeitsloyalität und eine beeinträchtigte individuelle Leistungsfähigkeit.[37] Kurzum, sie kostet Firmen ihre Mitarbeiter. Der Lackmustest dafür ist schlechtes Wetter: Wer erscheint bei einem Schneesturm trotzdem im Büro? Sutton verweist auf eine Studie des Sears Hauptquartiers in Chicago in den Siebzigerjahren, in der in besagtem Schneesturm manche Teams fast komplett anwesend waren (97 Prozent Anwesenheit), während in anderen Teams mehr Leute fehlten als kamen (37 Prozent). Der weit aussagekräftigste Prädiktor für das Erscheinen war die Zufriedenheit der Mitarbeiter mit ihrem Vorgesetzten.[38]

Um diesen Prädiktor ist es denkbar schlecht bestellt hierzulande. Unter 300 000 Arbeitgeberbewertungen auf dem Portal Kununu war das Vorgesetztenverhalten die am drittschlechtesten bewertete Dimension im Jahr 2017, und die Zufriedenheit mit dem Chef hat dabei im Vergleich zum Vorjahr sogar noch abgenommen. Laut Kununu hadern viele Beschäftigte in deutschen Unternehmen mit einer Kultur, die aus ihrer Sicht zu sehr auf hierarchischen Vorgaben und strikter Kontrolle beruht. »Sie wünschen sich stattdessen [...] einen höheren Grad an Selbstbestimmung.«[39] Diese Frustration über das Führen mit Kontrolle wird nur noch stärker werden, je mehr Millennials auf den Arbeitsmarkt kommen, denn für sie sind Freiräume und Selbstbestimmung von zentraler Bedeutung.

Kontrolle verhindert Kreativität, und ohne Kreativität gibt es keine Innovationsfähigkeit. Dabei leben wir in einer Zeit, in der die Fähigkeit, sich neu zu erfinden, überlebenswichtig geworden ist. Die Digitalisierung stellt alles infrage. Damit meine ich nicht die Elektrifizierung von Prozessen und Produkten an sich, sondern die Konsequenzen daraus. Durch die drastisch gesunkenen Transaktionskosten können neue Player althergebrachte Geschäftsmodelle ins Wanken bringen. Überleben wird nur, wer sich komplett neu erfinden kann und relevante Antworten auf die sich ständig wandelnden Bedürfnisse digitaler Konsumenten findet. Kontrolle zerstört die Innovationsfähigkeit und damit schlichtweg unseren Wettbewerbsvorteil und somit langfristig auch unseren Lebensstandard. Mehr dazu in Kapitel 3.

DIE QUINTESSENZ

1. Autonomie ist ein menschliches Grundbedürfnis, wichtiger noch als soziale Zugehörigkeit.
2. Man kann Menschen nicht motivieren. Autonomie löst das Motivationsproblem, denn Autonomie ist der Schlüssel zur Selbstmotivation.
3. Wer als Führungskraft Kreativität erwartet, muss Autonomie gewähren, denn Kreativität braucht Freiraum.
4. Autonomie fördert Weiterentwicklung: Nur wer eigenverantwortlich seine Fähigkeiten voll ausschöpfen kann, erlebt Flow und entwickelt sich.
5. Führen mit Kontrolle verhindert intrinsische Motivation, Kreativität und Weiterentwicklung.

Kapitel 3

Exkurs: Wie Kontrolle Deutschland die Zukunftsfähigkeit kostet

■ Eines vorweg: Wenn Sie ungeduldig meinen weiteren Führungserkenntnissen entgegenfiebern, können Sie dieses Kapitel überspringen und beim nächsten weiterlesen. Auf den folgenden Seiten möchte ich meine persönliche Erfahrung in einen größeren wirtschaftlichen und gesellschaftlichen Kontext stellen. Dabei bin ich mir bewusst, dass meine Thesen für den einen oder die andere eine Provokation sein werden. Dann lassen Sie uns diskutieren. Denn nur durch eine wirklich offene Diskussion kann Neues entstehen.

Deutschland droht mit seiner Philosophie des »Vertrauen ist gut, Kontrolle ist besser« seine Zukunftsfähigkeit zu verspielen. Der Fokus auf Sicherheit, der dieses Kontrollverhalten motiviert, ist rückwärtsgewandt, vergangenheitsbewahrend und innovationsfeindlich. Er kostet uns den Transrapid, die Biotech-Industrie und schnelldrehende Konsumgüter. Zukunft passiert woanders und findet in einer globalen Welt trotzdem bei uns statt, nur dass wir sie nicht mehr bestimmen und beeinflussen, sondern zu Nachzüglern geworden sind. Wir haben unsere Autonomie am Weltmarkt verloren.

Was hat Autonomie mit der Zukunftsfähigkeit Deutschlands zu tun? Sie ist schlichtweg ihr Garant, solange wir sie zulassen. Die Digitalisierung stellt alle etablierten Geschäftsmodelle infrage, und überleben werden nur die, die sich ständig neu erfinden. Gefragt sind heute keine kleinschrittigen (inkrementellen) Optimierungen, sondern eine grundsätzliche Neuerfindung im Sinne des »First Principles Thinking« von Elon Musk. Dazu braucht es einen Paradigmenwechsel vom Kontrolldenken hin zu einem Autonomieprinzip, das Kreativität und Innovation ermöglicht. Um Autonomie im Denken und Handeln langfristig in unserer Gesellschaft zu etablieren, bedarf es einer grundlegenden Reform des Bildungssystems, angefangen im Kindergarten.

Wie wir unsere Autonomie verspielt haben: eine Provokation

Das Gegenteil von Autonomie, nämlich Kontrolle, bestimmt derzeit das Handeln innerhalb von Gesellschaft, Wirtschaft und Politik. Schon in der Schule wird uns eingebläut: »Vertrauen ist gut, Kontrolle ist besser.« Wir haben in Kapitel 1 gesehen, dass Kontrolle entweder durch ein Bedürfnis nach Sicherheit motiviert ist oder durch ein Streben nach Macht. Beides manifestiert sich in Deutschland: Radikale Innovationen, die den Status quo um einen großen Schritt verbessern könnten, werden aus Angst vor einem Machtverlust der etablierten Industrien und aus dem Streben nach Sicherheit durch die Bürger und damit durch die Politik verhindert.

Nehmen wir beispielsweise die Deutsche Bahn: Statt neue Technologien wie den Transrapid auf der Strecke Berlin-München einzusetzen, wählt die Deutsche Bahn den Zug und feiert die Zurücklegung der 623 Kilometer in unter 4 Stunden[1] auch noch als Durchbruch, obwohl in den Dreißigerjahren des vergangenen Jahrhunderts schon höhere Geschwindigkeiten mit Passagierzügen in Deutschland erreicht wurden.[2]

Ich sprach dazu mit dem Vordenker für neuartige Mobilität, Thomas Andrae, Chief Strategy Officer von Nucleus Scientific, einem aus dem MIT hervorgegangen Start-up für neue Mobilitätstechnologie in Cambridge, Massachusetts.[3] »Die Lobbyisten von ThyssenKrupp und Siemens haben in Berlin ganze Arbeit geleistet, dass auf einer so wichtigen Strecke auf das klassische Transportmittel Schiene gesetzt wurde, anstatt auf vorwärtsgerichtete Technologie wie den Transrapid. Hätten sie das jedoch getan, wären allein Siemens Milliardenaufträge für die Signaltechnik in Tunnelstrecken entgangen, da der Transrapid auch deutlich steilere Hügel erklimmen kann, als konventionelle schienenbasierte Systeme. Die Politik folgt den Lobbyisten, um deutsche Arbeitsplätze zu schützen, und die Gesellschaft wird darüber im Dunkeln gelassen.« So fahren die Deutschen weiterhin mit maximal 275 Kilometern pro Stunde durch die Republik, und das auch nur auf kurzen Abschnitten, während in China die Menschen mit 380 Kilometern pro Stunde ihrem Ziel entgegenfahren und Japan Pläne schmiedet, die Haupttrassen seiner ohnehin schon 340 Kilometer pro Stunde fahrenden Shinkansen durch Magnetschwebebahnen zu ersetzen, die 600 Kilometer pro Stunde fahren können. Ganz zu schweigen vom Hyperloop, der in Kalifornien Passagiere von San Francisco nach Los Angeles mit annähernder Schallgeschwindigkeit, also 1000 Kilometern pro Stunde, transportieren soll. Kurzum, der deutsche Fokus auf Kontrolle ist rückwärtsgewandt, vergangenheitsbewahrend und innovationsfeindlich.

Drei Arten der Kontrolle sind dabei besonders fatal für Innovation, zumal sie gar nicht als solche wahrgenommen werden: Regulierung, inkrementelles (kleinschrittiges) Fortschrittsdenken und Bedenkenträgerei.

Regulierung: Die hohen Auflagen zum Schutz der Menschen und der Umwelt in Deutschland sind zweifellos große historische Errungenschaften. Aber sie sind in einer Zeit entstanden, in der die Welt mehr oder weniger berechenbar, da nicht globalisiert war. Viele Regularien sind aber beim derzeitigen Übergang vom industriellen ins digitale Zeitalter nicht mehr zeitgemäß und verhindern Innovation. Wer Stammzellenforschung und Arbeit mit gentechnisch veränderten Organismen nahezu verbietet, macht damit Biotech-Forschung fast unmöglich. Wer Tests von autonomen Fahrzeugen im normalen Straßenverkehr verbietet, verlangsamt damit de facto die Einführung von autonomem Fahren und die damit verbundene drastische Reduktion der Unfallhäufigkeit. Somit verhindern wir mit unserer bestehenden Regulierung häufig nicht nur Forschung und Entwicklung in zentralen Zukunftsbranchen, sondern werden bei ihrer Nutzung allenfalls zu Nachzüglern, wenn sie überhaupt zugelassen werden. Ich sage nicht, dass wir keine Regulierung brauchen. Natürlich müssen wir Auswüchse begrenzen. Aber wir müssen aufpassen, dass die Regulierung, die einst zum Schutz von Mensch und Umwelt entwickelt wurde, in einer digitalen Welt nicht Mensch und Umwelt zum Nachteil gereicht.

Inkrementelles Fortschrittsdenken: Diese zweite Art von Kontrolle ist für Innovation besonders schädlich. Gemeint ist schrittweiser Fortschritt, und zwar in kleinen Schritten. Unsere Wirtschaft ist förmlich darauf getrimmt, jedes Jahr ein einstelliges Wachstum zu erreichen. So rechnet Siemens zum Beispiel mit seiner Vision 2020+ mit einer jährlichen Wachstumsrate des Umsatzes und der Gewinnmarge des industriellen Geschäfts um zwei Prozentpunkte.[4] Kaum ein DAX-Konzern plant zu schrumpfen, und nur wenige Unternehmen, wie beispielsweise die Sportartikelhersteller Puma und Adidas, planen, zweistellig zu wachsen.[5] Was einst als Commitment zu ständigem Fortschritt gemeint war, ist heute eine Innovationsbremse. Zu disruptiv sind die Veränderungen, die die Digitalisierung und die ständig wachsenden Möglichkeiten der Künstlichen Intelligenz mit sich bringen, als dass wir ihr mit einstelligem Wachstum gerecht werden können. Mit der Vorgabe, jedes Jahr im einstelligen Prozentbereich besser zu werden, kontrollieren wir Innovation: Wir versuchen sie in berechenbare, verdaubare Dimensionen zu zwingen. Das ist in der heutigen Zeit zum Scheitern verurteilt, wie wir in Kapitel 2 bereits anhand der Forschungsergebnisse von Teresa Amabile gesehen haben: Wer Innovation kontrolliert, der verhindert sie. Wer seine Mitarbeiter darauf trimmt, nicht über einstelliges Wachstum hinauszudenken, der hält das Spielfeld für wirkliche Erneuerung sehr klein. Es ist unmöglich, dass bei einem solchen Briefing am Ende das iPhone herauskommt. Und wer seine Mitarbeiter zwingt, jedes Jahr besser als im Vorjahr zu sein, der bewirkt, dass die besten Ideen gleich in der Schublade bleiben, denn richtig großes Wachstum ist kaum Jahr für Jahr zu toppen. In der letzten Konsequenz haben wir damit den gesamten Markt für schnelldrehende Konsumgüter verloren, wie zum Beispiel elektronische Konsumgüter. Grundig, Loewe und Braun konnten ihre Position am Ende gegen LG, Samsung und andere Angreifer nicht verteidigen.

> Wir verhindern mit unserer Regulierung Forschung und Entwicklung in zentralen Zukunftsbranchen.

Bedenkenträgerei: Wir sehen als Erstes die Probleme, und als Zweites, wenn überhaupt, die Chancen einer Neuerung. Diese Haltung, die auf Mangel ausgerichtet ist, ist reine Kontrolle, da sie die Messlatte, die eine Innovation nehmen muss, ins Unüberwindliche erhöht. Besonders besorgniserregend sind für den Bedenkenträger Aspekte, die man nicht kontrollieren kann. Wir beharren zum Beispiel auf Datenschutz und übersehen dabei, welche ungeahnten Möglichkeiten die Auswertung großer Datenmengen in der medizinischen Forschung für die Heilung bisher nicht behandelbarer Krankheiten haben kann.

Datenschutz ist etwas für Gesunde, Kranke wollen eine Lösung und eine Zukunft.

So haben wir mit unserer Regulierung, inkrementellem Fortschrittsdenken und Bedenkenträgerei weitestgehend verpasst, Biotech, autonomes Fahren und schnelldrehende elektronische Konsumgüter für uns zu reklamieren. Was sind wir noch bereit, als Preis für Kontrolle aufzugeben?

Wir können disruptive Innovation in Deutschland wegkontrollieren, aber Zukunft verhindern werden wir damit nicht. Wenn wir etwas nicht wagen, dann tun es andere, und die Zukunft findet einfach woanders statt. Während wir den Hyperloop nicht bauen, plant ihn die Stadt Cupertino für die Pendler zum Apple-Campus. Während wir Drohnen nicht zulassen, planen japanische Architekten Balkons mit integrierten Drohnenlandeplätzen. Während wir Biotech nicht fördern, haben sich Biotech-Forschungscluster längst in Boston, Tel Aviv und Shanghai gebildet. Während wir noch Papierfahrscheine in Entwertern abstempeln, baut Elon Musk die Marsrakete.

Auch wenn die Zukunft andernorts stattfindet, kommt sie in einer globalisierten Welt dennoch auch zu uns, das lässt sich nicht verhindern. Denn in einer globalisierten Welt ist der Konsum per Definition global. China kann WhatsApp verbieten, aber in einer Demokratie, in der Politiker von der Gunst der Wähler für ihre Wiederwahl abhängig sind, lässt sich das nicht umsetzen. Amazon hat den digitalen Marktplatz in Seattle erfunden, liefert aber trotzdem überall hin und hat bei uns zuerst den Buchhandel revolutioniert, danach die Lieferung anderer Non-Food-Konsumgüter und plant nun mit AmazonFresh und AmazonGo das Gleiche mit Lebensmitteln. Netflix hat von seinem Headquarter in Kalifornien aus das konventionelle Fernsehen überflüssig gemacht und beeinflusst jetzt auch zunehmend in Deutschland, was wir sehen. Google programmiert vor allem in Kalifornien und ist aus unserem Lebensalltag in Deutschland gar nicht mehr wegzudenken.

Zukunft findet woanders statt und kommt trotzdem zu uns, nur dass wir auf diese Weise nicht mehr ihre Gestaltung bestimmen und nicht an der Wertschöpfung teilnehmen. »Die Anteile deutscher Anleger an den öffentlich gelisteten Super-Tech-Firmen aus den USA liegt im Promillebereich«, sagt Thomas Andrae in unserem Gespräch.

»Apple und Google sind auf dem besten Weg, zukünftig die gesamte digitale Erfahrung im Auto zu kontrollieren, also alles, was im Auto stattfindet an Kommunikation, Entertainment und Shopping. Den deutschen Autobauern bleibt dann nur noch das Montieren der Karosse und das Integrieren von Systemen aus südostasiatischen und amerikanischen Fahrzeugkonzepten.«

Netflix schickt sich an, weltweit das Thema Medienkonsum zu kontrollieren. Schon heute gibt es 12 bis 13 Milliarden US-Dollar aus, um Programme in 21 Ländern zu produzieren,[6] mehr als jedes andere Filmstudio und jedes andere Fernsehstudio, abgesehen von Sportsendungen. MaxDome von Burda ist darauf keine Antwort, genauso wenig wie der Musikdienst YUKE von MediaMarkt Saturn eine Antwort auf Spotify ist. Intel, Qualcom und Envidia kontrollieren die Chip-Produktion für autonome Systeme und damit die Zukunft des autonomen Fahrens, während sich die Siemens-Tochter Infineon in Dresden auf wenig innovative Mikrocontroller und Sensoren konzentriert.

Nun kann man natürlich argumentieren, dass wir zwar diese Branchen verloren haben, aber immer noch führend im Maschinen- und Anlagenbau sind, dem eigentlichen Wettbewerbsvorteil des Landes der Ingenieure. Wer die Hannover Messe besucht, wird von deutschen Roboterarmen geradezu umarmt. Sollen sie doch Entertainment in Hollywood machen, in Deutschland werden Maschinen gebaut. Doch wer sich auf die Stärken von einst besinnt, der verpasst international den Anschluss. Journalist Christoph Keese bringt es in seinem Buch *Silicon Germany* auf den Punkt: »Deutschland hat die Digitalisierung verpasst. Unsere Firmen produzieren vor allem mechanisch erstklassige Maschinen, die elektronisch aber den Anschluss an die Weltmarktspitze verloren haben. Dominiert werden die Industrien des 21. Jahrhunderts von Asien, Israel und den USA.«[7] Und weiter: »Fünf der zehn wertvollsten Firmen der Welt kommen inzwischen aus der Digitalwirtschaft. Alle stammen aus den USA, keine aus Deutschland, keine aus Europa.«[8]

Wer seine Produkte elektronisiert, aber das Spielfeld grundlegender neuer digitaler Geschäftsmodelle weitestgehend anderen überlässt, der wird auf dem Weltmarkt abgehängt. Das ist besonders bitter, da viele der Game-Changer-Technologien sogar in Deutschland erfunden wurden, wie zum Beispiel das MP3-Format am Fraunhofer

IIS. Dazu nochmal Keese: »Vor 75 Jahren stellte Konrad Zuse den ersten funktionsfähigen Computer in Berlin vor: den Z3. Aus dem Pionierland von einst ist heute ein Nachläufer geworden. Wir leiden unter Neophobie – der Angst vor dem Neuen.«[9]

Hier schließt sich der Kreis: Indem wir Autonomie verhindern und Innovation wegkontrollieren, verlieren unsere Unternehmen selber ihre Autonomie am Weltmarkt. Die deutsche Wirtschaft ist nicht mehr selbstbestimmt, sondern entwickelt sich zum Nachzügler, der versucht aufzuholen, wo andere mit ihrer Marktmacht die Regeln längst bestimmt haben.

> Indem wir Autonomie verhindern, verlieren unsere Unternehmen selber ihre Autonomie am Weltmarkt.

Die Welt im Wandel: Die Digitalisierung macht Autonomie unerlässlich

Ich bin fest überzeugt, dass im digitalen Zeitalter nur die Unternehmen überleben werden, die es schaffen, sich ständig grundlegend neu zu erfinden, wofür Autonomie eine unabdingbare Voraussetzung ist. Um das nachvollziehbar zu machen, muss ich ein bisschen ausholen.

Die Digitalisierung wird häufig als Elektronifizierung von Produkten, Prozessen und Objekten verstanden. Diese verläuft mit größerer Vehemenz als jede Veränderung zuvor, seitdem wir als Menschen Technik entwickeln. Laut der heute populären Interpretation des Mooreschen Gesetzes verdoppelt sich die Rechenleistung von Mikrochips knapp alle zwei Jahre bei gleichbleibenden Kosten. Aber damit nicht genug: »Was die heutige Geschwindigkeit des technologischen Wandels so außergewöhnlich macht, ist, dass sich nicht nur die Rechengeschwindigkeit von Mikrochips in stetiger, nicht-linearer Beschleunigung befindet, sondern alle anderen Komponenten des Computers ebenso. [...] Erstaunlicherweise hat Moore's law viele Cousins«[10], schreibt *New-York-Times*-Journalist Thomas Friedman.

Die Konsequenz ist ein drastischer Verfall der Kosten für Rechenleistung. Der Informationstheoretiker Luciano Floridi veranschaulicht das eindrucksvoll mit folgendem Beispiel: Während die Rechenkraft eines iPad 2 im Jahr 2010 100 US-Dollar gekostet hat, hätte die gleiche Rechenkraft in den Fünfzigerjahren noch 100 Milliarden US-Dollar gekostet. »Immer mehr Menschen steht bei sinkenden Preisen zunehmend mehr Leistung zur Verfügung und das in Größenordnungen, die schier unglaublich sind.«[11]

Es sind die Folgen dieser Elektronifizierung, die die Digitalisierung zur Disruption werden lassen: Etablierte Geschäftsmodelle werden existenziell infrage gestellt. Immer da, wo in der analogen Welt Ineffizienzen zu hohen Preisen führen und Technologie diese Ineffizienzen beseitigt, kommt es zu dramatischen Kosten- und damit Preissenkungen. Das wird noch verstärkt, wenn zusätzlich alle Mittelsmänner in der Wertschöpfungskette eliminiert werden, weil die Technologie einen direkten Kontakt zwischen Produzenten und Nutzern ermöglicht. So verursachte es zunächst das Sterben der Reisebüros, mittlerweile betrifft es auch Versicherungs- und Immobilienmakler.

Der amerikanische Querdenker Jeremy Rifkin sieht die Transaktionskosten auf null zugehen: »[…] die Produktionskosten jeder weiteren Ausbringungseinheit liegen – wenn wir die Fixkosten mal außen vor lassen – im Grunde bei null, was das Produkt nahezu kostenlos macht.«[12] Er beschreibt in seinem Buch *Die Null-Grenzkosten-Gesellschaft* weiter, wie dies bereits das Verlagswesen, die Kommunikations- und Unterhaltungsindustrie zerstört hat, weil »mehr und mehr Güter und Dienstleistungen nahezu kostenlos sind«[13]. Zeitungen und E-Books sind massenweise kostenlos im Internet erhältlich, Chatten kostet nichts mehr über WhatsApp. Wer bezahlt da noch für SMS? Die einstigen Marktführer dieser Branchen haben das Nachsehen – wo Produkte fast kostenlos werden, gibt es auch keine üppigen Gewinne mehr. Rifkin prophezeit, dass sich immer mehr Branchen in Richtung null Grenzkosten und zu fast kostenlosen Produkten entwickeln werden. Darin stimme ich ihm zu: Aus meiner Sicht wird keine Branche von den Folgen der Digitalisierung verschont bleiben.

Rifkin schlussfolgert aber auch, dass dies das Ende des Kapitalismus bedeutet, denn wo keine Margen mehr zu holen sind, gibt es auch keine Gewinne, keine Investitionen, keine Firmen. Ich sehe das anders: Ja, die gebeutelten Medienhäuser, Telekommunikationsanbieter und die Musikindustrie blicken allesamt auf schrumpfende Gewinne. Aber die Disruptoren, die sie angreifen, verdienen sehr gut trotz kostenloser Produkte, weil sie ihre Dienste anders

> Die Digitalisierung verläuft in immer mehr Branchen in Richtung fast kostenloser Produkte.

monetarisieren. Genau das ist das Radikale an der Digitalisierung: Google und Facebook sind kostenlos für die Nutzer und trotzdem hochprofitabel, weil die Nutzer de facto mit ihren Daten zahlen und diese wahnsinnig wertvoll sind. Obwohl immer mehr Produkte fast kostenlos werden, wird immer noch Geld verdient, nur von anderen Firmen, auf andere Art und Weise. Der Kapitalismus bleibt also intakt.

Mit diesem Modell werden gerade die nächsten Branchen disruptiert: Ich nutze zum Beispiel kostenlos N26, im Gegenzug hat diese Online-Bank Zugriff auf meine transaktions- und ortsbasierten Daten. Der Investor Peter Thiel hätte sicherlich nicht in N26 investiert, wenn das nicht das Geschäftsmodell wäre. Vorstellbar ist sogar eine fast kostenlose Mobilität. Derzeit flutet der von Tencent finanzierte Bike-Sharing-Anbieter Mobike Berlin mit günstig zu mietenden chinesischen Kunststofffrädern, die zwar noch nicht ganz kostenlos sind, aber bereits die Übertragung der persönlichen Daten nach China in den AGBs vorgesehen haben. Wir sehen also: Die Digitalisierung gefährdet althergebrachte Geschäftsmodelle. Wer sich nicht neu erfindet, der wird neu erfunden oder geht unter.

Noch nie wollten so viele junge Menschen in Start-ups arbeiten, und es war noch nie so günstig, eine Firma zu gründen und damit ganze Branchen zum Beben zu bringen. Technologie ist heute nicht mehr den Eliten vorbehalten, die Digitalisierung verschafft jedem Zugriff auf Daten und auf ihre Verarbeitung mit beliebiger Rechenleistung zu geringen Preisen. Und auch alles andere, was man zum Gründen braucht, ist heute leicht erhältlich: Schreibtische in Co-Working-Spaces, Mitarbeiter auf Zeit, Online-Werbung, Freelancer statt teurer Agenturen.

So haben junge Menschen die Gelegenheit, Weltkonzerne herauszufordern, wie Michael Dubin, der zusammen mit dem Vater eines Freundes in Kalifornien 2011 den Dollar Shave Club gründete.[14] Beide waren sich einig, dass 10 bis 20 Dollar im Monat für neue Plastikrasierer vom Marktführer Gillette eindeutig zu viel sind, und verkaufen stattdessen Online-Abos für Rasierklingen, die dann monatlich für einen Bruchteil des Preises zu den Nutzern nach Hause geschickt werden.[15] Nach fünf Jahren kaufte Unilever den Dollar Shave Club für 1 Milliarde US-Dollar. Die *New York Times* kommentierte das wie folgt: »In der Vergangenheit wäre Gillette herauszufordern schlicht unmöglich gewesen. Es hätte Milliarden von Dollar gebraucht, um in ein Distributionsnetzwerk zu investieren und in Werbung, um die Produkte in die Regale des Handels zu bringen. Nicht mehr. Heute kann man kostenlose Werbung auf YouTube machen, Produkte einfach per Post versenden und zu niedrigen Kosten im Internet verkaufen. Fabriken und Distribution können weltweit hinzugefügt werden. Das heißt, alle Firmen sollten Angst haben.«[16]

Wenn das 2016 stimmte, sollten wir heute noch viel mehr Angst haben, denn die Künstliche Intelligenz (KI) erhöht die Innovationsgeschwindigkeit noch einmal deutlich, und das Internet der Dinge weitet das Spielfeld der Disruption aus. Die Mathematik hinter der KI existiert schon lange, die Algorithmen sind inzwischen so weit entwickelt und die Prozessoren so günstig und verfügbar, dass die KI jetzt viel breiter eingesetzt werden kann. Thomas Andrae geht davon aus, dass in fünf bis sieben Jahren Maschinen schneller darin sein werden, Situationen zu kontextualisieren, als Menschen – und damit Radiologen, Taxifahrer und Sachbearbeiter überflüssig machen werden. Die Innovationsgeschwindigkeit wird dabei durch weitere Verbesserung in der Rechenleistung noch einmal deutlich über der ohnehin schon exponentiellen Kurve des Mooreschen Gesetzes liegen: »Bei ›On-Chip KI‹ wird die KI nicht mehr als Software auf Prozessoren laufen, was vergleichsweise langsam ist, sondern direkt in Silizium gegossen. Das ist um den Faktor 1000 schneller. Die nächste Stufe sind Quantencomputer, die nicht nur 0 und 1, sondern mehrere Status zulassen und um einen Faktor von 10 000 schneller sind als heutige Systeme. Das wird die Leistung von Bilderkennungssystemen in der Medizin oder in autonomen Fahrzeugen enorm verbessern.«

Dabei wird sich das Spielfeld dieser disruptiven Technologie durch die Entstehung des Internets der Dinge nochmal stark erweitern. »Das Internet der Dinge (IdD) wird eines Tages alles und jeden verbinden, und das in einem integrierten, weltumspannenden Netz. Natürliche Ressourcen, Produktionsstraßen, Stromübertragungs- und logistische Netze, Recyclingströme, Wohnräume, Büros, Geschäfte, Fahrzeuge, ja selbst Menschen werden mit Sensoren versehen, und die so gewonnenen Informationen werden als Big Data in ein globales neurales IdD-Netz eingespeist.«[17]

> Die Rechenleistung und damit die Innovationsgeschwindigkeit werden sich noch einmal beschleunigen, mit einem Faktor von 10.000.

In dieser jetzt entstehenden neuen Welt bleibt uns gar nichts anderes übrig, als disruptiv zu denken und zu handeln, um mit den Maschinen mitzuhalten. Autonomie als Schlüssel für Kreativität, Innovation und Weiterentwicklung wird dafür unerlässlich sein.

Eine neue Grundhaltung: Kontrolle aufgeben, Autonomie leben

Die Lage ist ernst, aber nicht hoffnungslos. Richten wir daher den Blick auf die daraus entstehenden Möglichkeiten. Ein guter Anfang dafür ist Berlin, genauer genommen die Start-up-Szene der Hauptstadt. Dort entsteht Zukunft. Die deutsche Wirtschaft hat dies längst verstanden, sie investiert in Start-ups und kauft damit zukünftige Disruptoren. Sie baut »Innovation Labs« oder Zukunftsschmieden in der Hauptstadt. Sie schickt Delegationen ins Silicon Valley, die das neue Denken und Arbeiten aufsaugen und zurück in die Firmenzentralen bringen sollen.

Als Geschäftsführerin von KFC war ich 2016 selbst Mitglied einer solchen Delegation. Wir wurden wie Zoobesucher durch die Büros von Facebook und AirBnB geführt und staunten nicht schlecht über den gewaltigen digitalen Hebel, der im Valley umgelegt wird und weltweit Wirkung zeigt. Seit 2017 sitze ich nun selbst im Zoo als digitale Gründerin und teile zuweilen meine Erfahrung mit den Besuchern. Es ist wie bei der Monopoly-Karte »Gehe zurück auf Los«, ich habe noch einmal ganz von vorn angefangen und dafür bewusst fast alles entlernt, was mich vorher erfolgreich gemacht hatte. Es war ein gelebter Paradigmenwechsel.

Man kann diese Erfahrungen nicht 1:1 in den Kontext von Konzernen übertragen, zu verschieden sind die Mandate, die ein Gründer und ein CEO haben. Ein CEO handelt aus einem Kontext von Fülle, er hat viele Kunden, Mitarbeiter und Shareholder, er steuert einen Tanker. Das bedeutet Verantwortung für alle Beteiligten, er kann das Steuer nicht einfach um 180 Grad herumreißen. Sein Auftrag lautet mindestens »Bewahren«. Ein Start-up-Gründer hingegen steuert ein Speed-Boot. Sein Kontext ist Mangel. Es gibt von allem wenig, wenig Budget, wenig Mitarbeiter, wenig Zeit, bis das Geld aufgebraucht ist.

Mangel radikalisiert. Man ist bereit, alles zu probieren, um ans Ziel zu kommen, und zwar schnell. Es gibt keinen doppelten Boden, jeder Schuss daneben kann das Ende bedeuten.

Natürlich tritt auch im Konzern niemand an, um ein Projekt so richtig an die Wand zu fahren. Aber wenn es dann doch passiert, geht davon die Firma nicht unter. Im Start-up ist das anders, alles ist existenziell. Wir sind kurz nach Gründung sehr stark in Vorleistung gegangen für einen Kunden, der alles versprochen, aber am Ende nie bestellt hat. Das war eine teure Lektion. Die Kehrseite wirkt aber auch: Gerade in der Anfangsphase gibt es nichts zu verlieren und alles zu gewinnen, die größte Gefahr ist vielmehr, nicht schnell genug zu sein und von anderen überholt zu werden.

Ob man nun im Konzern Fülle bewahrt oder im Start-up aus Mangel heraus Neues kreiert, die Digitalisierung lässt die Grenzen dieser zwei Paradigmen verschwimmen. Auch Konzerne haben plötzlich existenzielle Disruption zu befürchten und so die noch schwierigere Aufgabe, ihr Flugzeug umzubauen, während es fliegt.

Vor diesem Hintergrund will ich im Folgenden meine vier Lektionen im Entlernen teilen, denn sie sind die Saat für eine neue Grundhaltung, mit der wir die Zukunft gestalten können. Dabei geht es mir explizit nicht um die Frage »Was tun Start-ups, was Konzerne auch tun sollten?« Das ist viel zu kurz gegriffen und lässt sich nicht verallgemeinern. Entscheidend ist nicht, was in der Start-up-Szene getan wird, sondern was dort gedacht wird, welche Grundhaltung dort vorherrscht. Entlernen bedeutete für mich vor allem Umdenken.

Es gibt keine Sicherheit. Eigentlich wusste ich das schon vorher. Das Einzige, was im Leben sicher ist, ist, dass es tödlich ist. Und trotzdem habe ich einen Großteil meiner Zeit im Konzern damit verbracht, Sicherheit so weit wie möglich herzustellen und ja, ich gebe es zu, damit versucht, Risiko wegzukontrollieren. Ich bin vom Typ her kein Mensch, der viele Daten braucht, um eine Entscheidung zu treffen, das ist mir oft genug zum Verhängnis geworden. Dennoch war ich bei großen Entscheidungen, die sich auf das gesamte KFC-System auswirkten, immer bestrebt, die größtmögliche Gewissheit zu allen Annahmen her-

> Um als Start-up-Gründerin zu bestehen, musste ich fast alles entlernen, was mich vorher erfolgreich gemacht hatte.

zustellen, um meiner Verantwortung für die Kunden, Mitarbeiter und Franchise-Partner gerecht zu werden. Das tue ich als Gründerin heute nicht mehr. Es gibt keine Sicherheit bei Entscheidungen, ob etwas richtig oder falsch war in Bezug auf ein bestimmtes Ziel, lässt sich immer erst hinterher feststellen. Und das kann ich nur herausfinden, indem ich die Entscheidung treffe und beobachte, was passiert. Zu kontrollieren, um Sicherheit herzustellen, ist in einem Start-up verhängnisvoll.

Nicht zu handeln, also zu bewahren, ist auf jeden Fall unsicher. Das war zwar schon immer so, aber noch nie so wahr wie heute. Thomas Friedman interviewte dazu Astro Teller, CEO von X, die sogenannte Moonshot-Factory von Googles Holding-Firma Alphabet. Seine Aufgabe beschreibt er auf LinkedIn wie folgt:»magische, verwegene Ideen durch Wissenschaft und Technologie Realität werden lassen«[18]. Ein Traumjob. Im Interview mit Friedman beschreibt Teller, wie die exponentielle Beschleunigung von technologischem Wandel die menschliche Fähigkeit, sich anzupassen, die zwar steigt, aber linear verläuft, schon längst überschritten hat. »Wenn sich

> Die exponentielle Beschleunigung technologischen Wandels übersteigt bereits die menschliche Fähigkeit, sich anzupassen.

die Technologieplattform für die Gesellschaft jetzt in fünf bis sieben Jahren erneuern kann, es aber fünfzehn Jahre braucht, um sich dem anzupassen, dann fühlen wir uns alle außer Kontrolle, weil wir uns der Welt nicht so schnell anpassen können, wie sie sich ändert.«[19] Die einzige Option ist, den Anspruch auf ohnehin unerreichbare Sicherheit aufzugeben und einfach zu machen. Dazu Teller: »Jede Institution [...] muss agiler werden – bereit, schnell zu experimentieren und aus Fehlern zu lernen.«[20] Genau das passiert im Start-up, deshalb ist die Innovationsgeschwindigkeit dort auch besonders hoch.

Mach es nicht besser, sondern anders. Das klingt zunächst wie ein allenfalls minimaler Unterschied. Aber das Gegenteil ist der Fall. Wer Dinge besser macht, handelt in Abhängigkeit von dem, was schon ist. Er denkt inkrementell und nicht disruptiv. Wer Dinge anders macht, denkt sie neu. Diese Haltung ist Autonomie pur. Wer neu denkt, gestaltet die Zukunft komplett selbstbestimmt und kreiert dadurch laut dem Autorenquartett von »Play Bigger« am Ende seine eigene Kategorie im Markt. So sei auch Google zum »Category Leader« geworden: »Als Google im Jahr 2000 auftauchte, dachten viele Menschen, es sei einfach eine bessere Suchmaschine. […] Aber mit dieser Denkweise ist nicht nachvollziehbar, warum Google so ein Riesenerfolg geworden ist, obwohl mehrere sehr beliebte Suchmaschinen bereits existierten.«[21] Statt noch mehr Bannerwerbung auf einen Haufen irrelevanter Suchergebnisse zu schalten, dachten die Google Gründer Sergey Brin und Larry Page Suche ganz neu. Sie schufen kurzerhand ein neues »Suchparadigma«[22], indem sie die Verlinkungen unter den Webseiten nutzten, um die Suchergebnisse relevant zu machen, indem die am meisten verlinkten Seiten ganz oben erschienen. Mit AdWords erschufen sie dann ein neues »Suchmaschinen-Werbungsparadigma«[23], indem sie Werbende bei Auktionen auf Suchbegriffe bieten lassen. So geht anders statt besser.

Elon Musk argumentiert ähnlich. Er predigt »First principles thinking« statt »Reasoning by analogy«[24]. Letztere ist laut Musk eine Haltung von »Wir machen das so, weil es wie etwas ist, was bereits so gemacht wurde oder weil es andere so machen«[25]. So wären wir niemals von Pferden zu Autos gekommen oder vom Verbrennungsmotor zu Elektroautos. Stattdessen propagiert er, »die Argumentation von ›first principles‹ her aufzubauen, wie man in der Physik sagt. Man schaut sich die Grundlagen an und baut die Schlussfolgerungen von dort auf, und dann sieht man, ob es ein Ergebnis gibt, was funktioniert oder nicht funktioniert, und das mag anders sein, als Menschen es in der Vergangenheit getan haben oder eben auch nicht.«[26] Wenn man Elon Musks Erfolgsbilanz anschaut, ist es meistens anders als in der Vergangenheit.

Mit diesem Ansatz arbeiten wir auch in unserem Start-up TheNextWe. Wir digitalisieren die mehr als 30 Jahre alte Coaching-Industrie und brechen dabei mit alten Paradigmen wie »Man muss seinem Coach vor Ort in die Augen schauen, um ein gutes Gespräch zu haben« oder »Coaching hat keinen messbaren Return on Investment«. Die Vertreter der analogen Coaching-Industrie behaupten weiterhin, Coaching ließe sich nicht skalieren[27], auch wenn wir jeden Tag das Gegenteil beweisen. Sie arbeiten weiter daran, Coaching besser zu machen, ohne es anders zu machen, zum Beispiel, indem man es Hunderten von Mitarbeitern gleichzeitig auf allen Hierarchieebenen zugänglich macht. Natürlich ist es viel leichter, anders zu denken, wenn man etwas ganz Neues aufbaut. KFC in die Zukunft zu führen, war viel schwieriger. Das Design, die Expansion, die Produkte und die Markendarstellung zu erneuern, hat natürlich bei dem begonnen, was schon da war, und es ist auch nicht Kentucky Fried Vegan dabei herausgekommen.

Perfektion ist Stillstand. Bevor wir bei KFC irgendein neues Produkt im System ausrollten, war es besser, die Ausführung bis ins letzte Detail zu testen. Überraschungen sind in der Systemgastronomie verständlicherweise nicht erwünscht, und da, wo mit rohen Hähnchen gekocht wird, schon gar nicht. Wenn ich das nicht entlernt hätte, gäbe es unser Start-up schon gar nicht mehr. Bereits bei meinem Besuch bei Facebook in Palo Alto stachen mir Poster mit Sprüchen wie »Done is better than perfect« ins Auge. Meine damalige Haltung, geboren aus meiner Verantwortung für ein System, hieß eher »It›s not done until it›s perfect«. Wenn etwas noch nicht so weit war, mussten eben noch ein paar Schleifen gedreht werden. Besser, man hatte alle erkennbaren Risiken auf diese Weise vor einem Produktlaunch wegkontrolliert.

Einmal in Berlin angekommen, machte mein Mitgründer und Bruder Klaas mir schnell klar, dass ich mit dieser Einstellung unser Start-up in den Ruin steuern würde. Er forderte förmlich, dass ich die Kontrolle aufgab: Als Softwareentwickler und Berufsoptimist war sein Credo »Ship it!« (»Liefer es an den Kunden«), denn nur so kann man schnell herausfinden, ob etwas wirklich funktioniert. Wer ein Produkt erst dann ausliefert, wenn es perfekt ist, der findet erst sehr spät heraus, ob die Kunden es wirklich so mögen; er riskiert, am Markt vorbeizuentwickeln. Außerdem sparten wir mit Eric Ries' Methode des Lean Start-up viel Geld und Zeit. Statt perfekte Produkte zu bauen, bauten wir nur gerade so viel, wie nötig war, um zu testen, ob unser Ansatz das Problem des Kunden lösen würde, gemäß Ries' Prinzip des Minimum Viable Product (MVP)[28]. Diese Methode erfordert einen besonders konstruktiven Umgang mit Fehlern, dazu mehr in Kapitel 7.

> Wer nach Perfektion strebt, entwickelt im Zweifel an den Bedürfnissen des Kunden vorbei.

Ich weiß, dass ich nichts weiß. Dies war eindeutig die schwierigste Lektion für mich. »Build Know-how« ist eines der Werte von Yum!, der KFC-Mutter. Je länger ich dabei war, desto mehr bildete ich mir ein zu wissen, wie es geht. Mit jedem Jahr im Job gab es weniger Situationen, in denen ich nicht wusste, was zu tun war. Und verdienen wir nicht auch jedes Jahr mehr, weil unsere Erfahrung wächst?

In Berlin habe ich das schmerzhaft entlernt, vor allem, weil wir etwas machen, was noch keiner zuvor gemacht hat. Es gibt niemanden, der weiß, wie es geht. Der einzige Weg ist, eine Hypothese zu entwickeln, sie mit so geringen Mitteln wie möglich zu realisieren und am Kunden auszuprobieren. »Build, measure, learn« nennt Ries das. Je früher man akzeptiert, dass man nichts weiß, desto schneller lernt man. Keese sieht in dieser bewussten Ahnungslosigkeit den Schlüssel zum Erfolg: »Beim Angriff von Disruptoren gewinnen nie die besten Fachleute und mithin nie die Führungskräfte, die es im Laufe eines langen fachlichen Auswahlprozesses ganz an die Spitze gebracht haben. Sondern es gewinnen die Flexiblen und Kreativen – also jene, die Antworten auf existenzielle Fragen nicht von Anfang an zu kennen glauben.«[29]

Was haben diese doch sehr unterschiedlichen Lektionen im Entlernen gemeinsam? Kontrolle aufgeben und Autonomie leben. Kontrolle aufzugeben, heißt zu akzeptieren, dass es keine Sicherheit gibt. Dann kann man Autonomie leben. Damit meine ich, sich selber die Freiheit zu gönnen, selbstbestimmt zu handeln und Autonomie auch bei anderen zulassen. Zum Beispiel, indem man Dinge anders statt besser macht. Kontrolle aufzugeben, bedeutet auch zu akzeptieren, dass ich nichts weiß. Dann kann ich loslassen und die eigentlichen Lösungen entdecken.

> Bei einer neuen Kategorie gibt es niemanden, der weiß, wie es geht.

Neues Denken verankern: Autonomie im Bildungssystem

Solche Werte zu vermitteln, ist vor allem die Aufgabe des Bildungssystems. Wenn wir damit warten, bis die Menschen auf den Arbeitsmarkt kommen, ist es schon zu spät.

Die großen Tech-Firmen unserer Zeit – Apple, Google, Amazon, Netflix – haben eines gemeinsam: Ihre Gründer und die Mehrzahl ihrer Mitarbeiter kommen von einer Handvoll US-amerikanischer Elite-Unis wie Stanford, Cal Tech, Georgia Tech und MIT. Diese Institutionen bringen die zukunftsfähigen Talente hervor, die es braucht, um solche globalen Firmen aufzubauen. Das liegt sowohl an der dort herrschenden Haltung, als auch an den Inhalten, die gelehrt werden. Die Haltung ist maximal autonomiefördernd: Den Studenten wird zunächst zum Beispiel in den »Designing your life«-Vorlesungen in Stanford beigebracht, »wie man Design benutzt, um herauszubekommen, was man werden will, wenn man erwachsen ist.«[30] Sie werden also zu einem selbstbestimmten Leben ermutigt.

Danach heißt das Credo »Make it big«, verändere die Welt, ganz wie in dem berühmten Ausspruch von Steve Jobs, der mit seinem Wirken eine Delle ins Universum schlagen wollte. Einer der Entrepreneurs in Residence des Martin Trust Center for MIT Entrepreneurship – neben Stanford die Kaderschmiede für Unternehmertum in den USA – beschreibt sich selbst auf der Website des MIT als »agiler Unternehmer, motiviert durch die Möglichkeiten technologiegetriebener Innovation, um einen Unterschied auf der Skala der Zivilisation zu machen«[31]. So selbstverständlich ist das Großdenken dort.

Dementsprechend selbstbestimmt und ambitioniert drängen die Absolventen dann auf den Arbeitsmarkt. »70 Prozent der MIT-Absolventen gründen entweder selbst eine Firma oder arbeiten für Firmen, die aus Wagniskapital finanziert werden. In Deutschland ist das ganz anders. Ich vermute, dass 90 Prozent der RWTH-Aachen-Absolventen nach wie vor davon ausgehen, die ersten zwanzig Jahre ihres Berufslebens bei einem deutschen Automobilhersteller oder -zulieferer zu arbeiten«, so Thomas Andrae.

Die Haltung ist das eine, die Lehrinhalte das andere. Wir brauchen in der schnelllebigen digitalen Welt keine inhaltliche Kompetenz, wie sie in der industriellen Welt gefragt war. Statt im Detail zu lernen, wie ein Motor auszusehen hat, den wir in ein paar Jahren sowieso nicht mehr brauchen, benötigen wir Methodenkompetenz, mit der wir immer neue Problemstellungen lösen können. Während in Aachen Vorlesungen zu Mess- und Regeltechnik gehalten werden, wird am MIT Methodenkompetenz vermittelt: Wie verwandele ich eine Idee in ein Produkt, das Kunden lieben?[32] Dass man Unternehmertum lernen kann, steht für den Managing Director des MIT Entrepreneurship

Center Bill Aulet außer Frage: »Wenn wir uns Richard Branson, Steve Jobs, Bill Gates […] anschauen, scheinen sie anders zu sein als wir. Besonders. Aber jeder ihrer Erfolge ist das Ergebnis eines tollen Produkts, das sie erfolgreich machte, und nicht irgendwelcher speziellen Gene.«[33] Das kann man lernen. Das Ergebnis kann sich sehen lassen: Die insgesamt 30 000 Gründungen von MIT-Alumni haben 4,6 Millionen Jobs geschaffen und generierten 2014 fast 2 Billionen US-Dollar Umsatz, mehr als das damalige Bruttosozialprodukt von Indien.[34]

Was wir brauchen, ist ebenfalls eine Kaderschmiede, die zukunftsfähige Talente hervorbringt, die mit der nötigen Methodenkompetenz ausgestattet sind und in ihrer Autonomie so bestärkt werden, dass sie eigene Wege gehen und groß und disruptiv denken, statt dem Weg des geringsten Widerstands zu folgen

Wir brauchen keine inhaltliche Kompetenz in der digitalen Welt, sondern Methodenkompetenz.

mit dem Ziel, einen Motor jedes Jahr ein bisschen besser zu machen. Das Hasso Plattner Institut für Design Thinking in Potsdam ist ein wichtiger Anfang.

Die Frage ist auch, wie wir lebenslanges Lernen organisieren. E-Learning bringt weltweit ganz neue Möglichkeiten für Weiterbildung on-demand. Inzwischen absolvieren Millionen Menschen weltweit sogenannte Massive Open Online Courses (MOOCs) von Non-Profit- und For-Profit-Anbietern, die teilweise von den namhaftesten Professoren gelehrt werden mit unbegrenzten Teilnahmeplätzen. Eine der größten Non-Profit-Plattformen ist edX. Von MIT und Harvard 2012 ins Leben gerufen, haben sich mittlerweile mit Brown, Cornell, Dartmouth College, Columbia, Princeton und der University of Pennsylvania auch andere Ivy-League-Universitäten angeschlossen, sowie Elite-Unis aus dem Ausland, darunter die ETH Zürich, Oxford und die RWTH Aachen[35]. Udacity, die von dem deutschen KI-Professor in Stanford und GoogleX-Gründer Sebastian Thrun initiierte For-Profit-Online-University, offeriert sogenannte »Nanodegrees« mit Industriepartnern wie Google, Amazon und Zalando. Dort kann man zum Beispiel lernen, Blockchain-Entwickler zu werden, oder an der School of AI lernen, wie man eigene KI-Anwendungen programmiert.

Auch in der Schule gibt es einiges zu reformieren, damit Schüler selbstbestimmt und innovativ die Zukunft gestalten können. Aus meiner Sicht hat das Konzept, einen Menschen durch eine Überdosis Bildung von mindestens einem Jahrzehnt Schule am Anfang seines Lebens auf die restlichen sieben Jahrzehnte vorzubereiten, schon lange ausgedient. Wissen allein reicht nicht mehr, zu schnell veraltet es in einer sich immer schneller drehenden Welt. Das Wichtigste, was wir aus meiner Sicht den Schülern von heute in der Schule vermitteln sollten, sind Werte, laterales Denken und die Fähigkeit, zu lernen und zusammenzuarbeiten. Dann haben sie das Werkzeug, um Autonomie zu leben. Die Unternehmerin Verena Pausder setzt als Gründerin der HABA Digitalwerkstatt genau das um, indem sie in deutschen Großstädten Grundschülern beibringt, wie man gemeinsam die digitale Welt nicht nur konsumiert, sondern gestaltet. Zum Abschluss dieses Kapitels verrät sie im Interview, welchen Spagat das zwischen Eltern und Politik erfordert.

Im Grunde genommen müssen wir aber noch früher anfangen, am besten im Kindergarten. Ein Freund von mir arbeitete lange im Silicon Valley. Seine Söhne gingen in Menlo Park in den Kindergarten und erfuhren bereits dort projektorientiertes Lernen: Gemeinsam fuhren sie in den Elektronikhandel, kauften alle Bauteile für ein kleines elektrisches Laufrad und bauten dies unter Anleitung innerhalb einer Woche. In deutschen Kindergärten ist das noch undenkbar.

Kurzum, egal ob im Kindergarten, in der Grundschule oder in der Uni, wir müssen unser Bildungssystem grundlegend verändern, um zukünftige Talente auf die neue Welt vorzubereiten. Das wird eine bis zwei Generationen dauern, aber es ist unabdingbar. Autonomie im Denken und Handeln wird dabei eine zentrale Rolle spielen.

Interview mit Verena Pausder, Vordenkerin für digitale Bildung

Verena Pausder ist Gründerin und CEO von Fox & Sheep, Deutschlands führender Entwickler für Kinder-Apps, und der HABA Digitalwerkstatt, die 2018 an acht Standorten in Deutschland vertreten ist und in Nordrhein-Westfalen ab 2019 die ersten mobilen Digitalwerkstätten auf die Schulhöfe von Grundschulen bringen wird. Sie ist Mitglied im Innovation

Council von Dorothee Bär, Staatsministerin für Digitales, sowie Mitglied im Beirat »Junge Digitale Wirtschaft« von Bundeswirtschaftsminister Peter Altmaier.[36] Ich wollte von ihr wissen, wie wir digitale Bildung in Deutschland meistern.

Warum hast du die HABA Digitalwerkstatt gegründet, und was macht ihr?
Ich möchte, dass unsere Kinder von passiven Konsumenten zu kreativen Gestaltern der digitalen Welt werden. In der Schule lernen sie nicht, dass digitale Geräte mehr als ein Gameboy sind. In der Digitalwerkstatt bringen wir Kindern im Alter von fünf bis zehn Jahren zum Beispiel bei, zu programmieren, Bilder zu bearbeiten, Roboter zu steuern und digitale Filme zu bauen. Vormittags haben wir Lehrer mit ihren Klassen zu Gast, nachmittags private Gruppen. Die Lehrer und Eltern bauen viele Vorurteile ab, die Hemmschwellen für digitales Lernen werden gesenkt. Viele Eltern sind erstmals stolz auf die digitale Mediennutzung ihrer Kinder.

Wie lernen Grundschüler Zukunftsfähigkeit?
Das tun sie bei uns spielerisch, eben indem sie mit anderen zum Beispiel einen digitalen Film erstellen. Kinder lernen dann am besten, wenn sie Spaß haben, sie etwas erreicht haben und jemand stolz darauf ist. Bei uns lernen sie sozusagen nebenbei Problemlösungskompetenz, die steigt tatsächlich in Echtzeit. Sie lernen Teamfähigkeit, zum Beispiel indem sie Probleme erstmal selbst regeln und nicht gleich zum Lehrer rennen. Und sie steigern ihre Frustrationstoleranz, sie lernen bei uns weiterzumachen und nicht gleich aufzugeben, so werden sie zu kleinen Stehaufmännchen.

Welche Rolle spielt Autonomie dabei?
Autonomie handhaben zu können, also eigenständiges Denken, wird in der Zukunft unersetzlich. Die Leitplanken unseres Handelns werden viel breiter sein, wir müssen Zielbilder

und Wege selbst finden und bestimmen. Die meisten werden sich darin verlieren, weil sie nicht gelernt haben, eigenständig Lösungen zu finden, Entscheidungen zu treffen, um selbstständig zum Ziel zu gelangen. Es ist leider das Gegenteil von dem, was wir ihnen aktuell beibringen, wir packen sie in Watte, wir erziehen viel unselbstständiger, als wir selbst erzogen wurden.

Was ist dabei die Aufgabe der Schulen?
Humboldt sagte, die Aufgabe der Schulen sei, mündige Bürger der Zukunft auszubilden. Dass da 2018 noch nicht dazugehört, Fake News von Real News zu unterscheiden, selber Texte im Netz zu erstellen und zu bewerten oder Bilder zu bearbeiten, ist absolut unverständlich. Ziel muss sein, dass jeder Schüler mindestens eine digitale Grundfähigkeit mit dem Schulabschluss erworben hat, und diese mit in den Arbeitsmarkt einbringt, so wie zum Beispiel Englisch heute. Das heißt nicht, dass jeder programmieren können muss, das ist eher wie Französisch, es wird angeboten, aber nicht jeder muss es belegen.

Welche Rolle spielt die Politik dabei?
Die Politik sollte digitale Bildung ganz oben auf der Agenda haben. Wir haben keine Bodenschätze mehr in Deutschland, der Mensch ist die wichtigste Ressource. So sind wir die viertgrößte Volkswirtschaft geworden, das Land der Dichter, Denker und Ingenieure. Aber im Moment versäumen wir komplett, unsere Kinder für die Zukunft auszubilden. Alle finden digitale Bildung toll, aber kein Politiker greift es konsequent auf. Weil es teuer ist, alle Schulen mit der nötigen Infrastruktur auszustatten, und lange dauert, Lehrer auszubilden, und keinen kurzfristigen Wahlerfolg beschert.

Wie bekommen wir es hin, dass wir in Deutschland wieder Innovationsführer werden?

Eine wichtige Voraussetzung ist die digitale Reform unseres Bildungssystems, sodass jeder Schüler kreatives Gestalten lernt. Und wir brauchen eine radikale Änderung der vorherrschenden Geisteshaltung zu Innovation in Deutschland. Es ist weniger anerkannt, exponentiellen Wandel zu schaffen, als iterative Veränderung. Also den Verbrennungsmotor etwas besser zu machen, ist mehr gewollt, als die Elektromobilität neu zu denken. Für die Überarbeitung des Status quo gibt es in Deutschland keinen Applaus, für die Verbesserung schon. Das verbannt uns in der Digitalisierung derzeit in die Rolle des getriebenen Konsumenten von innovativen Produkten und Plattformen, die woanders entstehen.

Kapitel 4

Tag 43: Wieder da, aber nicht ganz: Das Autonomieprinzip

■ Sechs Wochen nach meinem Unfall bin ich endlich wieder in der Firma. Den linken Arm trage ich in einer Schlinge, und meine Energie reicht gerade für zwei Stunden am Tag. Als sich dann noch herausstellt, dass die rechte Hand ebenfalls gebrochen ist und kurzerhand gegipst wird, muss ich wortwörtlich »loslassen«. Wie soll ich unter diesen Bedingungen die Firma erfolgreich führen? Es ist ein echter Moment der Wahrheit für mich, der mich zwingt, mein bisheriges Führungsverständnis komplett neu zu definieren. Ich frage mich: Wozu braucht man eigentlich noch einen Trainer auf der Bank?

Ich entscheide mich, die Autonomie meiner Mitarbeiter in den Mittelpunkt meines Führungsverhaltens zu stellen und so als Chef den Rahmen für Erfolg zu schaffen. So entstand das Autonomieprinzip. Sein Kern ist, den Mitarbeitern die Wahl zu lassen, vor allem in Bezug auf das »Wie« einer Tätigkeit. Der Chef wird beim Führen nach dem Autonomieprinzip aber nicht arbeitslos, vielmehr verlagert sich seine Rolle. Gebraucht wird er zukünftig als Visionär, als Ermutiger, als Coach und als letzte Instanz – ein Rollenmodell, das ich nach meiner Genesung weiter perfektionieren würde. Doch dazu, also zur konkreten Umsetzung, mehr im nächsten Kapitel, hier geht es zunächst erst mal um ein neues Rollenverständnis.

Zurück im Büro: Himmelhoch jauchzend, zu Tode betrübt

Als ich nach der Reha wieder in Düsseldorf bin, freue ich mich auf die Rückkehr in die Firma. Sechs Wochen Abwesenheit ist eine lange Zeit, ich habe meine Kollegen schon vermisst. Zudem verspreche ich mir von der Rückkehr an den Arbeitsplatz einen großen Zugewinn an Normalität. Endlich zurück in mein normales Leben! Am ersten Tag holt mich eine Kollegin von zu Hause ab, an Autofahren ist noch lange nicht zu denken, denn meinen Arm trage ich noch in einer Schlinge. Die Fahrt vergeht wie im Flug, weil wir uns so viel zu erzählen haben. An der Rezeption bekomme ich eine feste Umarmung, und mein Weg nach oben in mein Büro dauert lange, so viele Wiederbegegnungen gibt es. Als ein Kollege mir sagt: »Schön, dass du wieder da bist, es wurde auch Zeit!«, bin ich insgeheim froh, noch gebraucht zu werden. Stolz zeigen mir die Kollegen, was alles in der Zwischenzeit erreicht wurde, wie viel sie angeschoben haben. Mir wird schnell klar: Das Team ist auf einem ganz anderen Level, komplett selbstständig und proaktiv. Eigentlich so, wie ich es mir immer gewünscht hatte. Glücklich schwebe ich auf einer wahren Endorphin-Welle die ersten zwei Stunden nur so dahin.

Um 11 Uhr habe ich plötzlich das Gefühl, dass es mindestens schon 18 Uhr sein muss, meine Energie ist verbraucht, und ich könnte mich schon wieder hinlegen. Ich verkrieche mich eine Zeit in den Sanitätsraum und hoffe, dass es keiner mitbekommt. Wie habe ich das früher nur gemacht? Ein Meeting nach dem anderen ohne Pausen? Wo ist meine Kondition geblieben? Für den Rest des Tages habe ich echte Mühe – ich bin da, aber nicht ganz.

Der wahre Rückschlag kommt in der Folgewoche. Mittlerweile habe ich intensive Sportphysiotherapie begonnen und übe mit Gewichten bis zur Schmerzgrenze. Wie ich jemals wieder meinen linken Arm zur Decke strecken werde, ist mir ein Rätsel, aber es wird tatsächlich jeden Tag ein bisschen besser. Und ich habe ein Ziel: Mitte August will ich wieder auf dem Pferd sitzen, dann ist der Unfall drei Monate her. Bei der Physio fällt meinem Therapeuten auf, dass ich zunehmend die gesunde Seite, also die rechte, schone. Je stärker der linke Arm wird, desto weniger nutze ich den rechten. Er fragt mich, ob ich sicher sei, dass rechts beim Unfall nichts kaputt gegangen sei. Man hatte damals meinen rechten Arm geröntgt, aber dort nichts Unregelmäßiges erkannt. Als ich jetzt bei meiner Orthopädin aufschlage, veranlasst sie sofort ein CT und MRT. Der Radiologe ist ein ruhiger Mann mit sonorer Stimme, aber als er mir das Ergebnis verkündet, kann ich es einfach nicht fassen: Die filigranen Handwurzelknochen sind an mehreren Stellen gebrochen. Und meine rechte Hand ist kurz danach im Gips.

Ja, richtig: meine rechte Hand im Gips und mein linker Arm noch immer in der Schlinge. Unfassbar. Die ganzen letzten sechs Wochen wurde ich von der Zuversicht getragen, dass es mit jedem Tag besser wird und ich das Schlimmste nun bald hinter mir habe. Weit gefehlt. Ich bin Rechtshänder, an Schreiben ist nun also nicht mehr zu denken. Eine Kollegin versucht, meine Hand für eine Unterschrift zu führen, aber es kam nur ein lächerlicher Kringel dabei heraus. E-Mails zu schreiben, entfällt auch nahezu: Ich komme Siri näher, werde aber nie besonders gut im Diktieren, und so rufe ich die Menschen an, um auf ihre E-Mails zu antworten, oder fasse mich sehr kurz. Die meisten gewöhnen sich schnell daran und kommen kurz vorbei, um sich abzustimmen, und so kommt es, dass die anderen auch beginnen, weniger E-Mails zu schreiben.

Ich habe ein schlechtes Kurzzeitgedächtnis und mache deshalb in Meetings wahnsinnig viele Notizen. Das ist nun vorbei, mein Notizbuch bleibt ab jetzt in der Schublade. Statt zu schreiben, begann ich, zuzuhören. Anstatt alles aufzunehmen, begann ich mich zu fokussieren: Welche drei Dinge sind wirklich wichtig in diesem Meeting? Mehr konnte ich mir, ohne es aufzuschreiben, auch nicht merken. Anstatt den Blick in mein Notizbuch zu richten, beginne ich in die Runde zu schauen und bekomme auf einmal mit, was an nicht artikulierten Reaktionen im Raum ist. Es wird Sie nicht verwundern: Die Meetings endeten nun pünktlich.

Das Autonomieprinzip: Ein neues Führungsverständnis

Das ursprüngliche Arbeitspensum wieder aufzunehmen, war undenkbar. Ich brauchte ein radikal neues Führungskonzept, mit dem ich in etwa zwei Stunden am Tag das Gleiche wie vorher erreichen würde. So änderte ich nicht nur vorübergehend, sondern grundlegend meinen Führungsstil: Ich wurde zum 2-Stunden-Chef.

Wenn ich vor dem Unfall im Schnitt zehn Stunden am Tag gearbeitet hatte und mir nun nur noch zwei blieben, musste ich folglich

80 Prozent weniger machen. Und diese 80 Prozent ans Team abgeben oder streichen. Welche 80 Prozent Ihres heutigen Jobs würden Sie abgeben? In der Praxis fiel es mir leichter, die 20 Prozent, die blieben, auszuwählen als die 80 Prozent, die weg mussten. Also definierte ich, wozu ich die zwei Stunden am Tag nutzen würde. Ich überlegte mir gründlich, wofür man überhaupt noch einen Trainer auf der Bank braucht. Ich entschied mich schließlich, mich ausschließlich darauf zu konzentrieren, das zu verstärken, was meinem Team während meiner Abwesenheit so gut getan hatte: Autonomie.

Für mich bedeutete dieses neue Führungsverständnis ein fundamentales Umdenken. Statt zuerst zu fragen: »Was brauche ich von den Mitarbeitern, um die Ziele der Firma zu verwirklichen, und wie bekomme ich das von ihnen?«, fragte ich mich nun: »Was brauchen die Mitarbeiter von mir als Chef, um die Ziele der Firma von sich aus zu verwirklichen?« Das veränderte alles, es war ein gelebter Paradigmenwechsel. Es erging mir so, wie es Vertrieblern derzeit ergehen mag, die ihr Denken und Handeln von Produktzentriertheit auf Kundenzentriertheit umlenken. Der ganze Blick, mit dem ich durch die Firma ging, hatte sich geändert: Statt wie sonst bei einer Begegnung mit Martin auf dem Gang schnell zu überlegen, was ich noch von Martin brauchte, schaute ich nun auf ihn, fragte ihn und hörte mir an, wie es ihm geht und was er noch braucht. Weg von mir als Chef, hin zum Mitarbeiter und zu seinen Bedingungen für Erfolg. Mit dem Autonomieprinzip zu führen, heißt:

> Statt zu überlegen, was ich von den Mitarbeitern brauche, fragte ich nun: Was brauchen sie von mir, um die Ziele zu verwirklichen?

1. Die Autonomie der Mitarbeiter in den Mittelpunkt des eigenen Führungsverhaltens stellen.
2. Alle Führungstätigkeiten, die die Autonomie der Mitarbeiter stärken, sind erlaubt. Alle anderen fallen weg.
3. Die Rolle des Chefs ist es, den Rahmen für Erfolg zu setzen, nicht, ihn selbst zu füllen.
4. Den Mitarbeitern die Wahl über das Wie lassen.

Warum ist das erfolgversprechend? Mitarbeiter sind in der Wissensgesellschaft der wichtigste produktive Faktor und damit der Schlüssel zum Unternehmenserfolg. Und Autonomie ist nicht nur ihr wichtigstes psychologisches Grundbedürfnis, sondern steigert auch ihre intrinsische Motivation, ihre Kreativität und ihre Weiterentwicklung (siehe Kapitel 2).

Kern des Autonomieprinzips: Den Mitarbeitern die Wahl lassen

Wenn man das Autonomieprinzip auf seinen Kern reduziert, bleibt nur eins: den Mitarbeitern die Wahl lassen. Sprenger konstatierte schon vor 25 Jahren: »Es erweist sich immer wieder: Alles, was Menschen wollen, ist wählen können.«[1] Dementsprechend fordert er, den Mitarbeitern Freiraum zu geben, definiert als »Maß an Wahlmöglichkeiten, an Selbstbestimmung und Entscheidungsfreiraum innerhalb des Aufgabenbereiches.«[2]

Das Autonomieprinzip: die Autonomie der Mitarbeiter in den Mittelpunkt des eigenen Führungsverhaltens stellen.

Aber die Wahl in Bezug worauf? Laut Sprenger sollte man Wahlmöglichkeiten vor allem in Bezug auf das Wie geben: »Viele Arbeitsergebnisse können auf verschiedene, aber gleich günstige Art erreicht werden; Wahlmöglichkeiten können hinsichtlich des Verfahrens, der Mittel, des Einsatzes sowie der zeitlichen Abfolge von Aufgabenbestandteilen eingeräumt werden.«[3] Auch Teresa Amabile legt nahe, den Mitarbeitern Autonomie über das Wie zu geben: »Wenn man den Menschen Freiheit darüber gibt, wie sie ihre Arbeit angehen, stärkt das ihre intrinsische Motivation und ihr Gefühl von Eigenverantwortung.«[4] Der Chef wird nicht mehr dafür gebraucht, über das Wie im Detail zu entscheiden.

Nach dem Autonomieprinzip haben die Mitarbeiter also die Wahl über das Wie, aber explizit nicht über das Was – das bleibt Chefsache. In Amabiles Worten: »Kreativität floriert, wenn Manager die Leute entscheiden lassen, *wie* sie einen Berg erklimmen; aber sie brauchen sie nicht wählen lassen, auf welchen Berg sie klettern.«[5] Klare strategische Ziele unterstützen laut Amabile sogar die Kreativität, und ich denke, eine inspirierende Vision tut es auch.

Wie sieht es mit der Wahl darüber aus, wo man arbeitet? Eine pauschale Antwort ist hier aus meiner Sicht nicht sinnvoll, zu unterschiedlich sind die Anforderungen zum Beispiel einer Chemieproduktion und einer Kreativschmiede. Es stimmt, dass in fast allen Bereichen der Anteil der Arbeit, der digital und damit theoretisch von überall her gemacht werden kann, wächst, und Technologie uns immer mehr Möglichkeiten gibt, virtuell zusammenzuarbeiten. Der Vorteil dabei: kein Stau auf dem Weg zur Arbeit, weniger Ablenkung durch die Kollegen.

> Die Mitarbeiter haben die Wahl über das Wie, das Was bleibt Chefsache.

Das Autorenduo Alison Maitland und Peter Thomson verweist auf unzählige Studien, die belegen, dass Menschen, die die Wahl haben, wann und wo sie arbeiten, wesentlich produktiver sind.[6] Sie sehen die zukünftige Rolle von Büros nicht mehr als »workplaces«, sondern als »meeting places«[7], in denen sich Kollegen treffen, die ansonsten arbeiten, von wo aus sie wollen.

Ich habe fast mein ganzes Arbeitsleben in Büros gearbeitet, in denen auch alle anderen Kollegen in der Kernzeit anwesend waren. Jetzt im Start-up erlebe ich, wie wir von Berlin aus zum Beispiel mit Programmierern in München und Lübeck, mit einer Werkstudentin in Dundee, einem Supervisor im Allgäu sowie Coaches in ganz Deutschland hervorragende Ergebnisse erzielen. Das Tagesgeschäft lässt sich wunderbar in der Cloud orchestrieren, und digitale Arbeitswerkzeuge wie Slack und Trello machen die Abstimmung effektiver als an der Kaffeemaschine. Videotelefonkonferenzen sind inzwischen kostenlos. Dennoch bringen wir die Teams regelmäßig zusammen, weil wir überzeugt sind, dass die persönliche Beziehung für die Zusammenarbeit wichtig ist, und dazu braucht es gemeinsame Zeit. Genauso machen wir Workshops unter uns Gründern nie am Telefon, denn wir glauben, kreative Kettenreaktionen, wo einer auf der Idee des anderen aufbaut, sind immer noch am fruchtbarsten, wenn man vor dem gleichen Blatt Papier sitzt. Inwiefern sich das in althergebrachte Firmen übertragen lässt, muss in jedem Kontext neu entschieden werden.

Die gleiche Frage stellt sich beim Wann: Sollen Mitarbeiter die Wahl bekommen, wann und wie viel sie arbeiten? Diese Frage ist viel disruptiver als die Frage nach dem Wie, dem Was und dem Wo, stellt sie doch den Kern der heutigen Arbeitsbeziehungen infrage. Selbst in Firmen, in denen nicht gestempelt wird, basieren die allermeisten Ar-

> Sind Büros zukünftig keine »workplaces« mehr, sondern nur noch »meeting places«?

beitsverträge auf Zeit, nicht auf Ergebnissen oder Produktivität. Maitland und Thomson halten dieses Konzept für nicht zukunftsfähig: »Die Aufgaben, die im Namen von ›Arbeit‹ erledigt werden, sind nutzlos, wenn sie keinen erkennbaren Output haben. So viele Organisationen haben den Blick dafür verloren. […]. Sie bezahlen die Zeit des Mitarbeiters zu einem Preis, der sich nach den Fähigkeiten berechnet, die nötig sind, um den Job zu erledigen. Irgendwo in diesem Prozess geht die Beziehung zwischen Arbeit und Output verloren.«[8] Die Zukunft sehen sie in ergebnisorientiertem Arbeiten, wo Mitarbeiter für ihre Ideen und Ergebnisse entlohnt werden, genauso wie Freelancer sich für ihre Ergebnisse bezahlen lassen, egal wie viel Zeit es sie kostet.

In Deutschland ist die Hotelsuchplattform Trivago ein Arbeitgeber, der seinen Mitarbeitern die Wahl beim Wann lässt: »Jeder Mitarbeiter, egal ob Frühaufsteher oder Nachtschwärmer, kann sich seine Arbeitszeit frei einteilen. Und so viel Urlaub nehmen, wie er mag. Aber auch immer mit der Einschränkung, dass die festgelegten Ziele erreicht werden. Am Ende zählt nur die Produktivität.«[9] Damit das nicht ausgenutzt wird, setzt Trivago auf 360-Grad-Feedback, bei dem jeder jeden bewertet. Die »unlimited vacation policy« hat ursprünglich Netflix eingeführt und wurde dann von LinkedIn, Virgin und anderen übernommen.[10] Die Idee ist, dass jeder Mitarbeiter sein Gehalt bekommt, egal wie kurz oder lang er arbeitet oder Urlaub macht.

Ob es für den Mitarbeiter letztlich vorteilhaft ist, die Wahl über das Wann und das Wieviel zu haben, hängt maßgeblich von der Unternehmenskultur ab. Nur wer wirklich keine Konsequenzen zu fürchten hat, wenn er so viel Urlaub nimmt, wie er will, und trotzdem liefert, wird dies auch tun. Die *Financial Times* geht davon aus, dass Mitarbeiter im Schnitt dann weniger Urlaub als vorher machen.[11] Bei Kronos, einem amerikanischen Anbieter von »Workforce Management Software«, der 2016 *unlimited vacation* eingeführt hat, konnte der CEO einen moderaten Anstieg an genommenem Urlaub messen: Die produktivste Gruppe der High Performer nahm im Schnitt 1,5 Tage mehr im Jahr, die Gruppe mit der mittleren Performance 0,8 Tage und die der Low Performer nur einen halben Tag.[12]

Den Mitarbeitern die Wahl zu lassen, ist also der Kern des Autonomieprinzips. Aber nicht in Bezug auf alle Variablen: Das Wie soll unbedingt im Ermessen des Mitarbeiters liegen, während das Was weiter Chefsache bleibt. Mit der zunehmenden Digitalisierung wird auch beim Wo und Wann immer mehr Spielraum entstehen, als es die durch die Industrialisierung geprägten Arbeitsmodelle zugelassen haben. Stempelmaschinen und Nine-to-five-Routine mit Anwesenheitskultur werden schon bald der Vergangenheit angehören. Doch wie schnell diese Transformation vonstattengehen wird und welches Maß an Wahlmöglichkeiten in Bezug auf Ort und Zeit sinnvoll ist, lässt sich nur von Fall zu Fall in Abhängigkeit vom Produkt und von der Unternehmenskultur entscheiden.

Führen mit Autonomie: Die verbleibenden Rollen des Chefs

Ich nutzte das Autonomieprinzip, um auszuwählen, welche 20 Prozent meines bisherigen Führungsverhaltens vor dem Unfall bleiben durften: Alles, was die Autonomie der Mitarbeiter unterstützt, war erlaubt, alles, was sie begrenzt, flog raus. Dabei entstand ein völlig neues Rollenverständnis als Chef.

Wenn das Was immer noch Chefsache ist, wie wir oben bereits gesehen haben, dann fungiert *der Chef als Visionär*. Damit steht ganz oben auf der Liste des Führungsverhaltens nach dem Autonomieprinzip: das *Wozu* erläutern, und zwar vorab.

Die Mitarbeiter in den Zusammenhang und die Absicht einer bestimmten Zielvorgabe einzuweihen, ist maximal autonomiefördernd. Nur wenn klar ist, warum ein Ziel wichtig ist, und wozu wir es verfolgen, können die Mitarbeiter wirklich autonom entscheiden, ob sie sich damit identifizieren und dafür losgehen. Außerdem ist der Kontext wichtig, um bei den unvermeidlichen vielen kleinen Zwischenentscheidungen auf dem Weg im Sinne der Vision handeln zu können.

> Stempelmaschinen und Nine-to-five-Routine mit Anwesenheitskultur werden schon bald der Vergangenheit angehören.

Je mehr Zeit ich vorab in die Kommunikation des Wozus investierte, desto schneller ging alles. Abstimmungsschleifen fielen weg, weil den Mitarbeitern bereits selbst klar war, ob eine Zwischenentscheidung sinnvoll ist oder nicht. Sie hatten alles, was sie brauchten. Auch die formalen Abstimmungs-Meetings beispielsweise für die

Freigabe von neuen Standorten und neuen Produkten waren nun viel weniger zeitaufwändig als vorher.

Eine weitere entscheidende Führungsrolle nach dem Autonomieprinzip ist: *der Chef als Ermutiger.* Die wichtigste Eigenschaft des Ermutigers ist sein Glaube an die Mitarbeiter. Der Organisationsberater Sebastian Purps-Pardigol beschreibt, wie das funktioniert: »Wenn Sie als Führungskraft an Ihren Mitarbeiter glauben, beeinflussen Sie bei ihm gerade in herausfordernden Situation hilfreiche neuronale Aktivitäten.«[13] Indem der Chef seinem Mitarbeiter in so einer Situation sagt: »Du wirst das schon rocken!«[14], verringert er Stressreaktionen, die die Amygdala, den Mandelkernkomplex des Gehirns, in Gefahrensituationen auslöst, und ermöglicht so wieder Zugriff auf den präfrontalen Cortex des Gehirns, »an dem alle unsere höheren geistigen Leistungen und unsere Potenziale beherbergt sind«[15].

Aber nicht nur in Stresssituationen ist der Glaube des Chefs an seinen Mitarbeiter ein großer Hebel, auch sonst beeinflusst er damit das innere Bild des Mitarbeiters von sich selbst: Purps-Pardigol zitiert dazu eine Studie, in der der Glaube von Lehrern an die Fähigkeiten ihrer Schüler zu besseren Leistungen führte.[16] Der Glaube des Chefs, analog zum Lehrer, wirkt dabei wie eine sich selbst erfüllende Prophezeiung. Je mehr er kleine Erfolge auf dem Weg zum Ziel hervorhebt und würdigt, desto mehr verstärkt sich der Glaube an die eigenen Fähigkeiten, die sich so immer häufiger manifestieren.

Aber auch der Fokus auf Fortschritt ist ein wichtiges Werkzeug des Ermutigers. Wer kleine Gewinne feiert, verwandelt Glaube in Potenzial, das sich in der Zukunft vielleicht realisiert, und in Wertschätzung für das bereits heute Geleistete. Beides, Fortschritt und Wertschätzung, sind Schlüssel für Erfolg, wie wir im nächsten Kapitel noch im Detail sehen werden.

Auch ganz hoch im Kurs beim Führen nach dem Autonomieprinzip steht: *der Chef als Coach.* Damit meine ich nicht den Sport-Coach, der eigentlich ein Trainer ist, sondern einen Coach im Sinne von Business-Coaches. Dieser wird von Firmen engagiert, um das Beste im Coachee hervorzubringen und seine Performance zu verbessern. Ein Coach ist jemand, der »die richtigen Fragen stellt, hilft, das Problem zu strukturieren, und eine Lösung aus dem Coachee heraus

Der Chef als Visionär beginnt mit dem Wozu.

Der Chef als Ermutiger arbeitet mit Glaube, Fortschritt und Wertschätzung.

generiert«[17], wie mein geschätzter Mentor, der Autor Emilio Galli Zugaro, es so treffend formuliert. Dafür braucht es Zeit mit jedem einzelnen Mitarbeiter, denn diese sehr persönlichen Gespräche gelingen nicht in der Gruppe. So kam es auch, dass dieser Führungsaspekt tatsächlich den Großteil meiner zwei Stunden am Tag einnahm.

Wichtig ist, dass Coaching regelmäßig stattfindet und auf diese Weise zur Selbstverständlichkeit wird – und nicht zweimal im Jahr im Mitarbeitergespräch, wo eine Mücke bereits zum Elefanten geworden ist. Coaching ist maximal autonomiesteigernd, weil der Coach anders als ein Mentor dem Mitarbeiter nicht vorgibt, wie er am besten handeln sollte, sondern ihm mit gezielten Fragen selbst zur Erkenntnis verhilft, und das individuell nach seinen Bedürfnissen. Zudem fokussiert er auf die Stärken des Mitarbeiters, die es zu stärken gilt. Manch einer mag bei dieser abgedroschenen Phrase gähnen, aber sie wird in Deutschland leider noch lange nicht selbstverständlich gelebt, zu sehr sind Mitarbeitergespräche immer noch auf das »Entwicklungspotenzial« gerichtet, die Schwächen. Das ist fatal, wie das Coach-Duo Assig und Echter in seinem neuen Buch festhält: Statt ihre eigentliche Größe zu entfalten und weiterzuentwickeln, konzentrieren sich Mitarbeiter vermehrt auf ihre vermeintlichen relativen Schwächen, wo sie vergleichsweise schlechter eingestuft werden als ihre Kollegen.[18]

Natürlich fällt es dem Chef als Coach auch zu, eigenes negatives Feedback oder das von Kollegen oder Kunden anzubringen, denn nur so können sich Mitarbeiter weiterentwickeln und nur so kann das Unternehmen wachsen. Seine Absicht dabei ist es, diesen offenbar blinden Fleck des Mitarbeiters aufzuhellen, sodass das kritisierte Verhalten ihn und das Team nicht aus der Kurve wirft. Das Entscheidende bei der Übermittlung von negativem Feedback ist die Haltung, aus der heraus der Chef es anbringt: nämlich *für* den Mitarbeiter, nicht *gegen* ihn, als Investition in seine Weiterentwicklung, nicht als Vorwurf. Das ist nicht trivial. Wer sich darin üben möchte, erkläre seinem Lebenspartner, ohne zu werten, was er sich zukünftig anders wünscht.

Ich bin überzeugt, dass Coaching-Skills in der Zukunft zu essenziellen Führungsfähigkeiten werden. Das ist, wie das Sprechen ohne Vorwurf zeigt, keineswegs einfach, denn es geht hier vor allem um Zuhören und Fragen. Beides zählt bei vor allem aufs Senden fokussierten Chefs nicht zwangsläufig zu den Kernkompetenzen.

Die Liste von Führungsverhalten nach dem Autonomieprinzip, schließt mit: *dem Chef als letzte Instanz.* Der Chef hat am Ende die Verantwortung für alle Ergebnisse in seinem Bereich, und für seine Autonomie ist es natürlich unerlässlich, dass er selbst entscheiden darf und kann. Doch solche Situationen, in denen Entscheidungen zu ihm eskaliert werden, sollten so häufig wie nötig, aber nur so selten wie irgend möglich entstehen. Wird gar nichts zu ihm eskaliert, ist er eigentlich schon überflüssig oder die Mitarbeiter vertrauen ihm nicht, wird ständig eskaliert, führt er seine Mitarbeiter nicht wirklich autonom.

> Coaching-Skills werden in der Zukunft zu essenziellen Führungsfähigkeiten.

Damit die Autonomie des Chefs zu entscheiden für seine Mitarbeiter nicht demotivierend ist, gilt es, subjektive und für das Team nicht nachvollziehbare »Overrides« in letzter Minute zu vermeiden. Ich erinnere mich selbst nur zu gut, wie ich einen meiner Chefs verwünscht habe, als er sich immer wieder nach getaner Arbeit doch noch umentschied und wir jedes Mal wieder ganz von vorn anfangen mussten. Berechenbarkeit ist Trumpf, und sie lässt sich auf zwei Wegen leicht herstellen.

Der erste Weg ist, vorab zu klären, welche Bedingungen eine Lösung um jeden Preis zu erfüllen hat und welche Wünsche sie erfüllen sollte, im Zweifel aber nicht muss. Wie viel Umsatz und Gewinn muss ein neues Produkt bringen, wie viele Einwohner müssen in der Umgebung eines neuen Standortes wohnen? Wenn also alle nötigen Bedingungen für ein Vorhaben erfüllt sind und dieses auf das konkrete Ziel und die Vision einzahlt, dann ist eine Freigabe berechenbar und der Entscheidungsvorgang im Meeting reibungslos. In meiner Arbeit als Aufsichtsrätin erlebe ich das häufig in der Rolle des »Genehmigers«: Je klarer die Bedingungen und Wünsche an ein Vorhaben vorab artikuliert sind, desto einfacher ist es für das Management, den Aufsichtsrat auch zwischen Sitzungen telefonisch zu einer Freigabe zu bewegen. Lösungsvorschläge, die die Bedingungen und Wünsche nicht erfüllen, werden schlichtweg gar nicht vorgeschlagen.

Der zweite Weg, Berechenbarkeit herzustellen, ist, vorher klar festzulegen, wer welche Rolle in einer Entscheidung spielt. Am liebsten nutze ich dafür die RAPID-Formel[19], die ich während meiner Arbeit bei innocent smoothies in London kennen gelernt habe:

- Recommender – schlägt vor,
- Approver – genehmigt,
- Performer – führt aus,
- Inputter – gibt Input,
- Decider – entscheidet.

Die Macht liegt dabei beim Entscheider, dem Decider. Das ist in vielen Fällen nicht der Chef, der ist viel eher der Approver. Der Approver hat ein Veto, kann also eine Entscheidung verhindern und damit seine Autonomie als Chef voll ausleben. Aber er kann eben nur verhindern und nicht herbeiführen. Dafür ist der Decider verantwortlich,.

Auch die anderen Buchstaben der RAPID-Formel verhelfen dem Rest der Beteiligten zu Autonomie: Der Recommender, das R, ist die Person, deren Aufgabe es ist, eine Lösung für das Problem zu entwickeln, zum Beispiel der Marketingmanager, der die Werbekampagne mit der Agentur entwickelt hat und sie dem CMO pitcht. Das P ist der Performer, derjenige, der das Projekt tatsächlich durchführt und liefert. Besonders befreiend für die Autonomie des Recommenders und des Performers ist der Umgang mit den Inputtern, den Is. Jeder gibt gern seinen Senf dazu, und die meisten sind überzeugt von ihrer Meinung. Je mehr Input man bekommt in einer diversifizierten Organisation, desto mehr gut gemeinte Ratschläge hat man, die sich gegenseitig ausschließen. Was also tun? P, R und D lassen das I das I sein und bewerten selbst, wie sie das berücksichtigen oder eben auch nicht, denn das I ist eben nur ein Inputter und kein Entscheider. In schlanken Strukturen kann auch eine Person mehrere Rollen ausüben.

Loslassen bedeutet nicht, als Chef nichts mehr zu tun zu haben. Im Gegenteil, ich bin fest überzeugt, dass wir auch in einer Zeit, in der selbststeuernde Teams in aller Munde sind, weiterhin Chefs brauchen. Beim Autonomieprinzip bleibt, wie wir gerade gesehen haben, ganz klar eine Aufgabe für Führung, nur mit einem neuen Rollenverständnis: Der Chef, der mit Autonomie führt, schafft den Rahmen für Erfolg als Visionär, als Ermutiger, als Coach und nicht zuletzt als letzte Instanz. Wie man das in der Praxis lebt, dazu im nächsten Kapitel mehr.

> Der Chef als letzte Instanz bleibt Entscheider, aber er entscheidet maximal autonomiesteigernd.

Autonomie im Wohnheim für Menschen
mit geistigen Behinderungen:
Interview mit Heike Schluckebier

Heike Schluckebier ist Leiterin einer Wohneinrichtung für Menschen mit geistigen und körperlichen Behinderungen.[20] Ihre Aufgabe besteht darin, die Selbstständigkeit der im Haus lebenden Menschen in jeder Lebenslage zu fördern, mit anderen Worten: die Autonomie zu steigern. Der Schlüssel dafür liegt in der Führung der Mitarbeitenden. Denn wie sollen sie Menschen mit einer geistigen Behinderung zu einem selbstbestimmten Leben verhelfen, wenn sie selbst nicht autonom arbeiten? Ein hochspannendes Fallbeispiel, zumal das mehr als zwanzigköpfige Team vor Heikes Ankunft zwei Jahre komplett ohne Leitung vor Ort gearbeitet hatte.

Wie hast du das Wohnheim vorgefunden, als du dort die Führung übernommen hast?
Das Wohnhaus funktionierte sehr gut, keiner hätte je von außen bemerkt, dass das Team seit zwei Jahren ohne Chef vor Ort arbeitete. Alle uns anvertrauten Menschen waren gut versorgt, die vorgeschriebenen Abläufe liefen reibungslos, und auch unvorhergesehene Krisen hat das Team super bewältigt.

Kannst du ein Beispiel nennen?
Die Mitarbeitenden regeln zum Beispiel Dienstausfälle komplett eigenständig. Die Bereitschaft, auch mal kurzfristig am Wochenende einzuspringen, ist viel höher als in anderen Häusern. Eigentlich logisch: Die Mitarbeitenden kennen die Bedürfnisse ihrer Kollegen und Kolleginnen und die Belastbarkeit des Einzelnen viel besser als der Chef. Dadurch ist jeder eher bereit, diese zu berücksichtigen, denn er will ja keinen Stress mit ihnen. So bekommt jeder im Team das, was er braucht, und ist auf der Basis viel eher bereit, kurzfristig einzuspringen.

*Wie sind die Mitarbeiter denn so lange ohne Führung klarge-
kommen?*
Alle haben mehr gearbeitet und zusätzliche Aufgaben zu ihrer normalen Tätigkeit übernommen. Dafür haben sie sich
stundenweise vom Betreuungsdienst freigestellt, um Zusatz-
aufgaben, wie zum Beispiel den Pflegeplan zu erstellen, zu
erledigen. Das war wie ein Schneeballeffekt, denn dadurch
war der Betreuungsdienst unterbesetzt, und so hatten dann
die anderen dort auch mehr zu tun und haben ebenfalls mehr
Verantwortung übernommen. Über viele netzinterne Veränderungen sind die Mitarbeitenden logischerweise nicht auf
dem neuesten Stand gewesen, weil in den entsprechenden
Gremien kein Vertreter des Hauses saß. Aber durch die Übernahme der zusätzlichen Aufgaben musste jeder über seinen
Tellerrand hinausschauen und hat seine Kompetenzen und
sein Zugehörigkeitsgefühl weiterentwickelt.

*Brauchen sie jetzt nach so langer Zeit überhaupt noch einen
Chef?*
(Heike lacht). Ja! Absolut. Das war kein Modell auf Dauer,
auch wenn zwei Jahre eine lange Zeit ist. Als ich kam, waren viele Mitarbeitende erleichtert und haben mir das auch
so gesagt. Und nicht nur, weil die Anzahl zusätzlicher Aufgaben überschaubarer wurde. Nein, sie waren froh, dass jetzt
wieder jemand die Gesamtverantwortung übernahm. Man
braucht einfach eine Stelle, wo alles zusammenläuft, jemanden, der im Team schlichtet und auch Neues voranbringt.

*Führst du dort anders als in einem Haus, wo das Team nicht
so lange führungslos war?*
Ja. Ich habe hier ein hoch motiviertes Team, das eine riesige
Bereitschaft hat, Verantwortung zu übernehmen. Natürlich
tue ich alles, damit das so bleibt! Das heißt vor allem, alle
mit einzubeziehen. Wenn es neue Vorgaben gibt: Wer will bei
der Umsetzung mitarbeiten? Dann erarbeiten wir die Lösung

gemeinsam, das geht viel schneller, als wenn ich es von oben vorgebe. Wichtig ist, die Freiwilligen, die sich melden, öffentlich wertzuschätzen. Ich bedanke mich immer ausdrücklich und mache für die anderen sichtbar, wie viel da geleistet worden ist. Das ist ein Schneeballeffekt. Und Transparenz ist essenziell – es ist wichtig, dass alle auf dem gleichen Stand sind.

Was heißt das konkret für deinen Arbeitsalltag?
Ich binde die Aufgaben nicht an mich, sondern bereite sie so vor, dass die Mitarbeitenden in die Lage versetzt werden, sie selbst zu erledigen und daran Freude zu haben. Das spüren die Menschen, die im Haus leben, dann auch direkt. Dafür muss ich Zeit schaffen, den Mitarbeitenden viele Möglichkeiten zum Austausch geben. Sie möchten ehrliches Interesse an dem, was sie übernehmen, und zeitnahe Rückmeldung, sonst sinkt die Motivation auch schnell wieder. Natürlich gibt es auch Fälle, die zu mir eskaliert werden, da ist es wichtig, dass ich Coach bleibe und die verantwortlichen Mitarbeitenden unterstütze, das selbst zu lösen.

Gibt es bei aller Autonomie auch etwas, was deine Mitarbeiter nicht frei wählen dürfen?
Beim Umgang mit Menschen mit Behinderung gibt es unzählige Regularien und Dokumentationsvorgaben. Diese Standards müssen unbedingt eingehalten werden, und die Behörden prüfen das auch regelmäßig. Da wollen und können wir den Mitarbeitenden keine Wahl lassen. Und bis wann eine Arbeit zu erledigen ist, ist ebenfalls meistens nicht wählbar, sondern im Rahmen der Pflegerichtlinien vorgegeben.

Millennials: Führen ohne Autonomie führt in den Konkurs

Wer jetzt immer noch denkt, das alles sei nice to have, und eigentlich geht es doch auch mit Kontrolle, aufgepasst: Ab 2025 werden Millennials, die zwischen 1980 und 1995 geborene Generation, bereits 75 Prozent aller Arbeitnehmer ausmachen.[21] Diese Generation tickt völlig anders als die Babyboomer und die Generation X, die heute in den meisten Unternehmen das Sagen haben. Millennials haben Selbstbestimmung als zentralen Wert und können es sich angesichts des wachsenden Fachkräftemangels auch leisten, diesen bei ihren Arbeitgebern einzufordern. Meine Prognose: Die Firmen, die weiterhin an einer von Kontrolle geprägten Kultur festhalten, werden untergehen, denn sie werden schlichtweg ihre offenen Stellen nicht besetzen können.

Die Zeiten, in denen Unternehmen erwarten konnten, dass ihre Mitarbeiter ihre Bedingungen einfach erfüllen, sind vorbei. Nun ist es umgekehrt: Wer zukünftig talentierte Mitarbeiter gewinnen und halten will, muss sie zu ihren Bedingungen führen. Den Millennials ist durchaus bewusst, wie die Demografie ihnen in die Hände spielt. *Zeit*-Journalistin und selbst Millennial Kerstin Bund formuliert das so: »Der Arbeitsmarkt wandelt sich zu einem Arbeitnehmermarkt. Mit

> Firmen, die an Kontrolle festhalten, werden untergehen, weil sie ihre offenen Stellen nicht besetzen können.

meiner Generation verschieben sich die Kräfte weg vom Arbeitgeber hin zum Arbeitnehmer. [….] Das ist neu, war es doch immer das Privileg der Alten, die Regeln festzulegen, und die Pflicht der Neuen, sich daran zu halten. Druck kam immer von oben. Wer aufsteigen wollte, musste sich anpassen. [...] Unsere Macht liegt darin, dass wir uns nicht anpassen müssen.«[22]

Nehmen wir diese viel beschriebene Generation näher unter die Lupe. Ich bin wenige Monate vor dem Stichtag 1. Januar 1980 geboren, gehöre also streng genommen noch zur Generation X. Aber eben auch nur noch gerade so, und je mehr ich über die Generation Y, wie die Millennials auch heißen, lese, desto mehr finde ich mich in einigen Aspekten wieder. Wie die Millennials habe ich in meiner Jugend, der prägendsten Phase der Persönlichkeitsentwicklung, das Platzen der Internetblase 2001 erlebt, den 11. September hautnah in Washington

D. C., den Irak-Krieg, später dann die Lehman-Brothers-Pleite und Fukushima. Ich stimme dem Jugendforscher Hurrelmann vollkommen zu, dass wir durch diese Krisen schon früh im Leben gelernt haben: »Nichts ist mehr sicher. Und: Es geht immer irgendwie weiter.«[23] Sicherlich, das Internet hat bei mir erst gegen Ende meiner Schulzeit angefangen eine Rolle zu spielen. Das ist nicht zu vergleichen mit den später geborenen Digital Natives, die damit schon als Kleinkinder in Berührung kommen. Aber meine Jugend war genauso geprägt von dem Übermaß an Wahlmöglichkeiten, das das Internet und die Globalisierung zunehmend entstehen ließ und das wiederum für meine Eltern in ihrer Jugend unvorstellbar war. Statt sich mit Fast Fashion regelmäßig neu einzukleiden, hatten die noch in Mode-Klassiker investiert, statt mit Easyjet fürs Wochenende nach Malaga zu fliegen, mussten sie einen ganzen Urlaub investieren, um dort mit ihrem Käfer mit 110 Kilometer pro Stunde hinzugelangen.

Der Schwede Anders Parment zeigt in seiner Studie der Generation Y auf, dass diese Explosion an Wahlmöglichkeiten »beim typischen Vertreter der Generation Y zu stärkerer Betonung von Individualismus«[24] führt und zu »zunehmender Autonomie von Individuen in der heutigen Gesellschaft«[25]. Wer gewohnt ist zu wählen, empfindet Autonomie als selbstverständlich. Millennials haben in allen Lebensbereichen die Wahl und erwarten das nicht nur bei Tinder, sondern selbstverständlich auch bei der Arbeit. Dazu Kerstin Bund: »Was also erwarten wir bei der Arbeit? Keine Sorge, es sind keine Firmenwagen mit Vollausstattung […] und auch kein Eckbüro mit Ausblick. […] Das Statussymbol meiner Generation heißt Selbstbestimmung. Was wir wollen, kostet nicht einmal Geld: mehr Flexibilität und Freiräume, regelmäßiges Feedback, gute Führung.«[26]

Das heißt nicht, wie häufig angenommen, dass Millennials nicht leistungswillig sind. Im Gegenteil, Millennials sind es gewohnt, hart zu arbeiten. Sie haben laut Hurrelmann[27] viel investiert in einen guten Schulabschluss, in ihr Studium und unzählige Praktika. Aber damit sie bei der Arbeit alles geben, brauchen sie vor allem drei Dinge: die Wahl, regelmäßiges Feedback und Wertschätzung. Millennials wollen selbst entscheiden, wann und wo sie arbeiten und an was. Sie haben kein Problem mit klaren Zielen, aber sie wollen

> Wer gewohnt ist zu wählen, empfindet Autonomie als selbstverständlich.

selbst bestimmen, wie sie dort hinkommen. In den Worten von Millennial Clementina Galli Zugaro: »Wir würden fragen: Can I do it my way, solange ich am Ende liefere?«[28]

Millennials haben es auch nicht gerne, wenn man ihnen vorschreibt, wie sie sich zu kleiden haben. Ihr Verhalten ist vom Social-Media-Konsum konditioniert, sie sind es gewohnt, ständig Rückmeldung zu bekommen, und zwar hauptsächlich positive – fehlt doch bei Facebook der »dislike«-Button. Der Homo instagramus braucht ständige positive Bestätigung so sehr wie eine Pflanze das Wasser. Diese häufige Wertschätzung ist eine echte Herausforderung für die heutigen Chefs der Babyboomer und der Generation X, haben sie sich doch in einer Zeit beweisen müssen, in der noch galt: »Nicht getadelt ist gelobt genug«.

Aber damit nicht genug. Millennials haben nichts übrig für Chefs, die mit Kontrolle führen: »Wir wollen einen Mentor und keinen Manager, der uns sagt, wo es langgeht. Wir brauchen kein Alphatier, das sein Ego vor sich herträgt wie das Känguru seinen Beutel. Wir wollen einen gebildeten, keinen eingebildeten Chef«[29], so Kerstin Bund. Und Anders Parment zeigt die Konsequenzen daraus für die Führungskräfte auf: »Insgesamt werden Vorgesetzte zukünftig deutlich mehr Zeit in die Führungsarbeit investieren müssen als heute. Sie werden insbesondere als Coach beziehungsweise Mentor gefordert sein, ihre Mitarbeiter als Vorbild zu beraten und sie bei ihrer individuellen Entwicklung mit regelmäßigem formellen und informellen (!) Rückmeldungen zu unterstützen.«[30]

Bekommen sie das nicht, sind Millennials schnell weg: Die Loyalität zum Arbeitgeber ist viel geringer als in anderen Generationen. Deloitte hat in seinem *2018 Millennial Survey* erhoben, dass 43 Prozent der Millennials erwarten, innerhalb der nächsten zwei Jahre ihren Arbeitgeber zu verlassen, bei der Generation Z, den nach 1995 geborenen, die jetzt erstmals auf den Arbeitsmarkt kommen, sind es sogar 61 Prozent.[31] Den Job fürs Leben gibt es längst nicht mehr. Die Millennials sind mit den Folgen der Agenda 2010 aufgewachsen und sehen die Entwicklung der Gig Economy nicht als Bedrohung, sondern als Chance: Laut Deloitte haben 14 Prozent der Millennials bereits einen Vollzeitjob gekündigt, um als Freelancer zu arbeiten, 43 Prozent könnten sich das vorstellen, bei der Generation Z sind es sogar 49 Prozent,

> Millennials haben nichts übrig für Chefs, die mit Kontrolle führen.

also knapp jeder Zweite.[32] Noch nie war es so einfach, als Freelancer über Plattformen weltweit an Kunden und Aufträge zu kommen. Das ist wahnsinnig attraktiv für Millennials, die auf diese Weise maximal selbstbestimmt leben und arbeiten können. So werden Digital Natives zu Digital Nomads, die digital arbeiten, wo auch immer sie gerade sein wollen. Als wir eine Website für unser Start-up erstellen lassen wollten, hatten wir auf einer Freelance-Plattform innerhalb von Minuten Angebote von Entwicklern weltweit, die das kurzfristig erledigen wollten, darunter ein Deutscher, der gerade ein paar Monate in Tel Aviv tagsüber am Strand weilte und nachts programmierte.

Kurzum: Wer seine Stellen zukünftig überhaupt noch besetzt bekommen will, der muss die Bedingungen der Millennials erfüllen, nicht umgekehrt. Dafür ist Führen mit Autonomie der Schlüssel. Kontrolle hat ausgedient.

DIE QUINTESSENZ

1. Das Autonomieprinzip definiert die Führungsrolle vollkommen neu. Der Chef ist der Trainer am Spielfeldrand und nie der Stürmer oder der Spielführer auf dem Platz.
2. Das Autonomieprinzip stellt die Autonomie der Mitarbeiter in den Mittelpunkt jedes Führungshandelns. Aufgabe einer Führungskraft ist es, den Rahmen für maximale Mitarbeitererfolge zu setzen und auf diese Weise den Unternehmenserfolg zu maximieren.
3. Autonomie gewähren bedeutet, Mitarbeitern zukünftig auch in wichtigen Fragen die Wahl zu lassen, etwa beim Wie von Problemlösungen, aber auch beim Wo und Wann des Arbeitens. Beides wird sich in der digitalen Welt stark verändern.
4. Chefsache bleibt dabei die allgemeine strategische Ausrichtung: Der Chef bestimmt das Was.
5. Millennials, die ab 2025 bereits 75 Prozent aller Arbeitnehmer ausmachen werden, haben nichts übrig für Chefs, die mit Kontrolle führen. Die besten von ihnen werden sich Unternehmen und Führungskräfte suchen, die Autonomie zulassen.

Kapitel 5

Tag 69: Der 2-Stunden-Chef als Visionär und Ermutiger

■ Am Tag 69 kommt mein Gips ab, und eigentlich könnte nun wieder alles sein wie zuvor. Doch den Mitarbeitern ihre gewonnene Autonomie wieder entziehen, das will ich auf keinen Fall. Deshalb experimentiere ich in den nächsten Wochen, was den 2-Stunden-Chef ohne Gips und Schlinge ausmacht. Das Rollenverständnis des Chefs, der nach dem Autonomieprinzip führt, ist mir inzwischen klar. Aber wie übersetzt man das in konkrete Handlungen? Wie genau priorisiert man seine Zeit, wenn für Führung pro Tag nur noch zwei Stunden bleiben?

Aus meinen Selbstversuchen der nächsten Zeit entsteht ein Führungsmodell mit insgesamt zwölf Führungsaufgaben für die vier Rollen des Chefs, der 2-Stunden-Chef-Kompass. Einer dieser zwölf Punkte ist, mit allen Mitarbeitern eine Vision in Hunderte von einzelnen Aktionen zu übersetzen. Ja, sagen Sie jetzt vielleicht, das ist doch Standard. Aber ich bin überzeugt, dass wir niemals unser Geschäft bei KFC verdoppelt hätten, wenn nicht alle Mitarbeiter an einem Strang gezogen hätten. Dieses und viele andere Beispiele aus meiner Historie bilden in diesem und dem nächsten Kapitel gewissermaßen das Herzstück dieses Buches mit zahlreichen Übungen für die eigene Umsetzung.

An Tag 69 nach dem Unfall kann ich mich noch genau erinnern. Es war der Tag, an dem der Gips entfernt wurde. Ich konnte es zunächst kaum glauben. Der Handchirurg hatte den Gips für die Untersuchung aufschneiden lassen und entschied nach Inspektion der Röntgenaufnahmen, dass es nun gut sei und ich keinen frischen Gips bräuchte. Ich erinnere mich, wie ich freudestrahlend auf WhatsApp Fotos von meiner gipsfreien rechten Hand verschickte und abends zum ersten Mal seit Monaten mit beiden Händen aß. Denn auch der linke Arm hatte sich sehr gut entwickelt, sodass ich auf die Schlinge verzichten durfte.

Am darauffolgenden Montag überlegte ich mir auf dem Weg ins Büro, wie es nun weitergehen würde. Ich konnte nun wieder Türen öffnen, schreiben und selbstständig telefonieren, also theoretisch wieder dahin zurück, wo wir vor dem Unfall stehen geblieben waren. Aber halt, das stimmte nicht. Niemand war stehen geblieben, weder das Team noch ich, an ein Weitermachen-wie-vor-dem-Unfall war gar nicht zu denken. Warum sollte ich dem Team die neu gewonnene Autonomie wieder rauben, wenn es so gut lief?

Ich reflektierte und experimentierte in den kommenden Wochen, wie ich das Autonomieprinzip nun leben würde. Das Verständnis vom Chef als Visionär zu haben, ist schön und gut, aber was bedeutete das nun für meine alltägliche Arbeit? Wie sollte ich diese vier Rollen ausfüllen? Und das in nur zwei Stunden? Wie sollte ich zum 2-Stunden-Chef ohne Gips und Schlinge werden?

Der 2-Stunden-Chef: Ein neues Führungsmodell

Ja genau, sagen jetzt einige von Ihnen, das Autonomieprinzip ist ja schön und gut. Aber wie um Himmels willen soll ich als Chef in nur zwei Stunden am Tag Visionär, Ermutiger, Coach und letzte Instanz gleichzeitig sein? Auch wenn das schon weniger Rollen als vorher sind, ist das immer noch ein umfassendes Führungsverständnis, wie bitteschön soll das in zwei Stunden gehen? Und was genau macht der 2-Stunden-Chef in den 2 Stunden Führung genau und was mit dem Rest des Tages? In diesem und im nächsten Kapitel gilt es, die Ärmel hochzukrempeln und hands-on in das angewandte Management einzusteigen, um zu lernen, wie genau man als 2-Stunden-Chef die Voraussetzungen für erfolgreiche Zielerreichung im Team schafft.

Man kann die vier neuen Führungsrollen –Visionär, Ermutiger, Coach und letzte Instanz – mit Hunderten von Aktivitäten füllen und damit sicherlich einen großen Beitrag leisten. Aber das gelingt nicht in 2-Stunden. Deshalb habe ich die drei aus meiner Sicht wichtigsten Aufgaben pro Rolle ausgewählt und nach Wichtigkeit priorisiert. Das

Auswahlkriterium war Impact – welche Aktivität wird den größten Unterschied hinsichtlich des Erfolges machen? Das heißt nicht, dass alle anderen Aufgaben nicht wichtig und wertvoll sind. Aber wenn es darum geht, zu wählen, dann ist das folgende Modell für den 2-Stunden-Chef ein klarer Kompass für die Vorgehensweise.

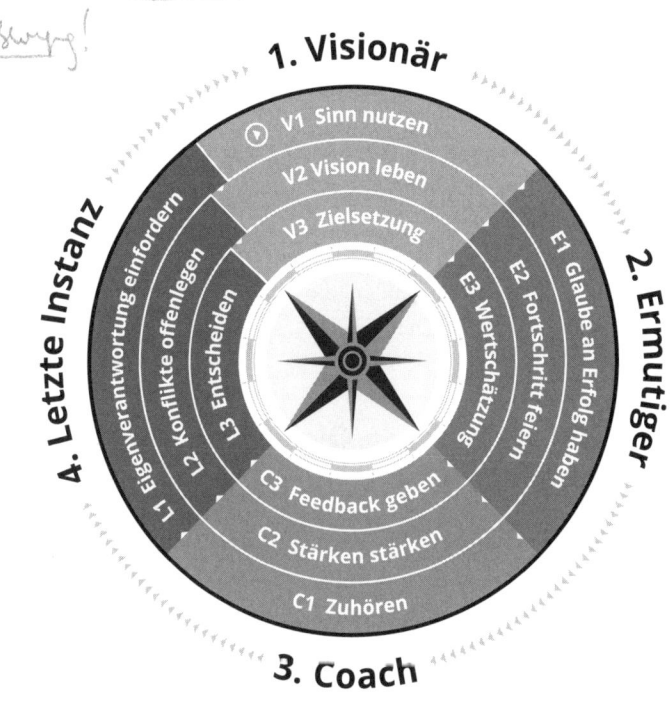

Abbildung 2: Der 2-Stunden-Chef-Kompass, © Insa Klasing

Der Kompass ist im Uhrzeigersinn von außen nach innen zu lesen, er ist aufgebaut wie ein Schneckenhaus. Wer an manchen Tagen weniger als zwei Stunden für sein Team hat, weil er zum Beispiel unterwegs ist, der beginne mit V1, mache im Uhrzeigersinn weiter und gehe immer weiter nach innen, bis die Zeit um ist. Das Gleiche gilt in der Krise. Dann ist vielleicht nicht genug Zeit, um Stärken zu stärken, aber den Unternehmenssinn präsent zu haben, bietet die entscheidende Orientierung, um aus der Krise herauszunavigieren. Auch der Glaube an das Team und der Glaube daran, dass man die Krise gemeinsam bewältigen wird, ist unerlässlich. Zuhören ist wichtiger denn je bei knapper Zeit und bei viel Druck. Und den Ball beim Team zu lassen, ist entscheidend, damit wirklich alle Kräfte mobilisiert sind.

Genauso kann man die nächsten Schritte im Uhrzeigersinn jeweils dazuwählen, je mehr Zeit man hat. Der Chef kann die Kompassnadel immer wieder neu ausrichten. Ist zum Beispiel der Sinn so gut verankert, dass Mitarbeiter von selbst ihre Entscheidungen in Bezug zum Sinn setzen und sie danach ausrichten, glauben alle an den Erfolg und ist Zuhören selbstverständlich und so weiter, dann ist es vielleicht an der Zeit, den Fokus mehr auf Konflikte zu legen. So kann der Kompass genutzt werden, um das eigene Führungsverhalten immer wieder situativ auszurichten.

Beginnen wir in diesem Kapitel mit dem Chef als Visionär und Ermutiger, die anderen beiden Rollen, die des Coaches und die der letzten Instanz, folgen im nächsten Kapitel.

Der Chef als Visionär: Die wichtigste Rolle des 2-Stunden-Chefs

Im vorigen Kapitel haben wir gesehen, dass das Was auch beim Führen mit Autonomie noch Chefsache ist, der Chef also als Visionär fungiert. Seine Werkzeuge sind der Sinn der Organisation, die Vision und die Zielsetzung. Aber ist das alles nicht autonomiemindernd? Schränken wir die Selbstbestimmung der Mitarbeiter damit nicht ganz stark ein? Ich bin fest davon überzeugt, dass Autonomie Abgrenzungen braucht. Der amerikanische Managementexperte Ken Blanchard argumentiert sogar, dass Autonomie durch Abgrenzung erst möglich wird: »Abgrenzungen klarifizieren den Bereich, innerhalb dessen Menschen Autonomie haben.«[1] Das bremst Menschen alles andere als aus: »Es ist wie bei einem Fluss – wenn man das Ufer wegnehmen würde, wäre es kein Fluss mehr. Die Vorwärtsbewegung und Richtung wären weg.«[2]

Wie sollen Mitarbeiter entscheiden, wenn sie nicht wissen, was der Sinn der Organisation ist, wie konkret die Vision aussieht, die sie eigenständig und selbstbestimmt verwirklichen sollen, oder welches Ziel sie verfolgen sollen? Diese Klarheit über das Was ermöglicht erst Autonomie, nur so können Mitarbeiter entscheiden, ohne ihren Chef fragen zu müssen. Sie können ihre Arbeit priorisieren und spontan auf Ereignisse reagieren, ohne sich rückzuversichern. Deshalb habe ich die Rolle des 2-Stunden-Chefs als Visionär an erste Stelle gestellt.

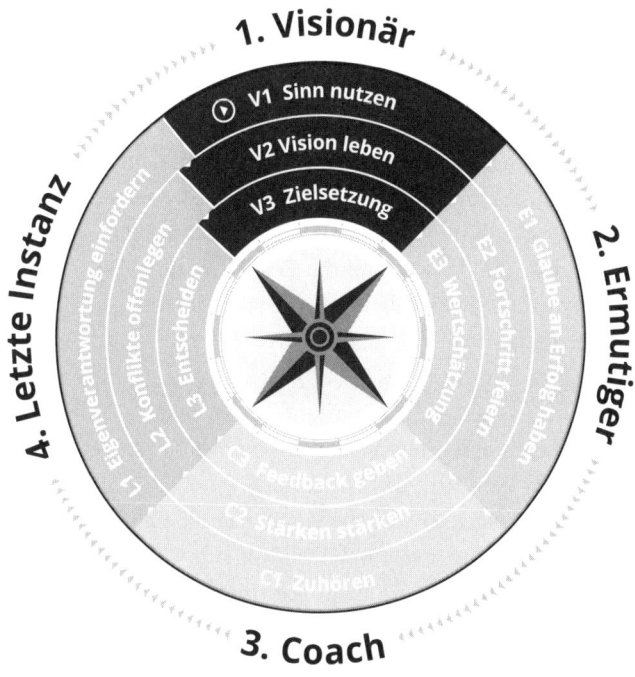

Abbildung 3: Der Chef als Visionär, © Insa Klasing

V1: Sinn nutzen

Wenn es nur Zeit für eine einzige Maßnahme des 2-Stunden-Chefs gibt, dann ist für mich glasklar, dass es die ist, den Sinn der Firma als Orientierung für Entscheidungsfindung und Handeln hochzuhalten. Das an allererste Stelle zu stellen ist an sich schon ein Paradigmenwechsel: Typischerweise ist der Sinn das Erste, was hinten runterfällt, und wir fokussieren uns lieber auf das Was und das Wie. Aber wie Simon Sinek in seinem berühmten TED Talk zeigte, sind es genau die Firmen, die mit dem Sinn beginnen, die am erfolgreichsten bei den

Konsumenten sind. »Menschen kaufen nicht das, was Du tust, sondern warum Du es tust.«[3] Deshalb hat es laut Sinek Apple geschafft, MP3s zu verkaufen, während Dell daran scheiterte. Und das Gleiche gilt für Mitarbeiterengagement: »Wenn Du Menschen einstellst, weil sie den Job machen können, dann arbeiten sie für Dein Geld. Aber wenn Du Menschen einstellst, die an das glauben, an das Du auch glaubst, dann arbeiten sie für Dich mit Blut und Schweiß und Tränen.«[4] Ob Blut, Schweiß und Tränen wortwörtlich erstrebenswert sind, sei dahingestellt, aber ich bin ebenfalls der Ansicht, dass, mit dem Sinn zu beginnen, der Schlüssel für Mitarbeiterengagement ist. Aus meiner Sicht ist der Sinn das wichtigste Werkzeug des 2-Stunden-Chefs.

Der Sinn ist die Antwort auf die Frage »Wozu?«. Die Suche nach Sinn ist ein zutiefst menschliches Bedürfnis, Menschen sind Sinn-Sucher: »Der Mensch sucht unabdingbar nach Sinn und Bedeutung in seinem Leben. Ein sinnvolles Leben besteht darin, zu einer Sache, die größer ist als das Ich, zu gehören und ihr zu dienen.«[5] Und da viele von uns die meiste Zeit unseres Lebens bei der Arbeit verbringen, ist die Frage nach dem Sinn der Organisation, für die wir arbeiten, unerlässlich. Im Übrigen ist Sinn die Voraussetzung für autonomes Handeln. Wenn wir nicht wissen, wozu wir tun, was wir tun, dann können wir in unklaren Situationen nicht selbstbestimmt entscheiden. Uns fehlt der Kompass. Wenn der Sinn einer Organisation nicht klar ist oder nicht inspirierend, werden Mitarbeiter entweder gar nicht handeln, und es kommt zu Stillstand, oder nach ihrem eigenen Sinn handeln, also nach ihrem persönlichen Kompass. Für Erfolg braucht eine Organisation einen eigenen Kompass, einen eigenen Sinn.

Die Wichtigkeit eines eigenen inneren Kompasses einer Organisation lernte ich gleich zu Beginn meiner Karriere in meinen Jahren im Londoner Büro der Strategieberatung Bain & Company. »True North« war das dominante interne Paradigma dort, es wurde uns von Tag eins an vermittelt und war immer präsent. Die Israelin Orit Gadiesh, Chairman von Bain, hatte das Prinzip Anfang der neunziger Jahre definiert, als Bain fast pleite war. Ihr Mann ist Segler, und von ihm übernahm sie die Metapher. Der Segler orientiert sich am geografischen Nordpol, nicht am magnetischen, denn der ändert seine Position. »Es ist unerlässlich, nach ›True North‹ zu suchen, so wie ein Segler oder Abenteurer es tut, wenn er in einen Sturm gerät. True North ändert sich nie. Um True North zu finden, ist es wichtig, sich auf den internen, nicht den externen Kompass zu verlassen.« Orit Gadiesh definierte den internen Kompass als »die Kernprinzipien, der Glaube und die Werte einer Firma«[6], die von allen in der Firma geteilt werden. Mir gefällt die Metapher vom inneren Kompass sehr, aber ich würde den inneren Kompass einer Firma immer als ihren Sinn definieren.

Das klingt so offensichtlich, und doch ist der Sinn einer Organisation alles andere als offensichtlich und den wenigsten Organisationen überhaupt bekannt. Dazu Simon Sinek: »Sehr, [sic] sehr wenige Menschen und Organisationen wissen, warum sie tun, was sie tun. Und mit ›Warum‹ meine ich nicht ›Gewinn machen‹. Das ist ein Ergebnis.«[7] Die meisten Unternehmen sind aber auf Gewinn ausgerichtet.

> Sinn ist Voraussetzung für autonomes Handeln von Mitarbeitern.

Frederic Laloux, der belgische Autor des Managementbestsellers über sinnstiftende Zusammenarbeit *Reinventing Organizations*, sieht die Ursache darin im Shareholder-Modell, in dem Manager verpflichtet sind, die Aktienwerte zu maximieren.[8] Die Entscheidungsfindung in solchen Unternehmen ist vom Selbsterhalt der Organisation bestimmt, vom Gewinnen am Markt im Wettkampf mit der Konkurrenz, nicht von kollektivem Sinn.[9] Die evolutionären Organisationen, die Laloux propagiert, »sind nicht mehr nur auf das Überleben fixiert«. Stattdessen ist in solchen Organisationen »der übergreifende Sinn nicht nur eine Aussage auf einer Wandtafel am Empfang oder ein paar Sätze im Jahresbericht, sondern eine Energie, die inspiriert und eine Richtung gibt«[10].

Damit ein Sinn genau diese Kraft entfalten kann, sollte er aus meiner Sicht zeitlos sein, inspirierend für alle Stakeholder eines Unternehmens und nicht zuletzt kurz und einprägsam – etwas, das sich jeder merken kann. Ein Sinn, den ich sehr gelungen finde, ist der von AirBnB: *Belong anywhere.* Ein klarer innerer Kompass, den jeder Mitarbeiter in seiner Entscheidungsfindung nutzen kann, egal ob es darum geht zu entscheiden, ob ein neues Produkt zur Firma passt oder an welcher Stelle man Kosten spart. Es ist ein Sinn, mit dem sich die AirBnB-Gastgeber genauso identifizieren können wie die AirBnB-Gäste und -Mitarbeiter, ja sogar die Investoren, vermittelt er doch einen globalen Anspruch. Ich finde »belong anywhere« inspirierend, da es Gastgeber-Sein und Reisen auf eine höhere Ebene hebt, es geht darum, Zugehörigkeit zu schaffen und zu erleben. Das macht auch die Arbeit für die Mitarbeiter inspirierend: Statt dafür zu arbeiten, lediglich möglichst viele neue Wohnungen aufzuschalten, stehen sie auf, um in einer fragmentierten Welt mehr Zugehörigkeit zu schaffen, um dafür zu sorgen, dass sich Menschen überall auf der Welt zu Hause fühlen. Das wäre für mich persönlich deutlich inspirierender, als für Marriott »Die Türen für eine Welt von Möglichkeiten« zu öffnen.[11] Marriott leitet aus diesem Unternehmenssinn die Vision »Die Nummer 1 Hospitality Company der Welt zu werden« ab, eine Vision über das Gewinnen am Markt. Was mich am meisten an dem AirBnB-Sinn begeistert, ist seine Zeitlosigkeit. Genau das war Teil des Briefings, als man sich 2013 daran machte, die Bildmarke von AirBnB zu designen, und damit die Debatte über den Sinn lostrat: »Es soll ein System sein, welches dem Test der Zeit standhält, den Veränderungen am Markt, Produktänderungen und der sich entwickelnden Firmenstrategie.«[12] *Belong anywhere* tut das.

Nun ist die Aufgabe des 2-Stunden-Chefs nicht, den Sinn einer Organisation akademisch herzuleiten, sondern den Sinn für autonome Entscheidungsfindung zu nutzen. Wer bei jeder nicht offensichtlichen Entscheidung den Bezug zum Sinn herstellt, der macht den Sinn als inneren Kompass allen bewusst und macht vor, wie auch die Mitarbeiter selbstbestimmt, aber im Sinne der Firma entscheiden können. Gerade in stürmischen Zeiten oder bei Zielkonflikten im Tagesgeschäft wird der Sinn so zur Orientierungshilfe, die den Mitarbeitern zu Autonomie verhilft.

Was aber, wenn es keinen bereits definierten Sinn des Unternehmens gibt? Für den Leser, in dessen Macht es liegt, das zu ändern, empfehle ich, sich einen Profi zu suchen, der Sie im Prozess dahin begleitet. Sinnsuche ist alles andere als trivial. Damit meine ich nicht, dass ein Berater oder eine Agentur diesen Prozess in Isolation betreiben sollte, die Gefahr ist dann, dass dabei ein Sinn herauskommt, mit dem sich die Stakeholder nicht identifizieren. Ein Sinn muss meiner Ansicht nach immer von innen heraus geschaffen werden. Es hat keinen Zweck, einen Sinn von außen »überzustülpen«. Aber damit die Sinnsuche im Tagesgeschäft nicht als weiteres To-do verkommt und am Ende wirklich ein inspirierender, zeitloser Sinn herauskommt, der obendrein noch kurz und einprägsam ist und im wahrsten Sinne des Wortes seinen Sinn erfüllt, lohnt es sich, einen Lotsen an Bord zu holen.

Was, wenn Sie in einem Konzern arbeiten und nicht von dem globalen Sinn inspiriert sind? Fragen Sie sich ehrlich, ob dies das richtige Unternehmen für Sie ist. Dann definieren Sie mit Ihrem Team eine Vision, die zwar nicht im Widerspruch zum globalen Sinn steht, aber die Sie und Ihr Team inspiriert und Ihren Mitarbeitern in ihrer Entscheidungsfindung zu Autonomie verhilft.

Sinn-Klärungsübung für den Chef

1. Kennen Sie den Sinn Ihrer Organisation? (Wenn ja, Gratulation, Sie sind eine Ausnahme.)
2. Inspiriert Sie dieser Sinn?
3. Wie oft denken Sie an den Sinn?
4. Ist der Sinn ein innerer Kompass, an dem Sie Ihr Handeln ausrichten?
5. Wenn Sie morgen Ihre Mitarbeiter fragen würden, was der Sinn der Organisation ist, würden sie die gleiche Antwort geben wie Sie?
6. Machen Sie den Lackmus-Test, und fragen Sie stichprobenartig Ihre Mitarbeiter persönlich nach dem Sinn der Organisation, damit Sie ihre authentische Reaktion mitbekommen.
7. Sofern die Mitarbeiter den Sinn kennen, sind sie inspiriert davon?
8. Ist der Sinn ein innerer Kompass, an dem die Mitarbeiter ihr Handeln ausrichten, oder ist es ein Spruch auf einem Poster?
9. Wie finden Sie das Ergebnis Ihrer persönlichen Reflexion und das der Befragung Ihrer Mitarbeiter?
10. Wenn Sie es ändern wollen, dann finden Sie einen professionellen Sinn-Experten, der den Organisations-Sinn mit Ihnen und Ihrem Team neu aufsetzt. Wenn das nicht in Ihrer Macht liegt, dann bewegen Sie Ihren Chef dazu.

V2: Vision leben

Wenn der Sinn das Wozu ist, ist die Vision das Was. Mit Visionen sind wir vorsichtig in Deutschland. »Wer Visionen hat, sollte zum Arzt gehen«, hat Helmut Schmidt schon gesagt.[13] Und der Duden definiert Vision als »1. übernatürliche Erscheinung, als religiöse Erfahrung«, 2. Optische Halluzination, 3. In jemandes Vorstellung besonders in Bezug auf Zukünftiges entworfenes Bild«.[14] Das lässt mich schmunzeln, sind doch Visionen nach dieser Einstufung vor allem etwas für Spinner, die in Kontakt mit dem Übernatürlichen sind. Mein Ansinnen war eher das dritte, die Vision als Zukunftsbild. Und die ist etwas für kluge Chefs, die damit ihr Team ausrichten, Großes in kurzer Zeit zu erreichen.

Eine konkrete Vision macht einen abstrakten Sinn greifbarer für alle. Sie ist absolut notwendig, um ein Team auszurichten. Wer sein Ziel nicht kennt, kann dort auch nicht ankommen. Aber sie ist notwendig, nicht hinreichend. Das Poster an der Wand mit der Vision bewirkt an sich noch gar nichts. Die Vision zu leben, ist die eigentliche Aufgabe des 2-Stunden-Chefs. Der amerikanische Management-Vordenker Peter Senge beschrieb schon vor über 25 Jahren in seinem bis heute verlegten Klassiker *Die fünfte Disziplin: Kunst und Praxis der lernenden Organisation* die Vision als integralen Bestandteil des Führungsalltags: »Das Entwickeln einer gemeinsamen Vision muss als zentrales Element der alltäglichen Führungsarbeit betrachtet werden. Es ist ein laufender, nie endender Prozess. Es ist tatsächlich Teil einer umfassenden Führungsaktivität, die darin besteht, dass man den ›Leitgedanken‹ des Unternehmens gestaltet und fördert.«[15] Es ist heute nicht weniger wahr als vor 25 Jahren.

Tatsache ist, dass ein Chef allein nicht die Vision des Unternehmens realisieren kann. Wie also kann er sein Team für die Vision gewinnen, sodass sich mehr und mehr Menschen dafür engagieren? Was kann der Chef tun, damit die Unternehmensvision kein Plakat bleibt?

Ich stellte mir genau diese Frage in einer schlaflosen Nacht im Sommer 2012. Ich hatte gerade in einem Town-Hall-Meeting mit allen Mitarbeitern der KFC-Zentrale freudestrahlend bekannt gegeben, dass wir nach langen Verhandlungen mit den Franchise-Partnern und dem Mutterkonzern in Dallas nun die nötigen Investitionen zusammen hätten, um Anfang 2013 erstmals Fernsehwerbung machen zu können.

Fernsehwerbung war aus meiner Sicht neben Expansion ein wichtiges Mittel, um den Durchbruch im deutschen Markt zu erzielen. Für mich war die Verkündung dieser Absicht ein historischer Meilenstein, war KFC in Deutschland doch bereits seit 1968 am Markt und hatte noch nie Fernsehwerbung geschaltet. Auf meine Ankündigung folgte tiefes Schweigen. Nach dem Meeting fragte ich eine Mitarbeiterin, die schon lange dabei war, im Vertrauen, ob sie mir die Reaktion erklären könnte. »Wir haben das schon so oft gehört, Insa, und es ist nie passiert. Warum sollte es dieses Mal anders sein?«, gestand sie mir.

In dieser Nacht machte ich kein Auge zu. Mir war klar, dass die Investition in Fernsehwerbung sich nie rechnen würde, sollte sich diese kollektive Meinung nicht ändern. Wir würden schlichtweg nicht genug Hähnchen haben, nicht genug Mitarbeiter, um die zusätzlichen Kunden zu bedienen. In der Dunkelheit der Nacht stellte ich mir riesige Schlangen von enttäuschten neuen Kunden vor, die bis vor die Tür reichten. Wenn wir uns nicht gemeinsam auf den Start der Werbung vorbereiteten, würde es im Chaos enden und sich die Investition niemals auszahlen. Wir brauchten einen kollektiven Mindset-Wandel.

Am nächsten Tag besprach ich die Situation mit meinem direkten Team, und wir entwickelten gemeinsam einen Plan, wie wir die Organisation für die Vision gewinnen würden. Wir benannten unsere Vision des Durchbruchs in Deutschland durch Fernsehwerbung »Ready for Take Off«. In der Diskussion im Team wurde schnell klar, dass die Umsetzung alle in der Zentrale und ein Großteil des Managements der Restaurants betreffen würde. Wir entschieden uns für einen Weg, in dem alle Betroffenen selbst den Plan für die Umsetzung zusammen gestalten würden und die Umsetzung in sogenannten »Ready for Take Off Meetings« wöchentlich nachhalten würden. Ich würde als Sponsor zugegen sein, aber jemand anderes sollte der Projektkoordinator werden.

Dann beriefen wir ein Sonder-Town-Hall-Meeting ein. Ich sagte, dass ich die Skepsis verstehen könne, und wahrscheinlich auch sehr skeptisch sein würde, wenn ich schon lange dabei wäre. Doch wir würden diese historische Chance verpassen, wenn wir nicht jetzt aufhören, abzuwarten. Ich gab auch ehrlich zu, dass wir keine Ahnung hatten, was die Werbung verursachen würde. Zwischen »Es passiert gar nichts« und »Wir gehen durch die Decke« war alles möglich, was das Planen zum Glaskugellesen machte. Alles, was wir tun konnten und sollten, war, unser Bestes zu geben.

Sechs Monate waren keine lange Zeit, um so eine Beschleunigung des Geschäfts vorzubereiten, da galt es, keinen Tag zu verlieren. Ich bat alle um ihre Hilfe. Ein afrikanisches Sprichwort sagt, »It takes a village to raise a child«, und es würde auch jeden einzelnen bei KFC brauchen, damit der Start der Fernsehwerbung ein Erfolg werden würde. Wir hatten nur diese eine Chance. Dann bat ich alle, ihre Ziele für dieses Jahr zu überarbeiten. Sie sollten überlegen, was ihr persönlicher Beitrag für »Ready for Take Off« sein würde und welche anderen Ziele dafür zurückgestellt werden müssten. Aus allen Einzelzielen ergab sich schnell ein Projektplan, ein riesiges Master-Spreadsheet, in dem sich alle Beteiligten wiederfanden.

Stück für Stück drehte sich die Stimmung, und im wöchentlichen »Ready for Take Off«-Meeting (an dem immer mehr Leute teilnahmen) konnte man die wachsende Energie förmlich spüren. Das Meeting war selbststeuernd, ich war als Sponsor tatsächlich nur ab und zu Gast. Es gab eine gesunde Spannung zwischen den einzelnen Teilnehmern, es wurde transparent über den Fortschritt zum Plan berichtet und gemeinsam geschaut, woran manche Dinge hakten. Ich erinnere mich, wie in einem Meeting ein Mitarbeiter allen Anwesenden klarmachte, wie wichtig es sei, dass die Müllabfuhr häufiger käme, da mehr Umsatz mehr Müll bedeutet. Dass er aber, um das planen zu können, eine differenzierte Umsatzvorhersage auf Restaurantebene bräuchte. Es war genial, ich selbst hätte niemals an den Müll gedacht. Der Plan war aus dem Team heraus tausend Mal besser geworden, als wenn wir uns das top-down angegangen wären. Der Fernsehstart war ein voller Erfolg, und es gab nichts, woran das Team nicht gedacht hatte.

Ich habe in der Zeit keinen Ratgeber gelesen, die Lösung war aus der Not heraus geboren, und die Dynamik entfaltete sich dann im Team. Es war die Bereitschaft von Tausenden von KFC-Mitarbeitern, sich für die Vision einzubringen, die am Ende den Erfolg ausgemacht hat. Es hat mich in meinem Glauben bestärkt, dass jeder Mensch Teil von etwas Großartigem sein will. Wenn man unser Vorgehen aber im Nachhinein auf eine Formel bringen will, dann ist es wahrscheinlich so etwas wie »Vision-into-action«, wozu es genügend Ratgeber gibt, oder »Wandeln durch handeln«. Oder man bleibt einfach bei dem Rat von Peter Senge, wie man als Chef Teilnehmerschaft für eine Vision generiert: »1. Machen Sie Ihre eigene Teilnehmerschaft deutlich. […] 2. Seien Sie ehrlich. […] 3. Lassen Sie die andere Person frei wählen. […]«[16]. Ich wünschte, ich hätte Senge schon damals gelesen, das hätte mir die schlaflose Nacht erspart.

Aber man muss auch ehrlich sagen, dass sich diese Situation besonders gut für vision-into-action geeignet hatte, da wirklich alle direkt auf die Vision einzahlen konnten und die Vision so greifbar und klar war. Das war in den Folgejahren in einem Zustand von »business as usual« viel schwieriger. Es erinnerte mich an die NASA vor der Mondlandung. 1961 besuchte John F. Kennedy das NASA-Hauptquartier zum ersten Mal. Er soll einen der Hausmeister, der gerade den Boden wischte, gefragt haben, wofür er verantwortlich sei. »I am helping put a man on the moon«, antwortete der Mann.[17] So war es in den »Ready for Take Off«-Zeiten auch, jeder konnte seinen Beitrag in Bezug auf die Vision wahrscheinlich selbst im Schlaf nennen. Aber als die Mondlandung erst mal gelungen war, war der Beitrag des Hausmeisters wieder schwieriger zu greifen, und genau so ging es uns auch.

Visions-Klärungs-Übung für den Chef

Diese Übung haben Sie eben schon zum Thema Sinn bearbeitet. Sie hilft Ihnen aber auch bei der Klärung der Vision.

1. Kennen Sie die Vision Ihrer Organisation? (Wenn ja, Gratulation, Sie sind eine Ausnahme.)
2. Inspiriert Sie diese Vision?
3. Wie oft denken Sie an die Vision?
4. Ist die Vision ein innerer Kompass, an dem Sie Ihr Handeln ausrichten?
5. Wenn Sie morgen Ihre Mitarbeiter fragen würden, was die Vision der Organisation ist, würden sie die gleiche Antwort geben wie Sie?
6. Machen Sie den Lackmus-Test, und fragen Sie stichprobenartig Ihre Mitarbeiter persönlich nach der Vision der Organisation, damit Sie ihre authentische Reaktion mitbekommen.
7. Sofern die Mitarbeiter die Vision kennen, sind sie inspiriert davon?

8. Ist die Vision ein innerer Kompass, an dem die Mitarbeiter ihr Handeln ausrichten, oder ist es ein Spruch auf einem Poster?
9. Wie finden Sie das Ergebnis Ihrer persönlichen Reflexion und das der Befragung Ihrer Mitarbeiter?
10. Wenn Sie daran etwas ändern wollen, dann tun Sie es gemeinsam mit Ihrem Team. Was ist die gemeinsame Vision? Wie lässt sie sich einprägsam formulieren?

V3: Zielsetzung

Damit eine inspirierende Vision tatsächlich Realität werden kann, braucht es eine Übersetzung der Vision in konkrete, greifbare Aktionen. Kurz: vision into action. Diese Übersetzung ist die Zielsetzung.

Der amerikanische Psychologe Edwin Locke und sein kanadischer Kollege Gary Latham haben in über 35 Jahren empirischer Forschung nachgewiesen, dass Ziele unser Handeln beeinflussen, und zwar auf vier verschiedene Arten. Sie wirken direktiv: Sie fokussieren unser Handeln auf das, was für das Ziel relevant ist. Sie verleihen Energie: Höhere Ziele verursachen einen größeren Einsatz als niedrigere. Sie beeinflussen die Ausdauer: Schwierige Ziele verlängern die Ausdauer. Außerdem aktivieren sie unser Wissen, das für die jeweilige Aufgabe relevant ist.[18]

Eine Deloitte-Studie aus dem Jahr 2015 befand, dass kein einziger Faktor einen größeren Einfluss auf das Mitarbeiterengagement hatte als »klar definierte Ziele, die aufgeschrieben sind und frei geteilt werden [...]. Ziele kreieren Alignment, Klarheit und Job-Satisfaction.«[19]

Es ist Chefsache, dafür zu sorgen, dass die Organisation mit funktionalen Zielen ausgestattet ist, die die Mitarbeiter inspirierend finden und die der Aufgabe im Markt gerecht werden. Es ist allerdings nicht Chefsache, diese alle selbst zu entwickeln. Im Gegenteil, wir werden gleich sehen, dass es ratsam ist, genau das nicht zu tun.

Aber mindern Ziele nicht per se die Autonomie? Schränken wir damit nicht die Selbstbestimmung der Mitarbeiter ein? Was ist mit der intrinsischen Motivation aus Kapitel 2? Kehren wir also zurück zu Deci und Ryan, den Verfechtern von Autonomie dem wichtigsten menschlichen Grundbedürfnis. Sie sehen die Basis für autonomes oder selbstbestimmtes Verhalten sowohl in intrinsischer Motivation als auch in gut verinnerlichter extrinsischer Motivation. Wenn Menschen eine gute Begründung bekommen für eine externe Regulierung und überdies die Wahl haben, da mitzugehen oder nicht, dann können sie sich entscheiden, freiwillig dieser Maßgabe zu folgen, und sind darin komplett selbstbestimmt.[20] Sie können sich auf diese Weise zum Beispiel das Firmenziel zu ihrem eigenen Ziel machen. Eine Zielsetzung nach dem Autonomieprinzip muss also zwei Kriterien erfüllen:

1. Die Ziele müssen offensichtlich auf die Vision einzahlen, sodass die Begründung für ein bestimmtes Ziel klar ist.
2. Die Mitarbeiter brauchen Freiraum zur Mitgestaltung des Ziels.

Wer jetzt fürchtet, dass solcher Freiraum zur Mitgestaltung zu niedrigeren Zielen führt, der sei unbesorgt. Locke und Latham zeigen, dass Mitarbeiter, denen es erlaubt war, bei der Zielsetzung mitzuwirken, höhere Ziele gesetzt haben und auch höhere Leistung zeigten als solche, denen die Ziele von ihrem Vorgesetzten vorgegeben wurden.[21]

Vision-into-action-Übung für die ganze Organisation

1. Bringen Sie alle im Team zusammen.
2. Beginnen Sie mit dem Warum: Warum diese Vision jetzt?
3. Machen Sie es persönlich: Was begeistert Sie dafür?
4. Nennen Sie die Bedenken, die im Raum sind, und erkennen Sie diese an.
5. Seien Sie ehrlich, und reden Sie nichts schön. Geben Sie keine falschen Sicherheiten.
6. Bringen Sie das Team ins Handeln.
7. Geben Sie jedem dem Freiraum, das Wie selbst zu entscheiden.

Die Zielsetzungsmethode »OKRs« erfüllt die zwei Kriterien für Zielsetzung nach dem Autonomieprinzip perfekt. OKRs wurden erstmals in den Siebzigerjahren von Andy Grove bei Intel entwickelt, dann 1999 von John Doerr, Ex-Intel Manager und Partner beim Venture-Capital-Fonds Kleiner Perkins, bei Google eingeführt, wo bis heute damit gearbeitet wird. Die Methode wird heute weltweit verwendet. »OKRs« ist die Abkürzung für »Objectives and Key Results«. Ein Objective ist das Was, das erreicht werden soll. Die Key Results definieren das Wie. Konkret am Beispiel der Gates Foundation sieht das folgendermaßen aus:

> »Objective: Malaria bis 2040 weltweit eliminieren.
> Key Results: Der Welt beweisen, dass eine radikale heilungsbasierte Herangehensweise zu einer regionalen Eliminierung führen kann.
> Die notwendigen Werkzeuge [...] für eine Ausweitung vorbereiten.
> Den jetzigen globalen Fortschritt erhalten, damit das Umfeld aufgeschlossen für eine Eliminierungsinitiative bleibt.«[22]

Der OKRs-Prozess ist eine ideale Mischung aus richtungsweisender Top-down-Führung und autonomiefördernder Bottom-up-Beteiligung der Mitarbeiter. Jedes Jahr werden zunächst vom Management die Firmen-OKRs für das Jahr und für das erste Quartal gesetzt. Nachdem diese kommuniziert wurden, leiten dann die Teams selber ihre Team-OKRs daraus ab. Wenn diese verabschiedet sind, entwickelt jeder Mitarbeiter seine eigenen OKRs und vereinbart diese dann mit seinem Line-Manager. Am Ende des Quartals wird der Fortschritt in einem Self-Assessment festgehalten und die OKRs für das zweite Quartal nach dem gleichen Verfahren festgelegt.[23]

Damit genug Platz für Innovation bleibt, unterscheidet Google in seiner Umsetzung der OKRs zwischen »Committed OKRs«, also Zielen, die unbedingt erreicht werden müssen, und »Aspirational OKRs, die ausdrücken, wie wir die Welt gerne hätten, ohne zu wissen, wie wir dahin kommen oder welche Ressourcen nötig sind, um solch ein OKR zu liefern«[24]. Ich möchte OKRs hier nicht als Allheilmittel platzieren. Wer sie falsch anwendet, kann Schaden verursachen und sogar Autonomie mindern. Aber OKRs erscheinen mir, sinnhaft angewendet, ein zeitgemäßer Weg der Zielsetzung zu sein, die mit dem Autonomieprinzip kompatibel ist.

Ganz entscheidend dafür, ob eine Zielsetzung die Autonomie steigert oder mindert, ist die Frage, wie man mit den Ergebnissen umgeht. Wir haben schon in Kapitel 2 gesehen, dass monetäre Anreize die intrinsische Motivation zerstören. Ich bin überzeugt, dass der wachsende Konsens, Leistungsvergütung und Ziele komplett zu entkoppeln, richtig ist. Es ist alles andere als motivierend, wenn man zum Beispiel seinen gesamten Bonus verliert, weil etwas im Markt passiert, was es einem unmöglich macht, sein Ziel noch zu erreichen, man aber eine Spitzenleistung dabei erbracht hat, der unerwarteten Marktsituation adäquat zu begegnen.

Wir leben in hoch dynamischen Zeiten, in denen Ziele immer wieder den sich ändernden Umständen angepasst werden müssen. Ein »fixierter Leistungsvertrag«, in dem es Usus ist, »Manager und Teams zu einem vorab fixierten Ziel zu verpflichten und dann ihre Handlungen und Maßnahmen an diesen Vorgaben zu messen«, ist nicht mehr zeitgemäß, schreibt der Managementautor Niels Pfläging und propagiert stattdessen, mit flexiblen Zielen zu führen und auch fixierte Budgets zu vermeiden.[25]

Reflexionsübung für den Chef: Zielsetzung nach dem Autonomieprinzip

1. Sind Ihre Ziele für dieses Jahr und für dieses Quartal allen Mitarbeitern bekannt?
2. Gibt es Akzeptanz für diese Ziele oder noch Vorbehalte?
3. Wie präsent sind diese Ziele im Tagesgeschäft?
4. Ist der Link zur Vision offensichtlich?
5. Wie fix beziehungsweise flexibel sind diese Ziele?
6. Ist das angemessen für Ihre Situation im Markt?
7. Inwiefern haben Ihre Mitarbeiter diese Ziele mitbestimmt?
8. Wie wollen Sie Ziele ab jetzt handhaben?

Der Chef als Ermutiger: Die zweitwichtigste Rolle des 2-Stunden-Chefs

Man könnte vermuten, dass diese Rolle mit der Rolle des Chefs als Coach zusammengelegt werden kann, weil beide Rollen die Führung des Teams beinhalten. Aber die Aufgabe des Ermutigers ist so entscheidend, dass sie ihren eigenen Abschnitt verdient. Ich bin zutiefst davon überzeugt, dass das Selbstverständnis des Chefs in diesem Punkt entscheidend dafür ist, ob eine Organisation positiv und motiviert in die Zukunft geht oder stagniert. Visionen, Ziele, Feedback, eskalierte Entscheidungen gibt es allerorts, aber wie viele Chefs sehen es wirklich explizit als ihre Kernaufgabe, an Erfolg zu glauben (E1), Fortschritte zu feiern (E2) und ihre Mitarbeiter wertzuschätzen (E3)? Die Chefs, die das leben, haben einen gigantischen Wettbewerbsvorteil. Deshalb steht die Rolle des Ermutigers gleich an zweiter Stelle.

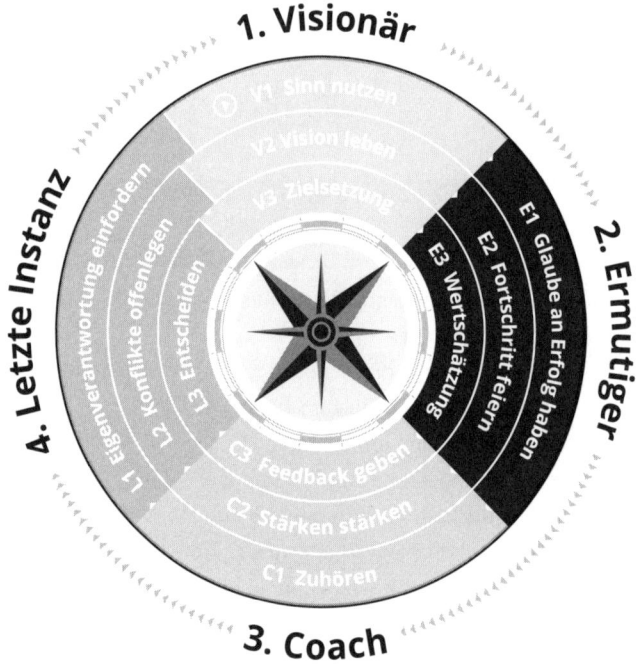

Abbildung 4: Der Chef als Ermutiger, © Insa Klasing

E1: Glaube an Erfolg haben

Der Glaube an Erfolg ist eine zentrale Aufgabe des Chefs als Ermutiger. In Kapitel 4 haben wir gesehen, wie dieser Glaube nachweislich leistungssteigernd wirkt.

Mir wurde der Zusammenhang zwischen Glaube und Leistung erstmals 2013 wirklich bewusst. Ich hatte damals das große Glück, bei KFC mit dem kanadischen Leistungssportler-Coach Jim Murphy zu arbeiten. Er bringt unter anderem Golf-Pros und Olympioniken mentale Resilienz bei.[26] Jim erklärte mir den Unterschied zwischen »Walking in Faith« und »Walking by Sight«, eine Unterscheidung, die er aus der Bibel ableitete.[27] Wer laut Jim ein Golfturnier »Walking in Faith« absolviert, der trägt seinen inneren Glauben an Erfolg so tief im Herzen, dass auch ein verpatztes Loch ihn nicht aus der Bahn wirft. Wer aber das Golfturnier »Walking by Sight« spielt, der orientiert sich nicht an seinem Glauben an Erfolg, sondern an dem, was er erlebt beziehungsweise sieht. In diesem Modus ist ein verpatztes Loch ein Rückschlag, der die eigene Fähigkeit und den Erfolg insgesamt infrage stellt und die Leistung am nächsten Loch weiter schmälert.

Der Unterschied zwischen dem Golfspieler, der »by Faith« spielt, und dem, der »by Sight« spielt, ist die Bewertung des verpatzten Loches. Beide haben das gleiche Erlebnis, das verpatzte Loch, aber unterschiedliche Bewertungen darüber, und dies beeinflusst maßgeblich ihre Leistung, also wie sie das nächste Loch angehen. Der eine ärgert sich vielleicht in der ersten Sekunde über den Patzer, bleibt aber grundsätzlich positiv im festen Glauben an seinen Erfolg, der andere sieht sofort den Turniersieg entgleiten. Was glauben Sie, wer beim nächsten Loch eher danebenschlägt?

Der amerikanische Psychologe Albert Ellis, einer der Begründer der kognitiven Verhaltenstherapie, hat mit seiner ABC-Theorie dargestellt, wie unser Denken unsere Emotionen beeinflusst. Laut Ellis ist es nicht ein äußeres Ereignis »A«, was unsere Emotionen »C« verursacht, denn dann hätten ja beide Spieler die gleiche Reaktion. Vielmehr ist es die Bewertung »B« dieses Ereignisses, die unsere emotionale Reaktion »C« verursacht. Eine positive Bewertung verursacht positive Gefühle, eine negative Bewertung negative Gefühle. Dementsprechend geht Ellis von der Annahme aus, »dass der Mensch im allgemeinen seine Gefühle und sein Verhalten mit seinen Kognitionen steuern kann«[28]. Auf dieser Annahme basiert die Methode unseres Start-ups TheNextWe, die wir nutzen, um in Unternehmen einen kollektiven Mindset-Wandel für bessere Ergebnisse herbeizuführen.

Ellis' ABC-Theorie verdeutlicht, warum Erfolg ohne Glauben nicht gelingt: Wenn es die Bewertung ist, die unsere Emotionen und unser Verhalten, und ich würde hinzufügen, damit auch unsere Ergebnisse bestimmt, dann lässt eine negative Bewertung wie zum Beispiel Zweifel auch kein positives Ergebnis zu. Da der Glaube des Chefs häufig die stärkste Bewertung ist, die im Unternehmen wirkt, wird es schwierig bis unmöglich für sein Team, es trotzdem zu schaffen, wenn er selber nicht daran glaubt. Aber das Gegenteil gilt auch: Wer mit unerschütterlichem Glauben an Erfolg vorangeht, schafft damit den Rahmen für das Gelingen von Dingen, die eigentlich gar nicht möglich erscheinen. Man denke zum Beispiel an die erfolgreiche Qualifikation der Jamaikanischen Bobmannschaft für die Olympischen Winterspiele, erstmals im Jahr 1988 – eigentlich undenkbar für einen Karibik-Staat.[29]

Aber Glaube ist natürlich kein Selbstläufer. Glaube an Erfolg ist zwar notwendig für Erfolg, aber nicht hinreichend. Das Jamaikanische Bobteam musste auch noch trainieren. »Selbst Genies müssen hart für ihre Ergebnisse arbeiten«, schreibt sogar die Stanford-Psychologieprofessorin Carol Dweck, die ein großer Verfechter von Mindset als Hebel für Leistung ist, »denn egal wie groß die eigene Fähigkeit ist, Einsatz ist das, was diese Fähigkeit entfacht und in Leistung verwandelt.«[30]

Was aber kann ich machen, wenn ich feststelle, dass ich selber nicht mehr an den Erfolg glaube? Auf keinen Fall schönreden! Das wäre fatal. Vielmehr ist so ein Zweifel eine wichtige Informationsquelle, der man unbedingt auf den Grund gehen sollte. Warum genau glaube ich nicht mehr an Erfolg, was steht dem im Wege? Oder umgekehrt betrachtet, wie müsste es sein, damit es ein Erfolg wird?

Wir erleben in unserem Start-up immer wieder, dass die meisten Mitarbeiter unserer Kunden schon vor Projektbeginn wissen, an welchem Schritt ein Plan scheitern wird. Diesen vorhandenen Zweifel gilt es vorab zu benennen und anzugehen. Das untergräbt den Glauben an Erfolg nicht, im Gegenteil, es ist eine Stärke, die erfolgreiche Firmen von weniger erfolgreichen unterscheidet, wie Managementautor

Jim Collins in seinem Klassiker *Der Weg zu den Besten* herausfand. »Man muss den unerschütterlichen Glauben besitzen, dass man sich am Ende durchsetzen wird – ganz gleich, welche Schwierigkeiten sich einem in den Weg stellen. Gleichzeitig muss man aber die Disziplin haben, den Realitäten der aktuellen Situationen ins Auge zu sehen – egal, wie unfreundlich sie sind.«[31]

Dabei konzentrieren wir uns von ganz allein mehr auf das, was nicht läuft, als auf das, was gut läuft. Der Begründer der positiven Psychologie, Martin Seligman, sieht den Grund dafür in der Evolution: »Jene unter unseren Vorfahren, die viel Zeit damit verbracht haben, sich im Sonnenschein angenehmer Ereignisse zu räkeln, während sie sich besser auf Schlimmes vorbereitet hätten, haben die Eiszeit nicht überlebt. Um also die natürliche Neigung unseres Gehirns, sich auf Katastrophen einzustellen, überwinden zu können, müssen wir an der Fähigkeit des Denkens an Dinge, die gut gelaufen sind, arbeiten und sie einüben.«[32] Dazu empfiehlt er folgende »Was gut gelaufen ist«-Übung.

»Was gut gelaufen ist«-Übung von Martin Seligman[33]

Jeden Abend nehmen Sie sich 10 Minuten Zeit, bevor Sie ins Bett gehen, und schreiben drei Dinge auf, die heute gut gelaufen sind. Begründen Sie anschließend, warum sie gut gelaufen sind. Wie ist es dazu gekommen?

Wenn Sie dieses Ritual etwa sechs Monate beibehalten haben, werden Sie laut Seligman wahrscheinlich deutlich glücklicher sein. Das haben seine empirischen Validierungen dieser Übung ergeben.

Notfallplan bei Zweifeln für den Chef

1. Warum genau glaube ich nicht mehr an Erfolg? Was steht dem im Wege?
2. Wie müsste es sein, damit Erfolg zum Selbstläufer wird?
3. Was muss sich dafür ändern?

E2: Fortschritt feiern

Damit Glaube Realität werden kann, ist es wichtig festzuhalten, wo er sich bereits manifestiert, um auf diese Weise immer mehr Beweise dafür zu finden, dass die angestrebte Gleichung aufgeht. Nach Fortschritt Ausschau zu halten, diesen allen im Team bewusst zu machen und sogar zu feiern, ist ein ganz wichtiges Werkzeug des Chefs als Ermutiger.

Im Start-up leben wir das ganz bewusst: Da wir ein Produkt entwickeln, das es noch nicht gibt, und die Mehrheit der Start-ups scheitert, packen wir jeglichen Fortschritt beim Schopf und machen ihn uns bewusst, auch wenn es sich »nur« um Zwischenschritte handelt. Unser Codewort auf Slack für Fortschritt heißt »Tooooor«, und die Emojis, die dann zurückkommen, sind nicht nur eine schöne Bestätigung für den Spieler, sondern auch ein positiver, virtuell geteilter Teammoment, in dem alle spüren, dass es vorangeht.

Wichtig ist, dass hier echter Fortschritt gepostet wird und nicht etwas verzweifelt schöngeredet wird oder ausschließlich die positiven Dinge festgehalten werden. Viele Start-ups erliegen dem sogenannten »Confirmation Bias«, also der Tendenz des Menschen, Informationen so zu werten, dass sie die eigene Meinung bestätigen. Der ist bei Gründern besonders ausgeprägt, sind sie doch in der Regel hoch motiviert und extrem zielstrebig.[34] Das führt dazu, dass sie häufig die Dinge zu positiv sehen: Sie tendieren dazu, eher weniger als mehr Wettbewerber wahrzunehmen, die Konkurrenz als schlechter einzuschätzen, als sie ist, das eigene Produkt in Bezug auf die Kundenbedürfnisse zu überschätzen und grundsätzlich den Ressourcenbedarf als geringer einzuschätzen, als er wirklich ist.[35] Ben Horowitz schreibt dazu: »Als CEO habe ich mich persönlich nie so sehr weiterentwickelt wie an dem Tag, als ich aufhörte, zu positiv zu sein.«[36]

Nichtsdestotrotz ist es wichtig, kleine Fortschritte auszumachen und bewusst zu machen. Die Psychologen Amabile und Kramer haben über 12 000 Tagebucheinträge von Arbeitnehmern über ihre Wahrnehmungen, Emotionen und Motivation an unterschiedlichen Arbeitstagen gesammelt und ausgewertet.[37] 76 Prozent der Tage, an denen die Teilnehmer ihre beste Stimmung vermerkten, waren Tage, an denen sie einen Fortschritt in ihrer Arbeit erzielten, während 67 Prozent der Tage, an denen sie ihre schlechteste Stimmung vermerkten, Tage waren, an denen sie Rückschläge erfuhren.[38] Daraus leiteten Amabile und Kramer ihr Fortschrittsprinzip ab: Fortschritt in sinnstiftender Arbeit hat den größten Einfluss auf die Emotionen, Wahrnehmungen und die Motivation von Mitarbeitern.[39] »Wenn Leute am Ende des Tages richtig gute Laune haben, dann ist es sehr wahrscheinlich, dass sie in ihrer Arbeit vorangekommen sind. Wenn sie sehr schlechte Laune haben, dann haben sie wahrscheinlich Rückschläge erlebt.«[40] Dabei sind schon kleine Schritte vorwärts, sehr wirksam, denn das Entscheidende ist, dass es vorangeht und man weiterkommt.

Last but not least lohnt es sich, Fortschritt nicht nur zu identifizieren, sondern auch zu feiern. »Wir haben das Feiern unserer gemeinsamen Erfolge zu einem wichtigen Teil unserer Kultur gemacht. Es motiviert Leute und es macht Spaß.«[41] So benennt Marc Benioff, der Gründer von Salesforce, eines seiner Erfolgsgeheimnisse. Und er muss es wissen, hat er doch Salesforce 1999 aus dem Nichts gestampft und auf mittlerweile über 10 Milliarden US-Dollar Umsatz aufgebaut.[42] Wichtig seien unvergessliche Erlebnisse.[43] Die können teuer und aufwendig sein, wie zum Beispiel die großen Conventions, die ich bei Yum! weltweit erleben durfte, sie müssen es aber nicht. Der erste Geburtstag von innocent Deutschland ist mir noch genauso gut in Erinnerung, und der war vom Team selbst mit minimalem Budget organisiert.

Um einen Fortschritt zu feiern, braucht auch nicht gleich eine Feier: Es reicht manchmal auch, zur Feier des Tages gemeinsam Eis essen zu gehen oder eine Flasche Prosecco zu öffnen oder dem Kollegen mit High Five zu gratulieren.

Tägliche Fortschritts-Übung für den Chef auf dem Nachhauseweg

1. Was ist aktuell Ihr wichtigstes Ziel?
2. Welcher Fortschritt wurde heute in Bezug auf dieses Ziel gemacht?
3. Wer hat dazu beigetragen?
4. Haben Sie diesen Fortschritt dem Team bewusstgemacht?
5. Was werden Sie tun, um diesen Fortschritt anzuerkennen und gegebenenfalls zu feiern?

1. Wenn Sie den Wunsch haben, Fortschritte aktiv hervorzuheben, dann teilen Sie das in Ihrem nächsten Teammeeting mit und erklären, warum es Ihnen wichtig ist.
2. Fragen Sie Ihr Team, ob sie sich vorstellen können, das drei Monate lang auszuprobieren.
3. Entscheiden Sie gemeinsam, wie genau Sie Fortschritt hervorheben wollen.
4. Entscheiden Sie gemeinsam, ob und wenn ja, wie Sie Fortschritt feiern wollen.
5. Leben Sie dieses vereinbarte Ritual bewusst vor. Wenn es sonst nicht durchgängig gelebt wird, dann fragen Sie aktiv nach, ob es Fortschritt gab.
6. Fragen Sie Ihr Team nach ein paar Wochen im Teammeeting nach ihren Erfahrungen und beschließen Sie eventuell Änderungen, wie Fortschritt benannt und zelebriert wird.

E3: Wertschätzung geben

Wertschätzung ist äußerst wichtig für Mitarbeiter, fast kostenlos und wird trotzdem in den wenigsten Firmenkulturen explizit hochgehalten. Laut den Autoren Gary Chapman und Paul White ist Wertschätzung das, was Mitarbeiter am meisten wollen, »weil jeder von uns die Gewissheit haben will, dass das, was er tut, auch eine Bedeutung hat.«[44] Dieses Bedürfnis ist universell. Seien Sie ehrlich, wann haben Sie sich nicht gefreut, als sich jemand bei Ihnen für Ihren Beitrag bedankt hat und Sie als Person wertgeschätzt hat? Das kostet fast nichts: ein anerkennendes Wort, gesprochen oder geschrieben, eine Runde Applaus im Team-Meeting für den Kollegen, der mit viel Einsatz gerade ein Projekt erfolgreich gemeistert hat. Selbst eine Flasche Champagner, ein Gutschein als Dank oder zusätzliche freie Tage als Ausgleich für überproportionalen Einsatz sind alle günstig im Vergleich damit, was sie auslösen. Wer so wertgeschätzt wird, berichtet davon zu Hause, sodass auch die Familie weiß, dass es die

Entbehrung wert war. Außerdem bleibt er dabei und geht motiviert weiter voran.

Meiner Erfahrung nach ist persönliche Wertschätzung ein viel mächtigerer Motivator als zum Beispiel Geld. In meinem ersten Jahr als Country Manager bei innocent sind wir etwa dreimal so schnell gewachsen wie geplant und kamen mit dem Recruitment nicht hinterher. Ich habe zeitweise drei Jobs abgedeckt. Es war eine sehr spannende, aber auch sehr harte Zeit. Keine Frage, dass der Bonus am Ende des Jahres erheblich war, da wir so weit über Plan lagen. Wie viel das aber war, habe ich längst vergessen. Was ich aber bis heute aufbewahrt habe, ist der handgeschriebene Dankesbrief der drei innocent-Gründer aus London, die damit am Ende des Jahres meinen persönlichen Einsatz und mein Commitment wertgeschätzt hatten und die Erinnerungen an das lange Wochenende auf Ischia, das sie mir und meinem Freund zum Dank geschenkt hatten.

Wenn Wertschätzung so wichtig ist und fast nichts kostet, warum wird es dann so wenig gelebt? Ich denke, zum einen ist es kulturell bedingt, heißt es nicht sprichwörtlich in Deutschland »Nicht getadelt, ist gelobt genug«? Zum anderen sind wir als Manager so darauf getrimmt, das zu erkennen und auszuräumen, was noch nicht so ist, wie es sein sollte und uns zum Entgleisen bringen könnte. Wir verwenden wenig Zeit auf das, was gut läuft, der Fokus liegt einfach nicht auf Wertschätzung.

Wenn ich nun propagiere, das zu ändern, indem ich es als Werkzeug E3 des 2-Stunden-Chefs benenne, meine ich nicht Lob und auch nicht Anerkennung, sondern bewusst Wertschätzung. Lob ist von oben herab: Lehrer loben ihre Schüler, der Chorleiter seine Choristen, Eltern ihre Kinder. Auch Anerkennung kommt von oben herab, wie Chapman und White konstatieren, es zielt vor allem auf Verhalten ab. Wertschätzung allerdings bezieht sich laut den beiden auf die Performance und auf den Wert der Person.[45]

David Novak, langjähriger Chairman und CEO von YUM! Brands, der Mutter von KFC, Taco Bell und Pizza Hut, ist Meister darin, Mitarbeiter als Personen wertzuschätzen, für ihr »Sein«, nicht für ihr »Tun«. Ich durfte das in meiner Zeit bei KFC immer wieder erleben. Hatte er mich im Job-Interview noch in die Mangel genommen, fand ich an meinem ersten Tag bei KFC einen handgeschriebenen Brief von ihm auf meinem neuen Schreibtisch, indem er seine Wertschätzung für meine Person ausdrückte und schrieb, wie sehr er sich freute, dass ich mich für Yum! entschieden hatte. Es waren keine Allgemeinplätze, sondern alles maßgeschneiderte Kommentare mit Bezug auf mein Interview. David war damals der Chef des Chefs meines Chefs. Er schrieb all das, bevor ich überhaupt nur irgendetwas für KFC geleistet hatte. Das war kein Trick eines ausgereiften On-Boarding-Prozesses, in dem ein Brief des CEO fester Bestandteil war, man dann aber nie wieder etwas hörte. Nein, genauso ging es weiter.

David war immer hart in der Sache. Ich erinnere mich, wie er bei einem Deutschlandbesuch aus dem Firmenjet stieg und mich kurz und knapp auf der Landebahn, wo ich ihn erwartete, begrüßte. Kaum saßen wir wenige Sekunden später im Auto, fragte er mich direkt, was ich mir eigentlich bei dieser und jener Entscheidung gedacht hätte, die ihm zu Ohren gekommen war und die er, seinen Fragen nach zu urteilen, offensichtlich selber anders gefällt hätte.

Jemanden als Person wertzuschätzen ermöglicht geradezu inhaltliche Härte: Wenn sich das Gegenüber sicher ist, dass das Hinterfragen einer Ansicht oder Handlung kein Hinterfragen der Person an sich ist, dann kann man inhaltlich hart zur Sache gehen. Bei aller inhaltlichen Härte ließ David nie eine Gelegenheit aus, mir zu sagen und zu schreiben, wie sehr er mich als Person schätzt. Einmal schrieb er sogar einen Dankesbrief an meine Eltern, die ihn noch nie getroffen hatten, aber mächtig stolz darauf waren. Selbst als ich viele Jahre später gekündigt hatte und er schon gar nicht mehr Chairman war, rief er mich an und bedankte sich für alles, was ich in meiner Zeit bei KFC für Yum! getan hatte. Er war mir ein großes Vorbild in Sachen Wertschätzung, und ich habe für mich das Credo »Tough on the issue, soft on the person« daraus abgeleitet, was mir zur Richtschnur für mein eigenes Führungsverhalten geworden ist.

David war CEO, als Pepsi Restaurants 1997 vom Pepsi-Konzern ausgegliedert wurde und eigenständig als YUM! Brands an die Börse kam. Ehemalige Mitarbeiter von ihm haben mir erzählt, wie David sich als erste Amtshandlung daran machte, die Kultur zu definieren, angeblich sehr zum Leid seines Teams, die sich um Dinge sorgten, die aus ihrer Sicht kritischer waren, wie ein Bankkonto, ein neuer Firmenname und die frisch investierten Anleger. Aber David war der Meinung, dass nichts wichtiger sei, als zu definieren, wie man zukünftig miteinander umgeht. Aus seiner Sicht war genau das der beste Weg, die Börse zufriedenzustellen. Er war überzeugt, dass in der Gastronomie das Gästeerlebnis nie besser sein wird als das Mitarbeitererlebnis. Ist der Mitarbeiter gerne an der Kasse, so spürt das auch der Gast, er fühlt sich wohl, kommt gerne wieder, und der Gewinn stellt sich ganz von allein ein. Die Wall Street gab David Novak lange Zeit Recht: In den über 15 Jahren, in denen er YUM! CEO & Chairman war, wuchs die YUM!-Marktkapitalisierung von 4 Milliarden auf 32 Milliarden US-Dollar.[46]

Was in der Gastronomie gilt, gilt aus meiner Sicht überall: Das Kundenerlebnis kann auf Dauer nicht besser sein als das Mitarbeitererlebnis. Bei allem derzeitigen Hype um die User-Experience (UX) sollten wir dies bedenken und die Employee-Experience (EX) nicht aus dem Auge verlieren. Wer Kundenzentriertheit predigt und das Wohl seiner Mitarbeiter ignoriert, tut das auf eigene Gefahr. Ein deutliches Commitment zu Wertschätzung ist die beste Versicherung dagegen.

Deshalb stellte David Wertschätzung ins Herz der Yum!-Kultur und machte das zu seiner persönlichen Mission. Viele Firmen vergeben einmal im Jahr Preise an ihre Mitarbeiter, in Amerika sind in der Gastronomie auch Auszeichnungen wie »Mitarbeiter des Monats« nicht ungewöhnlich. Davids Vision aber war, dass Wertschätzung eine ganz persönliche Angelegenheit wird, die auf der ganzen Welt im Tagesgeschäft gelebt wird. So kreierte er seinen ganz persönlichen Award, ein Gebiss auf Füßen, Symbol für »Walking the Talk« oder zu Deutsch ein Award für Menschen, die »auf Worte Taten folgen lassen«. Aber mit dieser Verrücktheit nicht genug. In seinem Bestseller *Taking People With You* schreibt David: »Wenn Du Deine Ziele öffentlich machst, erzähle Menschen nicht einfach, was Du bewirken willst, zeige es ihnen.«[47] Dazu ließ David jedes Mal ein Foto von sich und dem glücklichen Gewinner seiner laufenden Zähne machen, rahmte es und hängte es an die Wand in seinem Büro. Als die Wände voll waren, hing er die nächsten Bilder an die Decke, bis auch diese voll war und er im Flur weitermachte. Für wirklich jeden in der Firma war klar, dass Wertschätzung an allererster Stelle stand.

> Das Kundenerlebnis, die UX, wird nie besser sein als das Mitarbeitererlebnis, die EX,

Was David aus meiner Sicht von vielen anderen CEOs unterscheidet, ist, dass es ihm gelang, seine persönliche Mission zu institutionalisieren. Er ermutigte alle Mitarbeiter mit Führungsverantwortung weltweit, ihre eigenen Awards zu entwickeln und zu vergeben. Meiner war ein Buddelschiff. Er entwickelte sogenannte »Recognition Cards«, die auf der ganzen Welt in den Restaurants und Büros als Anerkennung verteilt wurden. Es gab Restaurants, in denen die Wände in den Team-Räumen nur so übersät waren von Karten, ganz wie in Davids Büro. Diese Wertschätzungskultur war so tief verwurzelt, dass sie auch weitergelebt wurde, nachdem David in Rente ging.

Wertschätzungs-Bewusstseins-Übung für den Chef

1. Vervollständigen Sie den Satz: »Wertschätzung ist ...«
2. Wenn die Vervollständigung positiv ist, gehen Sie zu Punkt 4.
3. Wenn die Vervollständigung eher negativ ist, dann wird es schwierig für Sie, Wertschätzung als Führungswerkzeug des 2-Stunden-Chefs zu leben. Sollten Sie es trotzdem vorhaben, hinterfragen Sie diese Haltung.
4. Ist das wirklich wahr?
5. Gibt es auch Beispiele für das Gegenteil?
6. Was ist der Preis, den Sie für diese Haltung zahlen?
7. Wollen Sie das weiterhin tun?
8. Können Sie Ihr persönliches Ziel in der Firma ohne Wertschätzung erreichen?
9. Wann haben Sie sich selbst wirklich wertgeschätzt gefühlt in Ihrem Leben? Wer hat Ihnen diese Wertschätzung gegeben? Und wie?

Wertschätzung Vision-into-action-Übung für den Chef

1. Wann fällt es Ihnen leicht, andere wertzuschätzen?
2. Wie machen Sie das am liebsten?
3. Wie wollen Sie Wertschätzung zukünftig leben?
4. Wer kann Sie dabei unterstützen? Ihr Assistent, Ihr HR-Direktor et cetera?

5. Teilen Sie diese Vision mit der Person und vereinbaren Sie mit ihr, wie sie Sie daran erinnern wird.
6. Setzen Sie sich eine Erinnerung in den Kalender, wann Sie sich Ihren Fortschritt anschauen werden.
7. Was hat funktioniert? Wenn es hakt, woran liegt es, und wie kann das behoben werden?

DIE QUINTESSENZ

1. Der 2-Stunden-Chef-Kompass bietet eine Orientierung, wie zwei Stunden Führung am Tag für maximalen Erfolg eingesetzt werden können. In diesem Kapitel werden die ersten beiden Führungsrollen aus Kapitel 4 mit ihren jeweils drei Führungsaufgaben durchdekliniert.
2. Der 2-Stunden-Chef-Kompass ermöglicht eine eindeutige Priorisierung: Er beginnt beim Wozu, also dem Sinn einer Organisation, und setzt den Glauben an Erfolg an die zweite Stelle.
3. Mit dem 2-Stunden-Chef-Kompass tritt »Kurshalten« an die Stelle von Kontrolle.
4. Klare gemeinsame Ziele, eine optimistische und wertschätzende Grundhaltung sowie die Bereitschaft, Konflikte offenzulegen, bilden die Grundlage des gemeinsamen Erfolges, indem sie Autonomie stärken.

Kapitel 6

Immer noch Tag 69: Der 2-Stunden-Chef als Coach und letzte Instanz

■ Wenn der 2-Stunden-Chef als Visionär und Ermutiger jeweils drei Aufgaben pro Rolle hat, wie füllt er dann die verbleibenden Rollen als Coaches und als letzte Instanz aus? Zum Beispiel indem er Feedback als Geschenk sieht. Das haben wir alle schon gehört, aber in der Praxis bleibt es ein Lippenbekenntnis – keiner gibt gerne kritisches Feedback. Damit meine ich nicht das Sandwich-Modell und andere Feedback-Techniken, die Feedback zur Kulissenschieberei machen. Mir geht es um die Haltung, dem anderen gerade etwas Großes zu ermöglichen, indem man einen blinden Fleck erhellt. Unter dem Stichwort letzte Instanz geht es darum, dass auch ein 2-Stunden-Chef noch Entscheidungen treffen muss, und hier lesen Sie, wann. Aber es geht in diesem Kapitel auch darum, was zukünftig nicht mehr Chefsache ist, was man mit dem Rest der Zeit macht und warum 2-Stunden-Chefs keine Frühstücksdirektoren sind.

Der Chef als Coach: Die drittwichtigste Rolle des 2-Stunden-Chefs

Der Chef als Coach ist nicht nur die Rolle, die in Summe die meiste Zeit meiner täglichen 2 Stunden einnahm, sondern sie ist auch meine persönliche Lieblingsrolle. Nicht, weil ich wahnsinnig gerne coache und mittlerweile ein Coaching-Start-up habe, sondern weil ich überzeugt bin, dass Chefs mit Coaching-Fähigkeiten in Zukunft einen entscheidenden Wettbewerbsvorteil haben werden. Coaching ist der Schlüssel für beschleunigte Weiterentwicklung, und die wiederum beflügelt Ergebnisse. Wer will nicht für jemanden arbeiten, der regelmäßig in seine Weiterentwicklung investiert? Damit meine ich nicht, dass jeder Chef eine Coaching-Ausbildung machen sollte, das ist bei einem anspruchsvollen Job auch zeitlich gar nicht ohne Weiteres machbar. Aber auch ohne Ausbildung kann jeder Chef schon morgen die Haltung eines Coaches wie in Kapitel 4 beschrieben einnehmen und, statt bei Problemen einzugreifen, dem Mitarbeiter mit Fragen auf die Sprünge helfen, die Antwort selbst zu finden. Dazu finden Sie mehr im Abschnitt »C3: Feedback geben«. Hier zunächst drei konkrete Maßnahmen, die der Chef in seiner Rolle als Coach nutzen kann, um die Autonomie seiner Mitarbeiter zu stärken: zuhören, und zwar richtig, Stärken erkennen und stärken und Feedback geben.

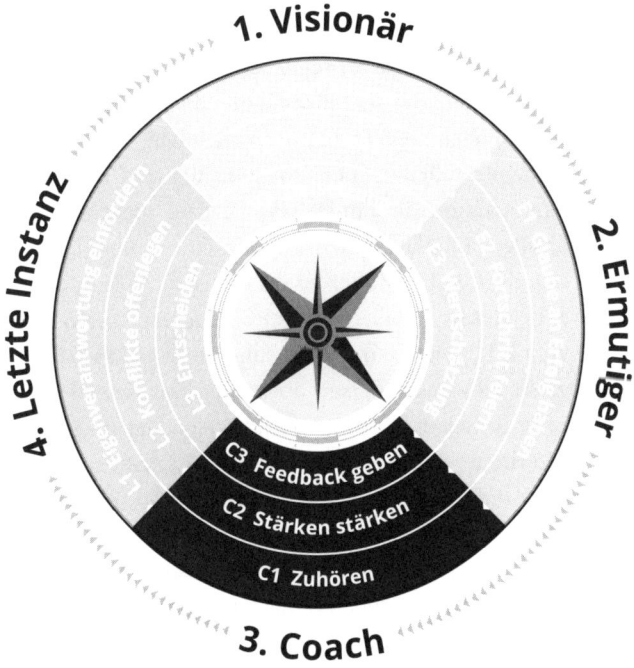

Abbildung 5: Der Chef als Coach, © Insa Klasing

C1: Zuhören

Zuhören ist das wichtigste Werkzeug des Chefs als Coach. Es ist neben Fragenstellen das wichtigste Werkzeug eines Coaches generell, egal ob er nun Chef ist oder nicht. Die Lösung eines Problems ist meistens in dem, was der Coachee sagt, schon enthalten. Deshalb sollten Sie lernen, dem Coachee wertfrei zuzuhören. Das Gesagte und das Nicht-Gesagte sind ihre Daten und der Schlüssel zu Ihrem Erfolg.

Mein Plädoyer für besseres Zuhören ist übrigens keine Frage der Etikette. Zuhören ist schlichtweg die Voraussetzung für Erfolg in der VUCA-Welt. Ich erwähnte in Kapitel 4 bereits meinen Mentor, den Experten für kommunikative Führung Emilio Galli Zugaro. Er hat in seinem Buch *The listening leader: How to drive performance by using communicative leadership* Kommunikation als eine von fünf »Künsten« von Führung benannt.[1] Kommunikation ist für den Chef unerlässlich, weil es ihm ermöglicht, seine Stakeholder zu verstehen und mitzunehmen. Ihre Sichtweisen, zum Beispiel als Investoren, Kunden, Mitarbeiter oder Lieferanten, nicht nur zu erkennen, sondern ihre Bedürfnisse auch zu erfüllen, ist überlebenswichtig als Chef. Dabei bedeutet Kommunikation für Emilio Galli Zugaro nicht nur Senden, sondern vor allem Empfangen. Es herrscht eine »totale Unterschätzung von der Kraft guten Zuhörens«[2] und weiter: »Ein guter kommunikativer Leader ist vor allem ein guter Zuhörer«[3]. Der Autor Otto Scharmer vom MIT sieht es ähnlich: »Zuhören ist wahrscheinlich die unterschätzteste Führungsfähigkeit überhaupt. Der Kern der meisten Beispiele von kollossalem Führungsversagen – und davon gibt es nicht wenige – liegt darin, dass Führende es oft nicht schaffen, die VUCA-Welt um sie herum zu verstehen.«[4] Wer nicht zuhört, kann nicht verstehen.

Wie wird man zu einem guten Zuhörer? Einfach aufhören zu reden, meint Emilio Galli Zugaro augenzwinkernd[5], und den anderen nicht unterbrechen. Letzteres musste ich hart erlernen, und noch heute fällt es mir manchmal schwer, jemanden zu Ende sprechen zu lassen. Entweder, weil es ein besonders gutes Gespräch ist und das Gesagte bereits meinen nächsten Gedanken inspiriert und sich das überschlägt. Oder weil ich es besonders eilig habe. Auch am Telefon passiert es mir immer wieder, dass ich jemanden ungewollt unterbreche, weiß man dort doch nicht, ob derjenige am anderen Ende der Leitung pausiert, um Luft zu holen, oder fertig ist. Aber nicht zu Ende zuzuhören, ist letztlich respektlos, egal, wodurch es motiviert ist.

Dabei sollte man gerade, wenn man es eilig hat, gut zuhören. Genauso wie es eigentlich reicht, am Tag eine halbe Stunde zu meditieren. Nur an dem Tag, an dem man sehr beschäftigt ist, soll man eine Stunde meditieren, so der christliche Mystiker Franz von Sales.[6] Die Sorge, dass Zuhören am Ende länger dauert und man dafür gerade keine Zeit hat, ist unberechtigt, wie die Coaches Klaus Kissel und Wolfgang Tschinkel klarmachen: »Sie werden feststellen, dass Zuhören scheinbar Zeit kostet, aber in Wirklichkeit Gespräche verkürzt, zur schnelleren Findung von Ergebnissen beiträgt.«[7] Das ist auch meine Erfahrung. Ich habe früher in Gesprächen mit potenziellen neuen Kunden erst mal unsere Präsentation gehalten und dann diskutiert, wo das Anwendung finden könnte. Inzwischen höre ich erstmal nur zu, zum Teil bis zu 55 Minuten. Dann brauche ich aber tatsächlich nur noch 5 Minuten zu präsentieren, weil ich genau weiß, was der Kunde braucht und welchen Beitrag wir zur Lösung leisten können, das kann man in 5 Minuten auf den Punkt bringen. Mehr Zeit und Erfolg durch Zuhören also.

Wie effektiv man zuhört, kann man selbst am eigenen Redeanteil erkennen. Bei den meisten Chefs ist der sehr hoch, sind wir es doch gewohnt, dafür bezahlt zu werden, stets die richtige Antwort zu haben. Man kann den Redeanteil deutlich verringern, aber nur mit einer neuen Haltung und viel Übung, um wirklich dauerhaft zu einem Chef zu werden, der zuhört.

> Zuhören ist eine zentrale und völlig unterschätzte Führungsqualität, die mehr Zeit und Erfolg verspricht.

In Gesprächen unter vier Augen kann man das Zuhören verlängern, indem man nicht mit wertenden Kommentaren und Lösungsvorschlägen antwortet, sondern weiter offen aus Neugierde fragt, um zu verstehen.

In Gruppen-Meetings kann man den »Drei Kiesel«-Trick nutzen, den mir mein Mentor zu KFC-Zeiten Niren Chaudhary beibrachte. Um als Chef besser in Gruppen-Meetings zuzuhören, erlaubte er sich drei Wortmeldungen pro Meeting und hatte für jede Wortmeldung einen Kiesel dabei. Nach jeder Wortmeldung transferierte er einen Kiesel von der rechten in die linke Hosentasche, bis die rechte Hosentasche leer war. Es mag drastisch klingen, aber es hat auch mir sehr geholfen. Am Anfang waren alle ein bisschen verwundert, warum ich mich so viel weniger als sonst einbringe, und insgesamt zögerlich. Als das aber zur Norm wurde, begann sich das Vakuum zu füllen, und mehr und mehr Engagement kam von den anderen Teilnehmern im Meeting. Irgendwann braucht man die Kiesel nicht mehr und fragt sich von ganz allein, ob der Beitrag, der einem gerade auf der Zunge liegt, das Meeting wirklich weiterbringt oder ob es eher Autonomie mindert.

Das alles erhöht die Quantität an Zuhören und ist ein erster wichtiger Schritt. Aber das an sich ist noch nicht lebensverändernd. Wer jedoch die Art und Weise, wie er zuhört, verändert, also die Qualität des Zuhörens, der verändert laut Otto Scharmer sein Leben. »Wenn Du veränderst, wie Du zuhörst, veränderst Du, wie Du Beziehungen und die Welt wahrnimmst. Und wenn Du das änderst, nun ja, dann änderst Du ALLES.«[8] Wie ich zuhöre, beeinflusst, wie die Realität um mich herum sich entwickelt, denn die Energie folgt der Aufmerksamkeit, so Scharmer. Entscheidend für die Qualität des Zuhörens ist die Quelle unserer Aufmerksamkeit. Scharmer differenziert vier Ebenen des Zuhörens.[9] Dabei sind alle Ebenen gleichwertig, nur eignen sie sich unterschiedlich gut für unterschiedliche Situationen. Der Chef braucht laut Scharmer die Fähigkeit zu allen vier Arten des Zuhörens: »Was ich in meiner Arbeit gelernt habe, ist, dass Erfolg von Führung und von Wandel von der Fähigkeit des Leaders abhängt, ihre oder seine Qualität des Zuhörens zu beobachten und anzupassen auf das, was die Situation gerade erfordert.«[10] Hier sind die vier Ebenen:

1. *Downloading:* Unser Zuhören beschränkt sich auf die Bestätigung dessen, was wir bereits wissen. Die Quelle dafür sind Erfahrungen aus der Vergangenheit. Dies ist der Zuhör-Modus der meisten Menschen, sie hören jemandem zu, aber sind größtenteils mit ihrer eigenen inneren Stimme beschäftigt.

2. *Faktisches Zuhören:* Wir hören uns die gesamte Datenlage an und hören auch die Informationen, die unsere eigene Meinung widerlegen. Wir sind nicht mehr bei unserer inneren Stimme, sondern hören der anderen Person wirklich zu. Die Quelle dafür ist ein offener Geist (*open mind*) und die Fähigkeit, unsere althergebrachten Bewertungen auszusetzen.

3. *Empathisches Zuhören:* Wir sehen die Situation aus der Perspektive des anderen. Das heißt nicht, dass wir diese Position teilen, aber wir können sie nachvollziehen. Die Quelle dafür ist ein offenes Herz (*open heart*). Das ist schon für fortgeschrittene Chefs.

4. *Schöpferisches Zuhören:* Dies ist die schwierigste Form des Zuhörens, die selbst von Super-Profi-Coachen nicht erzwungen werden kann. Es geht darum, wahrnehmungsfähig zu werden für die größtmögliche zukünftige Möglichkeit, also etwas, was noch nicht da ist, aber in die Welt kommen kann. Scharmer nennt das Beispiel eines Coaches, der, noch während sein Coachee die gegenwärtige Situation schildert, eine Ahnung von dem entwickelt, was sein Coachee werden kann. Nach einem Ebene-Vier-Gespräch fühlt sich der Coachee deutlich näher an dem, was er werden will, als vorher.

Als ich zum ersten Mal von Schöpferischem Zuhören las, erschien es mir als abgefahrene, spirituelle Spinnerei, wenn ich ehrlich bin. Warum sollte diese Form des Zuhörens für einen Chef erstrebenswert sein? Dann schaute ich mir Scharmers Erklärungen dafür in einem Video an, und mir wurde sofort klar, dass ich selbst schon Ebene-Vier-Gespräche mit meinen Chefs hatte und auch solche Gespräche schon als Chef geführt hatte. Es waren die einprägsamsten Gespräche überhaupt, die tatsächlich mein Leben verändert haben. Als Chef war es eine Erfahrung davon, beim Zuhören auf einmal eine Idee zu bekommen, wozu diese Person fähig sein würde, und sie dann schrittweise darauf vorzubereiten und letztendlich ins kalte Wasser zu werfen. Es waren meist nicht die offensichtlichsten Kandidaten, oder die Vision war noch sehr weit weg vom Status quo, und dementsprechend schwierig war es zum Teil, meine Chefs von der Richtigkeit dieser Einschätzung zu überzeugen, schließlich spricht man über eine Möglichkeit in der Zukunft.

Mein Einstellungsgespräch bei innocent smoothies mit Adam Balon, einem der drei Gründer, an den ich berichten sollte, war auch ein Ebene-Vier-Gespräch. Wir saßen in einem Pub um die Ecke von Fruit Towers, weil das Büro aus allen Nähten platzte und es keine freien Meetingräume gab, so schnell war das Wachstum von innocent verlaufen. Adam interviewte mich 1,5 Stunden, stellte blitzgescheite, ungewöhnliche Fragen und hörte sehr aufmerksam zu. Ganz zum

Schluss sagte er: »Meine größte Sorge ist, dass wir dir beibringen, wie man eine Firma erfolgreich skaliert, und du in einem Jahr gehst und selbst gründest. Das ergibt keinen Sinn für uns.« Ich war auf alles vorbereitet, aber auf das nicht. Nichts lag mir ferner, wie kam er auf so eine Idee? Ich komme nicht aus einer Unternehmerfamilie, ich arbeitete zu dem Zeitpunkt in einer Unternehmensberatung und verließ innocent viele Jahre später, um für einen börsennotierten Konzern zu arbeiten. Aber Adam hatte beim Zuhören eine Ahnung entwickelt von dem, was ich werden könnte und was mich viel näher zu mir selbst bringen würde, lange bevor ich es selbst in mir entdeckte. Ich habe dieses Gespräch nie vergessen, aber es sollten zehn Jahre vergehen, bis ich mir selbst bewusst wurde, dass ich Gründerin werden wollte. Kurzum, Scharmer hatte recht.

Einstiegsübung für den Chef zum Thema Zuhören

1. Hand aufs Herz – wie gut schätzen Sie sich im Zuhören ein auf einer Skala von 1 bis 10 in Bezug auf Quantität und Qualität?
2. Gehen Sie morgen in die Firma und fragen Sie Ihren Assistenten und drei weitere direkte Mitarbeiter, wie sie Sie auf der gleichen Skala einschätzen würden.
3. Gibt es Diskrepanzen? Wenn ja, warum?
4. Wenn Sie mit dem Ergebnis zufrieden sind, Gratulation! Dann stärken Sie diese Stärke weiter und praktizieren Sie mehr und mehr Schöpferisches Zuhören.
5. Wenn Sie Ihre Fähigkeit zuzuhören steigern wollen, dann bitten Sie diese Mitarbeiter, Sie immer dann darauf aufmerksam zu machen, wenn sie gerade das Gefühl haben, dass Sie nicht zuhören.
6. Was triggert Sie in diesen Momenten? Wie rechtfertigen Sie das vor sich? Sind diese Gründe wirklich valide?
7. Was ist Ihre Absicht in Bezug auf Zuhören ab jetzt? Was ist Ihr Ziel? Woran können Sie sehen, dass Sie es erreicht haben?
8. Wer wird Sie dabei unterstützen, das zu erreichen?

C2: Stärken stärken

Stärken stärken ist gerade *en vogue*. Aber für mich ist es weit mehr als eine Mode, es ist schlichtweg eine Notwendigkeit für Zukunftsfähigkeit. Der österreichische Biologe und Genetiker Markus Hengstschläger bringt es treffend auf den Punkt: »Ein System, in dem alle Teile möglichst nah an einem gemeinsamen Durchschnitt sind, ist für die Zukunft in keinerlei Weise gerüstet. […] Wenn in der Zukunft ein Problem auftaucht, das das System nicht kennt oder eben noch nicht kennt, so wird der Durchschnitt […] keinerlei Antwort darauf bieten.«[11]

Was hat der Durchschnitt mit Stärken-Stärken zu tun? Ganz einfach: Er ist das Ergebnis des Gegenteils. Es ist das Ergebnis von dem, was wir tun, angefangen mit der Erziehung zu Hause, weiter in Schule und Uni und tagtäglich in den meisten deutschen Firmen. Unsere Gesellschaft und unsere Unternehmen sind defizitorientiert, sie fokussieren auf das, was jemand weniger gut als der Durchschnitt kann, kurzum auf Schwächen. Schon zu Schulzeiten bekommen wir Nachhilfe in Fächern, die uns nicht liegen, statt noch mehr in unsere Lieblingsfächer zu investieren. So werden wir in den guten Fächern schlechter und in den schlechten ein bisschen besser, aber nie herausragend gut, schließlich kann man aus einer Katze keinen Tiger machen.

In den meisten Firmen ist es das Gleiche, es gibt häufig ein Zielbild, welche Verhaltensweisen oder Fähigkeiten alle haben sollten, und eine Defizitanalyse, die uns unsere Entwicklungsmöglichkeiten aufzeigt. Wir bekommen dann im besten Fall als Teil von Entwicklungsplänen Coaching oder Training in den defizitären Aspekten, statt aus unseren Stärken überragende Stärken zu machen. »Aber dies ist keine Förderung, es ist Schadensbegrenzung. Für sich selbst genommen ist Schadensbegrenzung eine schlechte Strategie, um den Mitarbeiter und das Unternehmen auf Weltklasseniveau anzuheben.«[12], schreiben die amerikanischen Autoren Marcus Buckingham und Donald O. Clifton.

Wer das Gegenteil lebt, also Mitarbeiter nach ihren Stärken einsetzt, ist nachweislich erfolgreicher, so eine Gallup-Studie: Wenn der Anteil der Mitarbeiter, die von sich behaupten, dass sie jeden Tag bei der Arbeit das tun, was sie am besten können, steigt, dann sinkt die Mitarbeiterfluktuation, und gleichzeitig steigen die Produktivität und die Kundenzufriedenheit in ähnlichem Ausmaß.[13] Ein Fokus auf Stärken führt zu höheren Leistungen. Ich werde als Rechtshänderin immer schneller mit rechts schreiben, als wenn ich die meiste Zeit mit links schreiben muss, egal, wie oft ich das tue.

Der 2-Stunden-Chef ermöglicht jedem im Team, seine Stärken umzusetzen, er nutzt die Andersartigkeit aller Individuen im Team. Aber was ist überhaupt eine Stärke? Es gibt viele unterschiedliche und sehr komplizierte Definitionen. Für mich ist eine Stärke das, was ein Mensch richtig gut kann und richtig gerne macht, und zwar nicht nur einmal, sondern immer und immer wieder. Martin Seligman, der bereits erwähnte Pate der Positiven Psychologie, ist überzeugt, »dass jeder Mensch eigene Stärken hat, die man – wenn man es richtig macht im Leben –, jeden Tag verwirklicht. Es entsteht ein Gefühl der Begeisterung, wenn man diese Stärke ausübt und ein Gefühl der Sehnsucht, diese Stärke anzuwenden.«[14]

> Die vorherrschende Defizitorientierung kostet uns Leistung und Zukunftsfähigkeit.

Stärken sind keine Talente, aber Talente können zu Stärken werden. Buckingham und Clifton sehen Talente als »das wichtigste Rohmaterial für den Aufbau von Stärken«[15]. Eine Begabung allein macht noch nichts aus, wenn sie nicht durch viel Üben entwickelt wird und auf ein Umfeld trifft, wo sie gefördert wird. Da wir als Erwachsene den Großteil unserer Zeit bei der Arbeit verbringen und dort der Chef unser wichtigster Bezugspunkt ist, ist sein Verhalten entscheidend, ob wir unsere Stärken entfalten.

Eine echte Inspiration in dieser Hinsicht ist die Mutter von Bobbi Brown. Bobbi Brown ist eines meiner wenigen Vorbilder, denn sie hat es geschafft, sehr erfolgreich zu sein, ohne sich zu verbiegen oder vielleicht gerade weil sie sich nicht verbiegt. Sie hat mit ihrer Kosmetikmarke Bobbi Brown Natürlichkeit und Selbstbestimmtheit in die ansonsten aus meiner Sicht überwiegend künstliche und fremdbestimmte Schönheitsbranche gebracht, mit großem kommerziellem Erfolg. Ich hatte das große Glück, sie im Dezember 2014 in New York City persönlich kennenzulernen. Sie ist 1,52 Meter groß und hat eine beeindruckende Präsenz. Ich fragte sie, wie sie ihre herausragende Stärke, das Schminken, entdeckt hätte. Da erzählte sie von dem lebensverändernden Gespräch mit ihrer Mutter. Ich habe ihren Wortlaut nicht aufgenommen, aber 2007 erzählte Bobbi die Begebenheit der amerikanischen Business-Zeitschrift *Inc.* ganz ähnlich: »Ich war nicht besonders zielstrebig in der Schule. Nichts hat mich wirklich interessiert. Nach sechs Monaten an der University of Wisconsin und einem Jahr an der University of Arizona kam ich nach Hause und sagte meiner Mutter, dass ich mein Studium abbrechen wollte. Sie sagte zu mir ›Stell dir vor, heute ist dein Geburtstag, und du kannst machen, was du willst.‹ Ich dachte nach und sagte: ›Ich würde am liebsten zu Marshall Field's[16] gehen und Make-up experimentieren.‹«[17]

Wie würden Sie reagieren, wenn Ihre Tochter vor Ihnen säße, kurz davor, ihr Studium abzubrechen, und an nichts anderem interessiert ist, als an Make-up? Bobbi erzählt, wie ihre Mutter reagierte: »Sie sagte: ›Ich bin sicher, es gibt ein College, wo du Theater-Visagistin werden kannst‹.«[18] Und so landete sie am Emerson College in Boston und wurde Visagistin. »Ich sage immer, als ich Emerson gefunden habe, habe ich mich selbst gefunden«, so Bobbi.[19] Nach dem Studium zog sie nach New York und arbeitete als Freelance-Visagistin für Modezeitschriften, brachte ihre ersten eigenen Lippenstifte auf den Markt, die so erfolgreich waren, dass sie Bobbi Brown Cosmetics gründete und 1995 an Estee Lauder verkaufte.[20]

Wie aber erkenne ich die Stärken meiner Teammitglieder, mag sich der 2-Stunden-Chef nun fragen. Ganz einfach: durch Fragen, Zuhören und Anschauen. Bobbis Mutter hat einfach gefragt, und genau das kann der Chef auch tun: »Wenn du hier alles machen könntest, was du willst, was würdest du wählen?« Man kann auch zu Beginn eines Projekts das Team selbst wählen lassen, wer welche Aufgabe übernehmen möchte. Zuhören hilft enorm, um festzustellen, ob jemand gerade an einer Aufgabe arbeitet oder in einer Rolle ist, die seinen Stärken entspricht.

Und was bedeutet Anschauen in diesem Zusammenhang? Während ich dieses Kapitel im Urlaub in den Bergen schrieb, kam ich ins Gespräch mit der Headhunterin und Unternehmensberaterin Mirja Linke. Ich fragte sie, die tagtäglich Führungskräfte für neue Rollen interviewt, wie sie Stärken herausfindet in den Interviews, wie sie weiß, ob jemand für eine bestimmte Aufgabe richtig ist. Sie sagte: »Während der Interviews suche ich vor allem auch das Funkeln in den Augen der Kandidaten. Wofür sie wirklich brennen. Der Fokus liegt dann darauf, wie sehr dieses Funkeln zur Position passt, die es zu besetzen gilt.«

Fragen, Zuhören und Anschauen erfordert, seine Mitarbeiter gut kennen zu lernen, und das wiederum braucht Zeit. Dafür gibt es keine

Abkürzungen. Aber es gibt kleine Katalysatoren, wie zum Beispiel den StrengthsFinder-Test von Gallup, den jeder für kleines Geld in kurzer Zeit ausfüllen kann und für den man im Gegensatz zu anderen Psychometrischen Tests kein Firmenkonto benötigt.[21] Martin Seligman bietet kostenlos einen Online-Test für die Identifikation von Stärken an, allerdings geht es hier auch um Charakterstärken.[22] Am besten Sie fangen gleich mit der Identifikation Ihrer eigenen Stärken an und legen dann im Team alle Ergebnisse übereinander, um zu sehen, wer zukünftig welche Aufgaben übernimmt.

Ein letztes Wort zum Thema Stärken stärken: Was macht man mit Schwächen? Komplett ignorieren? Ja, sofern sie einen nicht zum Entgleisen bringen – und auch dann nur so viel wie absolut nötig und so wenig wie irgend möglich verbessern. Alle anderen Schwächen lassen sich ausgleichen, indem jemand anderes die Aufgabe übernimmt. Mit dieser Methode lassen sich wunderbar Teams zusammenstellen.

Das erfordert natürlich, dass man sich seiner Schwächen bewusst ist. Viele Chefs haben keine differenzierte Eigenwahrnehmung, ihnen ist nicht bewusst, was ihre Schwächen sind und welche Auswirkungen sie haben. Dementsprechend können sie auch niemanden finden, der die Schwäche ausgleicht. Deshalb ist Feedback so wichtig, mehr dazu nach der nächsten Übung.

> Schwächen sollten so wenig wie möglich und nur so viel wie absolut nötig verbessert werden.

Übung für das Stärken von Stärken für den Chef

1. Ist die Weiterentwicklung in Ihrem Unternehmen eher auf Stärken oder eher auf Schwächen ausgerichtet?
2. Was sind Ihre persönlichen wichtigsten Stärken? Falls Sie sie nicht benennen können, machen Sie einen der oben genannten Tests.
3. Was sind Ihre Schwächen? Haben Sie jemanden, der sie ausgleicht? Wie viel Zeit verbringen Sie noch mit Dingen, die nicht Ihre Stärke sind? Reduzieren Sie sie konsequent.
4. Was sind die Stärken Ihrer wichtigsten Mitarbeiter? Sind sie dementsprechend eingesetzt? Wie können sie weiter gestärkt werden?

C3: Feedback geben

Feedback zu geben ist meiner Ansicht nach eine der wichtigsten Führungsaufgaben überhaupt und ein großer Wettbewerbsvorteil, wenn es ein natürlicher Bestandteil des Unternehmensalltags wird. Je häufiger Feedback gegeben wird, desto geübter sind alle darin, es zu geben und anzunehmen, und desto natürlicher wird es. Man kann das in der Gruppe machen (Was läuft gut? Was können wir optimieren?) und unter vier Augen. Oder man kann formal Feedback in sogenannten 360-Grad-Prozessen einholen, die sehr wertvoll sein können, aber in Konzernen noch viel zu unregelmäßig stattfinden. Solche Rückmeldungen können wichtige Hinweise für die Weiterentwicklung sein, weil sie ein Bewusstsein schaffen, wie man wahrgenommen wird. Der 2-Stunden-Chef kann den Rahmen für eine lebendige Feedback-Kultur schaffen, indem er solche Feedback-Zyklen einführen lässt, aber noch wichtiger ist, dass er als Vorbild regelmäßig Feedback gibt und einfordert.

Ich habe einmal ein Feedback-Training für Führungskräfte bekommen. Unter anderem wurde uns die »Sandwich-Methode« vermittelt: zu Anfang positives Feedback, dann negatives Feedback, dann wieder etwas Positives zum Schluss. Ich halte davon gar nichts. Irgendwann fängt der Mitarbeiter nämlich an, nach jedem Lob nach dem wohl nun folgenden Tadel Ausschau zu halten. Wenn etwas richtig schiefgegangen ist, weiß der Mitarbeiter es doch auch, dann hat es wenig Zweck, es mit Zuckerguss zu lasieren. Besser man kommt schnell auf den Punkt, zum Beispiel indem man fragt: »Wie, findest du, ist es gelaufen? Was würdest du nächstes Mal anders machen? Bist du zufrieden mit …?« Umgekehrt sollte man ein Lob als ein Lob stehen lassen, selbst wenn einem noch minimale Verbesserungen einfallen. »Das war einfach spitze. Danke.« Punkt und kein Komma, aber …

Wichtiger als jede Methode ist die Haltung, die dahintersteht: »Feedback is a gift«, hieß es bei Yum!, und dieses Credo habe ich für mich übernommen. Es ist ein Geschenk, wenn man es bekommt, vor allem, wenn es negativ ausfällt, denn dann kostet es den Überbringer meist echte Überwindung, es auszusprechen. Tut er es trotzdem, ist das ein Ausdruck davon, dass man dem Überbringer wichtig ist. Mehr noch, es ist auf eine gewisse Art ein Ausdruck von Liebe, denn »Tough

Love«, wie die Amerikaner Feedback auch gerne umschreiben, ist immer noch »Love«.

Ich werde nie vergessen, wie mich eines Abends ein Mitarbeiter sprechen wollte. Es war ein ehemaliger Restaurantleiter, der sich in der Zentrale auf beeindruckende Art und Weise hochgearbeitet hatte. Ich war damals noch ziemlich neu bei KFC in England und noch nicht wirklich angekommen. Er schloss die Tür zu meinem Büro, und mir war gleich klar, dass ihm etwas unangenehm war, er rutschte auf seinem Stuhl herum und rückte nicht gleich mit der Sprache heraus.

> Jemandem kritisches Feedback zu geben, ist ein Ausdruck von Liebe, ist »Tough Love«.

Als er schließlich aussprach, wozu er gekommen war, rührte mich der Schlag. »Mir ist aufgefallen, dass du dich nicht wirklich wohl bei uns fühlst, dass es dich Mühe kostet, mit uns Small Talk zu machen«, meinte er. Er beschrieb, wie er mich bei einem größeren Team-Event in der Woche davor beobachtet hätte, und verwandte das Wort *awkward*, was im Deutschen alles zwischen unbeholfen und unangenehm bedeuten kann. Mich rührte deshalb der Schlag, weil er recht hatte und weil ich wusste, dass ich niemals General Manager bei YUM! werden würde, wenn ich das nicht ändern würde.

Ich hatte vorher bei der Unternehmensberatung Bain & Company in London gearbeitet, eine Up-or-out-Kultur, in der wir alle ein ziemlich ähnliches Leben führten. Die meisten hatten in Oxbridge studiert und waren jung. Danach war ich bei innocent smoothies. Dort herrschte eine tolle Kultur mit Leuten, die meine Vorlieben und Hobbys teilten und ebenfalls alle in London lebten und ausgingen. Dann kam ich zu KFC in Woking, einem Vorort von London, und kam mit dem richtigen Leben in Berührung, zu dem ich zugegebenermaßen wenig Bezugspunkte hatte: Vorort, Familie, Garten. Alle waren sehr nett, und wir hatten nicht viel gemeinsam. Hier war ich ein Außenseiter und wusste nicht, worüber ich montags an der Kaffeemaschine reden sollte. Mein Opernbesuch vom Samstag? Lieber nicht. Also zeigte ich mich gar nicht, und der Small Talk blieb *awkward*, genauso wie es mein Mitarbeiter mir spiegelte. Das war fatal, denn wie soll man jemandem vertrauen, den man nicht kennt?

Das war ein echtes Thema für mich als Führungskraft, und ich wäre niemals so schnell General Manager geworden, wenn dieser Mitarbeiter das nicht so früh angesprochen hätte. Auch wäre ich heute nicht in der Lage, mit Menschen schnell einen persönlichen Kontakt aufzubauen, egal welchen Hintergrund sie haben. Ich bin ihm bis heute dankbar, dass er sich getraut hat, mir, seinem neuen Chef, dieses Feedback zu geben. Ich bat ihn, das auch zukünftig zu tun. Er wurde für mich zu einem wichtigen »Truth-Teller«, weil ich wusste, dass er bereit war, Dinge auszusprechen, die alle anderen dachten, aber nicht sagten. Wahrscheinlich würde das heute in die Kategorie »Reverse Mentoring« fallen, nur dass es hier nicht um Social-Media-Skills ging, sondern um elementares Feedback zu meinem Verhalten.

Feedback ist auch ein Geschenk, wenn man es selber jemandem gibt. Schließlich ist es viel einfacher zu schweigen. Wer aber bei ungenügender Performance eines Mitarbeiters als Chef nichts sagt, der traut dem Mitarbeiter entweder nicht mehr zu, oder er ist ihm einfach nicht wichtig. Wer ihn aber danach zur Seite nimmt und sich die Zeit für ein Feedback-Gespräch nimmt, der zeigt damit seine Wertschätzung und dass er an sein Potenzial glaubt.

Wir brauchen Feedback für die Weiterentwicklung, und genauso wie kurze Feedback-Loops in der agilen Produktentwicklung essenziell sind, brauchen wir auch für rasante menschliche Weiterentwicklung Feedback. Nur mit neuen Erkenntnissen können wir auch neue Ergebnisse erzielen. Negatives Feedback ist keine Kritik, es geht nicht darum, dass jemand etwas falsch gemacht hat. Das kann man auch explizit anmerken: »Du hast nichts falsch gemacht.« Negatives Feedback ist eine Investition, in den Menschen und in die Firma. Es geht darum, genauso wie in der Produktentwicklung die Erkenntnis aus dem Ergebnis zu nutzen und schnell in Weiterentwicklung umzumünzen.

Aber soll man denn überhaupt negatives Feedback geben? Ist nicht längst erwiesen, dass mit Lob viel mehr als mit Tadel erreicht wird? Muss nicht für jeden Tadel x-mal gelobt werden, damit der Mensch das Lob überhaupt hört? Ja, man soll negatives Feedback geben. Wer ein Commitment zu Wachstum und Weiterentwicklung hat, kommt nicht darum herum. Besser man übt sich täglich und alle anderen auch. Entscheidend ist, wie in Kapitel 5 bereits erläutert, dass dies ohne Vorwurf geschieht – auch das lässt sich üben.

Der Chef als letzte Instanz: Die unwichtigste Rolle des 2-Stunden-Chefs

Die Rolle des 2-Stunden-Chefs als letzte Instanz ist die unwichtigste Rolle, weil sie in einer Organisation, die zunehmend selbstbestimmter agiert, immer weniger nötig werden sollte. Aber die Rolle ist immer

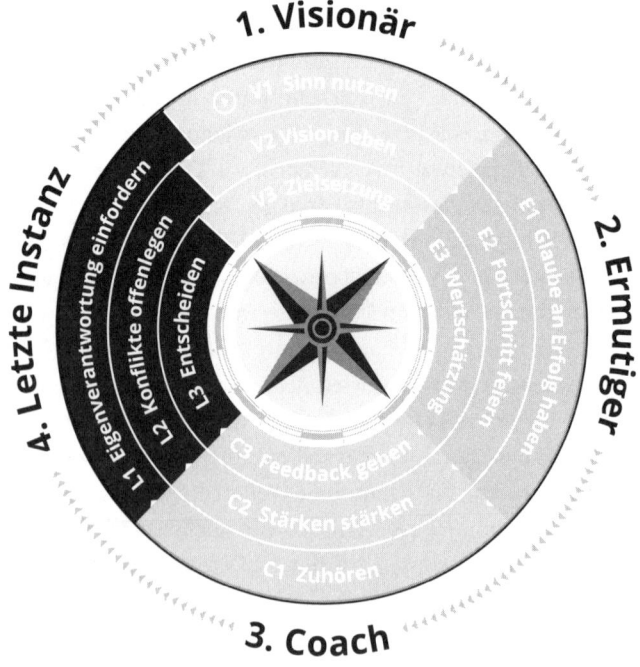

Abbildung 6: Der Chef als letzte Instanz, © Insa Klasing

noch vorgesehen, weil der Chef als letzte Instanz gebraucht wird, um
Autonomie zu fördern. Das klingt zunächst widersprüchlich, weil Eigenverantwortung einzufordern, Konflikte offenzulegen und als Chef
zu entscheiden sich sehr nach Einmischen anhört, also danach, jemand anderen in seiner Autonomie einzuschränken. Aber das Gegenteil ist der Fall, wie wir gleich sehen werden.

L1: Eigenverantwortung einfordern

Der Moment, in dem ich begann, Affen in meinem Arbeitsleben zu
entdecken, war ein entscheidender in meiner Entwicklung zum Chef.
Ich war damals 27 und überfordert. Ich hatte noch nie in meinem
Leben jemanden geführt, abgesehen von einem Team von Freiwilligen an der Uni in Oxford und dem interdisziplinären Projektteam
bei innocent in London zur Vorbereitung des Deutschland-Launch.
Nun war ich Country Manager Germany für innocent smoothies und
hatte ein ganzes Land zu führen. Auf meinem Schreibtisch turnten
so viele Affen herum, dass ich gar nicht mehr an meine eigene To-do-Liste herankam. Nur dass ich die Affen damals noch nicht sehen
konnte.

Ich weiß nicht mehr, von wem ich den Artikel der amerikanischen
Manager William Oncken und Donald L. Wass im *Harvard Business
Review* von 1974 bekam, aber er veränderte alles. Wenn man einmal
davon absieht, dass sich das Menschenbild von Mitarbeitern seitdem
grundsätzlich geändert hat – die Autoren sprechen von »Subordinates« –, dann hat dieser Artikel noch heute Gültigkeit und ist maximal
autonomiesteigernd. Die Autoren beschreiben den Affen auf dem Rücken des Mitarbeiters – er ist Synonym für das Problem, mit dem er
zu seinem Chef kommt –, und sie zeigen auf, wie der Affe am Ende
des Meetings auf dem Rücken des Chefs sitzt. Indem der Chef sich des
Problems annimmt, wird die Verantwortung für die Lösung zu ihm
transferiert.[23]

Dies ist auch heute noch ein gängiges Managementphänomen.
»Hier muss der Chef unbedingt dagegenhalten und den Ball wieder
dorthin zurückspielen, wo er hingehört: zum eigentlichen Verantwortlichen. […] Die Versuchung, das Heldenkostüm tatsächlich über-

zustreifen, ist für den Chef umso größer, je dringender das Problem ist und je hilfloser sich die Mitarbeiter gebärden. Sie wird dann geradezu unwiderstehlich, wenn der Chef insgeheim der Überzeugung ist, dass er die Entscheidung tatsächlich besser treffen kann als der Mitarbeiter.«, schreibt der Unternehmer Detlef Lohmann.[24]

Es gibt mehrere Arten, den Ball zurückzuspielen. Zum einen kann man ihn einfach direkt zurückspielen und dem Mitarbeiter seinem Schicksal überlassen. Das führt dazu, dass die Mitarbeiter nicht mehr Probleme zum Chef eskalieren und er zunehmend im Dunkeln ist. Das Gleiche passiert, wenn man von seinen Mitarbeitern fordert, zu jedem Problem auch eine Lösung zu präsentieren.

Oncken und Wass haben fünf Regeln für den Umgang mit Affen aufgestellt, die in einer vorhersehbaren Welt sicherlich gut funktioniert haben, in der schnelllebigen und unberechenbaren VUCA-Welt aber an ihre Grenzen stoßen. Ihre Metapher hat allerdings ihre Gültigkeit behalten: Der Affe bleibt auf dem Rücken des Mitarbeiters und verlässt mit ihm den Raum. Das ist als Mindset für den 2-Stunden-Chef unerlässlich.

Jeder Chef wird seinen eigenen Weg finden, den Ball auf seine Weise zurückzuspielen. Für mich hat es sich bewiesen, den Ball als Coach zurückzuspielen, also dem anderen mit Fragen auf die Sprünge zu helfen. Welche Optionen gibt es in dieser Situation? Welche noch? Und sonst noch welche? Wenn wir uns in Gefahr wähnen, fallen uns oft die offensichtlichsten Lösungen nicht ein, so sehr reduziert sich unsere Sichtweise. Dannach gilt es, das wichtigste Entscheidungskriterium bewusst zu machen: Was sind »Demands«, die Muss-Kriterien, und was die »Wishes«? Welche Lösung erfüllt was? Spätestens dann ist meistens klar, welchen Weg der Mitarbeiter gehen wird. Wichtig ist nur, dass es seine Entscheidung ist.

> Für den 2-Stunden-Chef gilt: Der »Affe« bleibt auf dem Rücken des Mitarbeiters und verlässt mit ihm den Raum.

Je länger man dieses Vorgehen praktiziert, desto weniger nötig wird so ein Gespräch. Bei KFC erzählte mir einmal ein Mitarbeiter, dass er sich schon vor unseren 1:1-Meetings immer überlege, was ich ihn wohl fragen würde. Diese Art, Probleme anzugehen, wird, wenn Sie konsequent den Ball zurückspielen, irgendwann Schule machen.

1. Hand aufs Herz, wie viele Affen gibt es auf Ihrem Rücken?
2. Falls es welche gibt, warum? Was lässt Sie den Affen aufnehmen? Welchen Preis zahlen Sie dafür?
3. Wenn ein Mitarbeiter das nächste Mal mit einem Problem zu Ihnen kommt, dann lassen Sie den Affen auf seinem Rücken, aber unterstützen Sie ihn, das Problem selbst zu lösen, mit Fragen. Wie war diese Erfahrung? Üben Sie das immer wieder.
4. Was sind die Fälle, in denen Ihre Mitarbeiter nicht selbst die Verantwortung von sich aus übernehmen, sondern stattdessen zu Ihnen kommen? Was muss passieren, damit sie vermehrt selbst entscheiden?

L2: Konflikte offenlegen

Sind Konflikte Chefsache? Konflikte finden in einem Unternehmen auf allen Ebenen statt. Idealerweise werden sie offen ausgetragen und gelöst, aber manchmal werden sie zum Chef eskaliert und somit zur Chefsache. Dann wird der Chef zur letzten Instanz innerhalb des Unternehmens, egal ob es sich um interne Konflikte im Team oder externe Konflikte mit Kunden oder Partnern handelt. Aber aus meiner Sicht ist es nicht nur eine reaktive Pflicht des 2-Stunden-Chefs, auf Konflikte zu reagieren, die zu ihm eskaliert werden, sondern proaktiv Konflikte offenzulegen. Ein weiterer Schritt ist dann, als Vorbild mit der Zeit eine Kultur aufzubauen, in der das alle machen.

Da, wo der Chef also einen Konflikt bemerkt, legt er ihn offen und sorgt dafür, dass er gelöst wird. Er soll allerdings nicht selbst zum Problemlöser werden. Wer sich nämlich als Problemlöser-Feuerwehr versteht, der wird deutlich mehr Brände in der Firma zu löschen haben.

Konflikte zu ignorieren, ist sehr teuer. Sie sind sowieso da, ob wir sie ansprechen oder nicht. Die Konflikte, die nicht adressiert werden, schwelen vor sich hin, bis die Flammen anfangen zu lodern. Was einen anfangs vielleicht nur irritiert, fängt einen irgendwann an, richtig zu nerven, bis es schließlich zu einem handfesten Vorbehalt wird. Je später wir Konflikte angehen, desto schwieriger ist es, sie zu lösen, und desto höher werden die Kosten. Aus der berühmten Mücke wird mit der Zeit ein Elefant.

Konflikte, die nicht offen adressiert werden, finden einen anderen Weg, sich Luft zu verschaffen, nämlich hinten herum. So entstehen Politik und persönliche Vorbehalte. Konflikte absorbieren Energie und Aufmerksamkeit, die an anderer Stelle fehlen. Sie bremsen das Unternehmen aus. Wenn Ergebnisse schlechter werden, ist häufig ein verborgener Konflikt die Ursache. Außerdem verhindern sie Weiterentwicklung: Wer bei jedem Konflikt umkehrt, wird in einer Beziehung immer wieder an denselben Punkt stoßen und nie nach einer gesunden Auseinandersetzung auf eine neue Ebene kommen.

Das alles klingt offensichtlich, und doch gibt es wenige Chefs, die sich als Problemoffenleger verstehen. Dazu der Managementberater Patrick Lencioni:»Leider werden Konflikte in vielen Situationen als Tabu betrachtet, besonders im Bereich der Arbeit. Und je höher hinauf die Managementleiter, desto mehr Leute finden sich, die ungeheure Mengen an Zeit und Energie darauf verwenden, genau die leidenschaftlichen Debatten zu vermeiden, die für jedes gute Team so entscheidend sind.«[25] Für Lencioni ist Konflikte-Vermeiden eine der fünf Dysfunktionen von Teams. Ich habe nach der Lencioni-Methode das Supply-Chain-Team in meiner Zeit bei KFC in England neu ausgerichtet. Die Methode funktioniert großartig, und zwar in kurzer Zeit und auch ohne externen Coach. Der Aspekt Konflikte war mit Abstand von allen fünf Dysfunktionen der schwierigste.

Wir Menschen sind soziale Wesen und mögen daher Konflikte im Allgemeinen nicht. Davon abgesehen nennt Patrick Lencioni drei Gründe, warum Chefs Konflikte tendenziell unterbinden. Erstens unterbricht ein Chef Konflikte, bevor sie zu Ende ausgetragen sind, um die Menschen im Team zu schützen, so wie ein Vater sein Kind schützt. Das ist fatal, denn der vermeintlich angegriffene Mitarbeiter hat nun nicht die Gelegenheit, sich zu behaupten und dabei wichtige Konfliktlösungsfähigkeiten zu entwickeln. Lencioni empfiehlt dem Chef, sich in solchen Situationen zurückzuhalten und die Fetzen fliegen zu lassen. Zweitens erlauben die wenigsten Chefs solche Situationen, weil sie darin das Gefühl haben, die Kontrolle über ihre Teams zu verlieren und so gewissermaßen in ihrem Job zu scheitern.[26] Und drittens sind laut Lencioni viele Menschen der Meinung, dass es effizienter ist, Konflikte zu vermeiden, weil es Zeit spart.[27]

Ich weiß, dass das nicht der Fall ist, weil so Konflikte nicht gelöst werden und die gleichen Themen immer wieder aufkommen. Und doch habe ich oft genug zwei Streithähne gebeten, ihren bilateralen Konflikt »off-line« zu nehmen, damit das Meeting weitergehen kann. Als 2-Stunden-Chef sollten Sie das nicht machen! Denn ein solches Verhalten hat alle bereits aufgelisteten Konsequenzen des Konfliktvermeidens, und auf diese Weise werden Sie schnell zum 20-Stunden-Chef. Besser ist es, den Konflikt toben zu lassen, zu einer Lösung mit Versöhnung zu führen und damit allen die Erfahrung zu geben, dass man sich mit gutem Ausgang streiten kann und alle nicht nur überleben, sondern danach deutlich weiter sind. Wichtig ist natürlich, dass Sie dafür sorgen, dass der Konflikt ohne persönliche Verletzungen geführt wird.

Wie kann man am besten Konflikte offenlegen? Eigentlich ist es ganz einfach, und je öfter man es tut, desto natürlicher wird es. Der Trick ist, alles anzusprechen, was einem auffällt, und zwar sofort. Egal, ob in der Gruppe oder unter vier Augen. Solange es nur eine Mücke ist. Und ohne einen Vorwurf: »Mir ist aufgefallen, dass ... Wie siehst du das?« in der »Weißt du, wie morgen das Wetter wird?«-Tonlage. Wenn der Konflikt wirklich noch im Stadium der Mücke ist, dann ist es schnell geklärt und wird kein Riesendrama.

> Wenn Sie wirklich Ihr Team weiterbringen wollen, dann halten Sie es aus, wenn mal die Fetzen fliegen.

Doch was tun, wenn aus einer Mücke bereits ein Elefant geworden ist? Dann kaufen Sie gleich eine ganze Herde. Ja, ich meine das ernst! Es gab Zeiten bei KFC, da hatten wir über 100 Elefanten im Hauptsitz in Düsseldorf. Wir hatten sie bei einem Spielwarenhersteller bestellt. Der Elefant im Raum ist im amerikanischen Sprachgebrauch eine Metapher für den Konflikt im Raum, den alle spüren und sehen, weil er so groß ist, ihn aber nicht ansprechen. Bei Yum! war diese Metapher gang und gäbe. Als ich als Deutsche in England arbeitete, war ich häufig viel direkter als die höflichen Engländer. Und so kaufte ich kurzerhand einen Spielzeugelefanten und nahm ihn mit in Meetings, um die Konflikte auf höfliche Art und Weise an die Luft zu befördern. Es funktionierte wunderbar. Dem Team fiel es viel leichter zu sagen: »Es gibt hier einen Elefanten. Ich kann nicht weitermachen, bevor ich nicht alle Daten von dir habe.« als »Wegen dir komme ich nicht weiter und kann nicht liefern.«

Der Elefant entpersonalisiert einen Vorwurf und macht es leichter, ihn zur Sprache zu bringen. Interessanterweise funktionierte es in Deutschland ebenso gut, weshalb wir anfänglich mehr und mehr Elefanten bestellten, bis die aufgestauten Konflikte ausgeräumt waren und das Ansprechen zur Gewohnheit wurde. Einmal sagte ein Franchise-Partner zu mir: »Insa, das ist kein Elefant, das ist ein Mammut!« Und ich bekam zum Teil E-Mails mit dem Betreff: »Elefant!« Die las ich immer zuerst.

Wie gehe ich damit um, wenn jemand zu mir kommt, einen Elefanten benennt und ich der Elefant bin? Egal, was Sie in diesem Moment empfinden mögen, reagieren Sie mit Dankbarkeit. »Danke, dass du das ansprichst, ich weiß das sehr zu schätzen.« Das stimmt auch dann, wenn Ihnen der Inhalt nicht gefällt. Erinnern Sie sich, wie viel Überwindung es Sie gekostet hat, Ihrem Chef persönliches Feedback zu geben, was er nicht hören wollte. Sie haben das *für* ihn angesprochen, nicht gegen ihn. Egal, ob das, was Sie da zu hören bekommen, aus Ihrer Sicht stimmt oder nicht, Ihr Gegenüber hat es so empfunden, und das gilt es erst mal anzuerkennen, ohne dem zuzustimmen. Sie sind in dieser Situation vor allem Vorbild, und das Allerwichtigste ist, dass Sie so mit der Situation umgehen, wie Sie es von Ihren Mitarbeitern erwarten.

Übungen für den 2-Stunden-Chef zur Entwicklung von Konfliktfreude

1. Kaufen Sie ein paar Spielzeug-Elefanten, und führen Sie die in Ihrem Team ein. Verwenden Sie den Elefanten selbst, um unausgesprochene Vorbehalte zu benennen.
2. Gewöhnen Sie sich an, alles, was Ihnen nicht gefällt, anzusprechen, und zwar sofort und ohne Vorwurf.
3. Wenn Konflikte im Team eskalieren, greifen Sie nicht ein und halten Sie es aus, dass die Fetzen fliegen. Es bringt alle wei-

ter. Stellen Sie lediglich sicher, dass es keine persönlichen Verletzungen gibt.

4. Wenn ein Mitarbeiter zu Ihnen kommt und Ihnen Feedback gibt, das Ihnen nicht gefällt, oder Dinge anspricht, die Sie anders sehen, bedanken Sie sich. Sie sind immer Vorbild.

L3: Entscheiden

Wir haben in Kapitel 5 gesehen, dass die Fähigkeit, in letzter Instanz doch noch zu entscheiden, wichtig für die Autonomie des Chefs ist. Aber sie ist auch wichtig für die Autonomie des Teams. Ich bin fest davon überzeugt: Wenn der Chef als Vorbild nicht bereit ist zu entscheiden, wenn er als letzte Instanz gefragt ist, wird es auch kein anderer in der Organisation sein. Dazu nochmal Patrick Lencioni: »Hat eine Führungskraft dagegen eine Kultur der Verantwortung im Team geschaffen, muss sie auch bereit sein, als letzter Schiedsrichter in puncto Disziplin zu fungieren, wenn das Team selbst damit keinen Erfolg hat. Das sollte aber ein seltenes Ereignis bleiben. Dennoch muss allen Teammitgliedern klar sein, dass die Verantwortung nicht durch ein Konsens-Verfahren ersetzt wurde, sondern nur zur gemeinsamen Teampflicht geworden ist, und dass die Führungskraft des Teams, wenn nötig, nicht zögern wird, einzuschreiten.«[28] Die Entscheidungswilligkeit des Chefs ist in dieser Hinsicht Voraussetzung für die Selbstbestimmtheit des Teams.

Das ist besonders bei schwierigen Entscheidungen der Fall, zum Beispiel wenn jemand aufgrund von Fehlverhalten gehen muss. Wenn der Chef dann nicht entscheidet, schadet das der gesamten Organisation. Aber wenn er es tut, ermächtigt das alle anderen, ebenso konsequent zu sein. Als 2-Stunden-Chef macht man mehr kaputt, indem man – wenn man als letzte Instanz gefragt ist – nicht entscheidet, als wenn man entscheidet.

> Wenn der Chef nicht bereit ist zu entscheiden, wird es auch kein anderer sein.

Entscheidend ist, wie Lencioni sagte, dass es nicht zur Norm wird. Aber das ist ja bereits gewährleistet, indem das Wie nicht mehr Chefsache beim Führen nach dem Autonomieprinzip ist und mit »Eigenverantwortung einfordern« (L1) der Ball immer wieder zurückgerollt wird. Und mit den bereits erläuterten Werkzeugen der Demands & Wishes und RAPID lässt sich ja Entscheidungsfindung in der Organisation insgesamt sehr gut aufgleisen.

Die Gründe, warum wir im Zweifel nicht entscheiden, sind das Bedürfnis nach Sicherheit und die Angst vor Ablehnung. Sicherheit haben wir schon in Kapitel 3 beleuchtet und festgestellt, dass es keine Sicherheit bei Entscheidungen gibt. Ob eine Entscheidung richtig oder falsch war in Bezug auf ein bestimmtes Ziel, lässt sich immer erst im Nachhinein feststellen.

Angst vor Ablehnung ist universell, und je härter die Konsequenzen der Entscheidung, desto stärker wirkt sie. Ein Coach sagte einmal zu mir: »Du wirst immer abgelehnt werden, du kannst dir nur aussuchen, wofür.« Das war zunächst eine ernüchternde Erkenntnis und dann ein sehr befreiendes Mindset. Wenn Ablehnung sowieso nicht vermieden werden kann, dann ist das auch nichts mehr, was eine Entscheidung verlangsamt.

Die größte Befreiung als Chef war für mich, irgendwann nicht mehr gemocht werden zu müssen. Gerade in globalen Organisationen, in denen es als Länderchef dazugehört, auch Entscheidungen umzusetzen, die man selbst nicht so getroffen hätte und die im Team alles andere als gut ankommen, muss man bereit sein, über Monate der Sündenbock zu sein. Das ist nicht schön, aber es gehört dazu.

Übung für den 2-Stunden-Chef zum Entscheiden

1. Wenn Sie zögern, eine Entscheidung zu treffen, fragen Sie sich, ob diese Entscheidung wirklich von Ihnen zu treffen ist.
2. Wenn ja: Fragen Sie sich, warum Sie zögern, und seien Sie ehrlich dabei. Sind diese Gründe wirklich Hindernisse? Entscheiden Sie trotzdem. Sicherheit gibt es nicht, und ob etwas die richtige Entscheidung war, sieht man immer erst hinterher.
3. Wenn nein: Wessen Entscheidung wäre das? Warum trifft er sie nicht? Führen Sie ein Gespräch mit ihm und unterstützen Sie ihn, die Hindernisse auszuräumen, ohne ihm die Entscheidung abzunehmen.
4. Was sind die Konsequenzen, wenn Sie nicht entscheiden? Ist es Ihnen das wert?

Nur noch Frühstücksdirektor? Die restlichen Stunden am Tag

Jetzt haben wir alle zwölf Aufgaben angesehen, mit denen sich zwei Stunden Führung am Tag füllen lassen. Was mache ich aber mit dem Rest der Zeit? Wenn ich zum Beispiel jeden Tag den Zeitraum von 9 bis 11 Uhr für Führung blocke, bin ich dann nur noch Frühstücksdirektor und gehe mittags heim, wie der bereits erwähnte Unternehmer Detlef Lohmann es so provokant in seinem gleichnamigen Buch betitelte? Nein, auf keinen Fall. Die eigentliche Arbeit des Chefs, das Unternehmen zukunftsfähig zu machen, fängt erst um 11 Uhr an, und sie ist essenziell für ein Unternehmen: »Zwei Jahre ohne Chef würde das Unternehmen nicht überstehen. Warum? Weil die Feinjustierung fehlt. Weil sich niemand Gedanken über die grundsätzliche strategische Ausrichtung macht. […] Die Maßnahmen fehlen, die das Unternehmen zukunftsfähig machen. Deshalb: Den Chef braucht es schon, auch wenn er eher im Hintergrund wirkt. Selbst wenn die Mitarbeiter nicht unmittelbar mitbekommen, was der Chef tut, heißt das noch lange nicht, dass sein Tun nicht wichtig ist.«, schreibt Lohmann.

Als Inhaber und Geschäftsführer eines mittelständischen Automobilzulieferers in Baden-Württemberg hat er alle Abteilungen aufgelöst und die Teams mit einem Prozessverantwortlichen neu entlang der Kernprozesse organisiert.[29] Führung im Tagesgeschäft ist dort kaum mehr nötig. Stattdessen widmet er sich der Aufgabe, das Unternehmen zukunftsfähig zu machen, genauso wie Klöckner-Chef Gisbert Rühl, dessen Interview am Ende dieses Kapitels folgt. Mir erging es bei KFC ganz ähnlich: Nachdem beide Arme wieder einsatzfähig waren, sich führungstechnisch aber alles so eingespielt hatte, dass es wirklich in zwei Stunden am Tag getan war, hatte ich trotzdem alle Hände voll zu tun, die Organisation für die Zukunft aufzustellen. Das war nicht trivial, hatte sich doch die gesamte Branche inzwischen weg von Eigenregie, also von selbst geführten Restaurants, hin zu Franchise-Eigentum entwickelt. Wie diesem mittlerweile auch bei Yum! angekommenen Trend Rechnung tragen, ohne unser Wachstum zu verlangsamen oder die bestehenden Franchise-Partner auszubremsen? Das war eine hochkomplexe Fragestellung, die man nicht einfach so nebenbei löst.

Neben der Aufgabe Zukunft gibt es aus meiner Sicht noch zwei weitere Kernaufgaben des Chefs: Kunden und Netzwerk. Die Kundenbedürfnisse besser als jeder andere in der Organisation zu verstehen, ist wesentlich. »Sind *consumer insights* nicht Aufgabe des Marketings?«, mögen Sie sich jetzt fragen. Ja, sind sie, aber wie soll man eine Organisation in die Zukunft führen, ohne zu verstehen, was diejenigen, die über ihren Erfolg entscheiden, nämlich die Kunden, wollen? Man kann das zum Beispiel in Fokusgruppen machen, aber man kann auch einfach Kunden treffen und mit ihnen im Dialog sein. Jens Hofma, CEO von Pizza Hut Restaurants UK, beispielsweise, arbeitete jede Woche eine Schicht im Restaurant und war bestens informiert, was seine Kunden wollten. Im Büro erfährt man selten, worum es im Geschäft wirklich geht, wer dem Kunden nah sein will, muss raus.

Netzwerken ist aus meiner Sicht die dritte Aufgabe des Chefs, neben Zukunftsstrategien und Kunden. Die ersten zwei Jahre bei KFC in Deutschland habe ich mich ausschließlich intern fokussiert. Wenn ich nicht im Büro war, habe ich Restaurants und die Franchise-Partner besucht. Ich bekam dann einen brillanten neuen Chef, Roger Eaton, der meine Perspektive auf viele Dinge änderte. Irgendwann

Wer sein Geschäft verstehen will, muss raus aus dem Büro.

sagte er mir, dass mein interner Fokus einfach nicht reiche, egal, wie viele Hausaufgaben es noch zu erledigen gibt. Er fragte mich: »Weißt du, auf wen du extern in der Krise zählen kannst? Wen rufst du dann an?«. Ich hatte die meiste Zeit seit dem Studium im Ausland gelebt und gearbeitet, und mein deutsches Adressbuch war dementsprechend dünn. Ein Netzwerk braucht Jahre, um zu entstehen. Das geht nicht auf Knopfdruck, es braucht Zeit und persönliche Begegnungen. Da begann ich, mich im Verband zu engagieren, und wurde mit weit mehr als Telefonnummern für den Notfall belohnt. Ich lernte sehr viel von meinen CEO-Kollegen aus völlig anderen Branchen, am Ende gab es viele gemeinsame Themen.

Zeit für Zukunft: Interview mit Gisbert Rühl, Vorbild für Führen mit Autonomie in der Industrie

Gisbert Rühl, Chef des Stahlhändlers Klöckner & Co, ist bekannt dafür, dass er sein Kerngeschäft radikal digitalisiert.[30] Aber die wenigsten wissen, dass er im Zuge dessen seinen Führungsstil grundlegend geändert hat, weil inhaltlicher Wandel ohne Führen mit Autonomie nicht nachhaltig gelingen kann. Wie es dazu kam, verriet er mir im Interview.

Herr Rühl, wie haben Sie früher geführt, und warum hat sich das geändert?
Ich habe früher viel Mikromanagement betrieben und mich häufig mit Dingen beschäftigt, die eigentlich gar nicht mein Job waren. Insbesondere in den Jahren, in denen ich bei Klöckner & Co neben meiner Funktion als CEO auch noch CFO war, hat das zu einer Flut von E-Mails in meinem Postfach geführt. Wie so oft war der Weg dorthin ein schleichender Prozess. Wahrscheinlich auch, weil ich auf E-Mails immer sehr schnell reagiere. Das hat dann leider auch dazu geführt, dass Mitarbeiter sich mit mir sicherheitshalber noch mal per Mail abgestimmt haben, weil es ja schnell ging. So richtig bewusst geworden ist mir das, als ich plötzlich entscheiden sollte, welche Tasse wir bei der Hauptversammlung verschenken werden. Ich war in zu viele Kleinstentscheidungen involviert, eben in Themen, die für meine Position vollkommen irrelevant waren. Da wurde mir klar, dass wir von Mitarbeitern mehr Verantwortungsbereitschaft einfordern müssen.

Was haben Sie dadurch gewonnen?
Schlussendlich hat mein autonomerer Führungsstil drei Vorteile mit sich gebracht. Ich habe mir mehr Zeit geschaffen, um mich mit den wirklich wichtigen strategischen Themen beschäftigen zu können. Die Zufriedenheit meiner Mitarbei-

ter ist gestiegen, da ich mit meinem Führungsstil großes Vertrauen in sie signalisiere. Und schließlich haben wir durch das Autonomieprinzip Entscheidungsprozesse beschleunigt, was insbesondere im digitalen Zeitalter ein entscheidender Wettbewerbsfaktor ist.

Wie konkret führen Sie mit Autonomie?
Zunächst lasse ich meinen Mitarbeitern mehr Entscheidungsfreiheit. Das beginnt im Kleinen: Beispielsweise hat meine Assistentin die Befugnis, Budgets bis zu einer gewissen Höhe selbst zu genehmigen. Unterschriftsmappen habe ich, außer für Briefe anlässlich von Geburtstagen oder Jubiläen, abgeschafft. Wenn ich früher mal eine Woche nicht im Büro war, lagen da stapelweise diese Unterschriftsmappen. Heute arbeite ich viel effizienter. Und wir haben die Kleiderordnung abgeschafft, jeder Erwachsene kann doch selbst entscheiden, was wann angemessen ist. Das Gleiche gilt für Home-Office, das haben wir ebenfalls eingeführt.
Damit ist es aber natürlich nicht getan. Ich muss auch damit leben können, wenn Entscheidungen nicht so ausfallen, wie ich sie getroffen hätte. Eine Mitarbeiterin hat beispielsweise entschieden, unser *Digi Book*, also unser einfach verständliches Handbuch zur Digitalisierung, in einer lockeren Sprache mit Comics als Illustration zu schreiben. Ich hätte das nicht so entschieden, denn wir kommunizieren intern sehr viel zur Digitalisierung von Klöckner. Unsere Mitarbeiter verstehen daher auch eine komplexere Sprache. Sie hätten die Illustrationen also nicht gebraucht. Doch ich habe meiner Mitarbeiterin die Gestaltungsfreiheit gelassen, mit großem Erfolg, wie ich zugeben muss. Unser *Digi Book* ist bereits in der 2. Auflage erschienen, und bisher wurden 10 000 Exemplare gedruckt.

*Welchen Rat würden Sie Führungskräften mit auf den Weg
geben, die mit Autonomie führen möchten?*
Autonomie führt nicht automatisch dazu, dass alle Projekte
erfolgreich verlaufen. Es ist in diesem Zusammenhang daher ganz wichtig, den Mitarbeitern zu vermitteln, dass auch
Scheitern erlaubt ist. Wenn die Mitarbeiter das nicht spüren, werden sie weiterhin versuchen, sich auch bei kleineren
Entscheidungen bei ihrem Vorgesetzten abzusichern. Daher
habe ich sogenannte »Failure Sessions« ins Leben gerufen.
Die haben wir aus der Start-up-Szene übernommen. In Failure Sessions berichten gescheiterte Gründer offen über ihre
Fehler – andere Gründer können davon lernen. Bei unserer
ersten Veranstaltung dieser Art haben wir mit Führungskräften über gescheiterte Projekte gesprochen. Ich bin mit gutem Beispiel vorangegangen und habe über einen eigenen
Fehler gesprochen: So haben wir unseren ersten Onlineshop
innerhalb der damaligen klassischen Klöckner-Konzern-
struktur entwickelt: Lastenheft, mehrstufige Entscheidungsprozesse, isoliert und weit weg vom Kunden. Rückblickend
habe ich festgestellt, dass wir am Kunden vorbei entwickelt
haben. Doch diese Einsicht hat zu lange auf sich warten lassen. Es war mein Fehler, dass ich das Projekt nicht früher be-
endigt habe. Die Aussage hinter meinem Beispiel ist eindeutig: Der CEO ist ein Mensch, der auch Fehler macht. Unsere
Mitarbeiter dürfen demnach ebenso Fehler machen. Aber
aus Fehlern zu lernen, ist Pflicht. Heute betreiben wir erfolgreich Onlineshops in sechs Ländern und erzielen insgesamt
einen jährlichen Umsatz von mehr als 1 Milliarde Euro über
digitale Kanäle.

Was fangen Sie jetzt mit der gewonnenen Zeit an?
Ich nutze die Zeit, um die Zukunft von Klöckner und unserer Branche zu gestalten. Nur wenn wir die Zukunft aktiv gestalten, wird Klöckner & Co auf Dauer überleben. So befasse
ich mich beispielsweise intensiv mit dem Thema Digitalisie-

rung. Ich spreche mit Start-ups, Inkubatoren, Venture-Capital-Gebern und besuche Technologie-Summits. Zudem habe ich mich stark in den Aufbau unserer Digitaleinheit kloeckner.i in Berlin eingebracht und auch dort zunächst die Rolle des CEO eingenommen. Als ich dann Anfang des Jahres gesehen habe, dass sich die Einheit auf einem guten Weg befindet, habe ich die Geschäftsführer selbst entscheiden lassen, wer mich ersetzen soll. Aktuell bauen wir mit XOM Materials unser nächstes Venture, eine unabhängige Industrieplattform für den Stahlhandel und angrenzende Bereiche, auf. Auch hier bringe ich mich wieder voll ein, bis wir die Dinge gemeinsam zum Laufen gebracht haben.

Zusätzlich verbringe ich mittlerweile rund eine Stunde am Tag in unserem internen sozialen Netzwerk Yammer. Die digitale Transformation gelingt nur, wenn ich in ständigem Kontakt mit unseren Mitarbeitern stehe, unsere Strategie erkläre, Ängste nehme und Fragen beantworte. Häufig lese ich auch nur die Diskussionen der Mitarbeiter in unserem sozialen Netzwerk, um einen besseren Überblick über die Themen zu bekommen, mit denen sich unsere Mitarbeiter befassen. Wenn ich weiter ohne Autonomie geführt hätte, hätte ich niemals den Freiraum dafür gehabt. Dann wäre ich wahrscheinlich noch heute mit den Tassen für unsere Hauptversammlung beschäftigt.

DIE QUINTESSENZ

1. Ein 2-Stunden-Chef schafft Entwicklungsmöglichkeiten und verwirklicht auch dadurch das Autonomieprinzip. Als Coach setzt er dabei auf bewährte Strategien – Zuhören, Stärken stärken, kritisches Feedback –, die bisher im Unternehmensalltag oft Lippenbekenntnisse bleiben.

2. Vergessen Sie das Sandwich-Prinzip für Feedback, etablieren Sie lieber eine echte Feedback-Kultur. Wann hat Sie zuletzt ein Mitarbeiter offen und fundiert kritisiert?

3. Als »letzte Instanz« trifft der 2-Stunden-Chef auch weiterhin (einige) Entscheidungen. Diese Rolle wird mit der Zeit immer weniger gefragt sein, je selbstverständlicher das Autonomieprinzip gelebt wird. Aber die Rolle bleibt bestehen und stärkt auch die Autonomie des Teams, denn wenn der Chef nicht bereit ist zu entscheiden, wird es niemand sein.

4. Keine Sorge, Sie werden nicht zum Frühstücksdirektor. Nach zwei Stunden Führung ist die Arbeit des Chefs längst nicht getan, im Gegenteil, dann warten zentrale Aufgaben: Zukunftsstrategien, Kundenbedürfnisse und Netzwerk sind echte Chefsache und ein tagesfüllendes Programm.

Kapitel 7

Voraussetzungen für erfolgreiches Loslassen

■ Bevor Sie sich jetzt bei Ihrem Team für ein sechswöchiges Sabbatical auf den Fidschi-Inseln verabschieden – man muss sich ja schließlich nicht beide Arme brechen, um eine Auszeit zu nehmen – und danach von Ihrem Team bessere Ergebnisse als vorher erwarten, gilt es, noch einige Voraussetzungen für erfolgreiches Loslassen zu schaffen, ohne die Ihr Fidschi-Sabbatical im Chaos oder im Stillstand enden würde. Es ist nämlich nicht empfehlenswert, einfach mal nicht da zu sein. Vorher müssen Sie die richtigen Weichen stellen, damit Ihr Team diese Zeit für einen Durchbruch nutzen kann. Ich bin froh, dass mein Unfall nicht im ersten Jahr in meiner Rolle bei KFC passiert ist, da wäre das Ergebnis sicherlich ein anderes gewesen. Aber im fünften Jahr hatten wir eine geteilte Vision, einen gesunden Umgang mit Fehlern, ein Team, dem ich vertraute und das gemeinsame Werte lebte und gerne Verantwortung übernahm. Nur wenn diese fünf Voraussetzungen gegeben sind, können Sie guten Gewissens von Bord gehen.

Warten Sie mit der Fidschi-Buchung noch bis zum Ende dieses Kapitels, danach können Sie abschätzen, ob der Zeitpunkt Ihres Sabbaticals schon gekommen ist. Auch wenn Sie kein Sabbatical vorhaben, können Sie mit den Übungen in diesem Kapitel gut einschätzen, wie wahrscheinlich es ist, dass Sie beim Anwenden des Autonomieprinzips Erfolg haben werden in Ihrem Unternehmen.

Damit Loslassen nicht zum Chaos wird: Geteilte Vision

Was passiert, wenn der Kapitän für sechs Wochen oder mehr von Bord geht? Es kommt darauf an. Es kommt unter anderem darauf an, was die Crew über den Zielhafen, also über die Vision, denkt. Ist das Ziel inspirierend, wollen da wirklich alle hin, oder drehen sie, sobald der Kapitän von Bord ist, ab und steuern ein anderes Ziel an, zum Beispiel weil sie Kap Hoorn eh langweilig oder zu anspruchsvoll zu navigieren fanden? Wenn das der Fall ist oder zumindest für einen Teil der Crew zutrifft und sie am liebsten umdrehen würden, dann wird Ihr Sabbatical im Chaos enden. Wenn eine Gruppe nicht auf ein gemeinsames Ziel zusteuert, dann fängt sie an, sich zu drehen und sich im Chaos zu verlieren.

Ob wirklich alle hinter der Vision und den daraus abgeleiteten Zielen stehen, hängt davon ab, ob sie das Ziel inspirierend finden und für erreichbar halten. Je mehr das Team Anteil daran hatte zu definieren, wie man zum Zielhafen gelangen will, desto wahrscheinlicher ist es, dass es dahintersteht, und zwar nicht nur mit einem Lippenbekenntnis, sondern mit dem Herzen (vergleiche Kapitel 5). Nur dann wird die Crew den Kurs halten und nicht plötzlich einen anderen Hafen ansteuern.

Wenn jemand partout nicht nach Kap Hoorn will, dann ist es besser für ihn und für alle anderen an Bord, wenn er aussteigen darf. Ansonsten wird es im Sturm richtig schwierig. Manchmal ändern sich im Laufe der Zeit die Bedingungen so stark in einem Unternehmen, dass sie nicht mehr viel mit dem zu tun haben, warum jemand mal ursprünglich dort angefangen hat. Dann ist es nur großzügig, demjenigen die Möglichkeit zu geben, noch mal neu zu wählen: Möchte er den nächsten Törn mitsegeln? Falls nicht, braucht es eine großzügige Exit-Option.

Der amerikanische Online-Schuhhändler Zappos hat im Laufe der Zeit die gesamte Organisation von typischer hierarchischer Führung auf Selbstorganisation umgestellt (dazu später noch mehr). Das ist ein himmelweiter Unterschied für die Mitarbeiter und nicht für jeden etwas. 2015 gab Zappos dann allen Mitarbeitern, die nicht so arbeiten wollten, die Möglichkeit zu gehen.[1] Das wurde vielerorts kritisiert, aber am Ende ist doch völlig klar, dass jemand, der Vorbehalte gegenüber der Vision hat, nicht in diesem Setting gewinnen kann, genauso wenig wie das Unternehmen mit ihm. Ich sage nicht, dass Sie vor Ihrem Fidschi-Sabbatical flächendeckend Abfindungen verteilen sollen, dass ist beim deutschen Arbeitsrecht ja auch gar nicht möglich. Aber wenn es jemanden gibt, der nicht hinter der Vision steht und auf diese Zukunft keine Lust hat, dann ist es sinnlos, ihn mitsegeln zu lassen.

Wer die Vision des Unternehmens nicht teilt, braucht eine Option auszusteigen.

Voraussetzungs-Check Nummer eins ist also folgender: Stehen alle im Team hinter der Vision?

Übung für das Buy-in zur Vision

1. Wo auf einer Skala von 0 bis 10 – 0 steht für »Gefällt mir gar nicht« und 10 steht für »Gefällt mir sehr« –, würden Sie jeden in Ihrem Team in Bezug auf die Vision einordnen? Wer steht dahinter, wer nicht?

2. Erklären Sie in Ihrem nächsten Team-Meeting den Mitarbeitern, die direkt an Sie berichten, dass Sie gerne einen Realitätscheck zur Identifikation mit der Vision haben würden. Jeder soll sich hierfür auf der genannten Skala einschätzen und die entsprechende Zahl auf einen Zettel schreiben. Bitten Sie alle, absolut ehrlich zu sein. Sammeln Sie anschließend alle Zettel ein und bitten Sie Ihr Team, bis zum nächsten Mal zu überlegen, was nötig ist, damit wirklich alle uneingeschränkt hinter der aktuellen Vision stehen können. Werten Sie die Zahlen nach dem Meeting aus. Versuchen Sie nicht zu raten, wer wie abgestimmt hat. Wie ist die Einschätzung des Teams verglichen mit Ihrer? Gibt es Überraschungen?

3. Legen Sie die Verteilung der Teamzahlen entlang der Skala beim nächsten Team-Meeting vor, und warten Sie erst mal die Reaktion ab. Fragen Sie, was sich jeder Einzelne seit dem letzten Meeting überlegt hat, was passieren muss, damit wirklich alle hinter der Vision stehen. Legen Sie gegebenenfalls gemeinsam Maßnahmen fest und wer sie übernimmt.

4. Beantworten Sie nun noch einmal die Frage für sich: Stehen alle im Team hinter der Vision?

Damit Loslassen nicht zu Stillstand führt: Die Fehler-erlaub-Kultur

Wenn man mit einer geteilten Vision Chaos in der Abwesenheit des Chefs vermeidet, womit vermeidet man das andere Extrem – Stillstand? Ganz einfach: Indem man Fehler erlaubt. Wenn Fehler zu machen, nicht erlaubt ist, dann führt Loslassen zu Stillstand, weil sich in der Abwesenheit des Chefs keiner traut zu handeln. Fehler sind wichtig. »Failure Culture«, »Fuck-up Nights« und die agile Haltung »Fail Fast, Fail Early, Fail Cheap«[2] machen immer mehr Schule. Doch dieser Hype überspannt derzeit den Bogen. Es kann nicht darum gehen, das Fehlermachen zu beschönigen, möglichst viele Fehler zu machen oder die gleichen Fehler zu wiederholen. Wir können uns das in vielen Bereichen auch gar nicht leisten, die Konsequenzen im operativen Geschäft, gerade in der Produktion und in der Qualitätssicherung, können enorm sein. Stellen Sie sich vor, ein Kardiologe soll bei der Herztransplantation das Mindset von »Fail Fast, Fail Often, Fail Early« leben. Das ist ausgeschlossen. Eine »Fehlerkultur« geht mir einfach zu weit. Angebrachter finde ich eine »Fehler-erlaub-Kultur«.

Auf diesen Begriff brachte mich 2012 ein Bass aus meinem Chor. Ich erzählte ihm in der Probenpause von meiner Herausforderung bei KFC, und er riet mir eindringlich, Fehler zuzulassen, ohne sie zu beschönigen. Damit war er dem heutigen Hype weit voraus. Natürlich ist es wichtig, Fehler zu machen und daraus zu lernen. Fehler sind unvermeidbar und gerade in neuen Situationen geradezu vorprogrammiert.

Wenn Fehler nicht erlaubt sind oder sogar sanktioniert werden, ist das fatal. Zum einen, weil sich, wie bereits erwähnt, einfach niemand traut, etwas Neues auszuprobieren. Zum anderen, weil die Menschen beginnen, ihre unvermeidlichen Fehler zu verstecken und so Folgefehler nicht gefunden und ausgeräumt werden können. So wird ein Flüchtigkeitsfehler schnell zu einem Kardinalfehler, ohne dass darüber gesprochen wird. Es gibt Firmen, in denen Fehler in jeglichen Dokumenten, die an den Kunden gehen, explizit verboten sind. Was als hoher Maßstab an die Qualitätskontrolle gedacht war, führt in der Praxis, Sie ahnen es schon, zu potenzierter Fehlervertuschung.

Das wollte ich bei KFC um jeden Preis vermeiden, ohne damit gleich eine »Fehlerwillkommenskultur« einzuführen. So kauften wir

Hunderte von »Ich hab's verbockt«-Karten, die zur freiwilligen Aufdeckung von Fehlern beitragen sollten. Die Idee war, sie wie einen Joker ziehen zu können. Auf der Rückseite war ein Vorschlag von mir für den Umgang mit Fehlern:

Wer Fehler verbietet, potenziert Fehlervertuschung.

- *Schritt 1:* Wenn du einen Fehler machst und ihn bemerkst, gib ihn zu.
- *Schritt 2:* Wenn jemand einen Fehler zugibt, antworte nicht mit Schuldzuweisungen und Vorwürfen.
- *Schritt 3:* Finde den Folgefehler.
- *Schritt 4:* Lerne daraus und mach den Fehler nicht noch einmal.

Zunächst wurde die Karte nur sehr zögerlich eingesetzt. Man hatte sie gerade nicht dabei, oder es war einem unangenehm, sie anzuwenden. Dann scannte eine Kollegin eines Tages die Karte und verschickte sie an jemanden, bei dem sie sich für einen Fehler entschuldigen wollte. Diese elektronische Version verbreitete sich viel besser. Der Lackmustest für jede Fehlerkultur liegt letztendlich in der gelebten Praxis: Was passiert, wenn jemand tatsächlich einen Fehler macht? Es können noch so viele Failure-Nights veranstaltet werden, aber die werden keinen Unterschied machen, wenn weiterhin Menschen ihren Job verlieren, weil sie einen Fehler gemacht haben. Dann endet Loslassen in Stillstand.

Noch drei »Warnhinweise« zum Abschluss: Erstens, ich sage nicht, dass diese Definition der Fehler-erlaub-Kultur die einzig richtige ist, sie ist lediglich ein Beispiel. So etwas ist extrem abhängig von der vorherrschenden Kultur und den Menschen. Am besten man fragt sie selbst, was sie brauchen, um Fehler proaktiv aufzudecken und anzuerkennen. Das wird eine viel höhere Akzeptanz bekommen, als etwas überzustülpen. Zweitens heißt die Fehler-erlaub-Kultur nicht, dass man keine Verantwortung für den Fehler übernimmt. Wenn man zum Beispiel im Drive Through vergisst, bei einer langen Bestellung ein bestimmtes Produkt einzupacken, dann gilt es natürlich, sich zu entschuldigen und das auszugleichen. Die Fehler-erlaub-Kultur ist keine Carte Blanche für das Enttäuschen von Kunden. Und drittens sollte man klar definieren, in welchen Bereichen viele Fehler im Sinne von »Fail Fast, Fail Often, Fail Early« tatsächlich erwünscht sind, zum Beispiel weil sie ein Aus-

Die Fehler-erlaub-Kultur ermöglicht das schuldfreie Aufzeigen von Fehlern und das Vermeiden von Folgefehlern.

druck von einer hohen Experimentierfreude sind, und damit die Voraussetzung für Innovation. In den Restaurants aber, wo rohes Hähnchen in Hochdruck-Fritteusen gehandhabt wird, ist es angebrachter, sich an die bereits bestehenden ausgeklügelten Qualitätsstandards zu halten, die mit viel Sorgfalt erwiesenermaßen Fehler reduzieren und Qualität sichern. Aber auch in diesem Umfeld, genauso wie bei der Operation am offenen Herzen, werden Fehler passieren. Gerade in solchen Kontexten ist es wichtig, dies anzuerkennen, um Folgefehler zu vermeiden und die Ursachen des Fehlers zu erkennen.

Für alle Bereiche gilt: Die funktionale Haltung ist eine lernende. Wenn ein Fehler passiert ist, lässt sich daran nichts mehr ändern. Was wir aber in der Hand haben, ist, wie wir damit umgehen, und das wiederum kann auch Einfluss auf die ultimative Konsequenz des Fehlers haben. Wer einem Mitarbeiter, der gerade einen Fehler eingesteht, den Kopf abreißt, der fokussiert die gesamte Energie auf die Frage nach der Schuld und das, was sowieso schon passiert ist. Wer aber vorwurfsfrei fragt, was jetzt zu tun ist, um den Schaden möglichst gering zu halten, und, wenn das geklärt ist, wie es eigentlich dazu kam und was sich zukünftig ändern muss, damit es nicht nochmal passiert, der fokussiert auf Lösungen und auf die Zukunft.

Voraussetzungs-Check Nummer zwei für das Fidschi-Sabbatical ist also: Darf Ihr Team Fehler machen?

Realitätscheck zum Umgang mit Fehlern

1. Vervollständigen Sie ehrlich den Satz: »Fehler sind ...«
2. Was ist Ihre eigene Erfahrung mit Fehlern? Wie haben sich Ihre Chefs Ihnen gegenüber verhalten, wenn Ihnen ein Fehler passiert ist?
3. Hand aufs Herz, was passiert heute in Ihrem Unternehmen, wenn jemand einen Fehler macht? Ist das funktional für Ihr Ziel?
4. Und wie gehen Sie mit Fehlern in Ihrer Familie um? Wird dort geschimpft oder analysiert, wie es zu dem Fehler kommen konnte?
5. Wie würde Ihr Team mit Fehlern umgehen, wenn Sie länger mal nicht da wären?

Damit Loslassen zum Erfolg wird: Das richtige Team

Die dritte und unabdingbare Voraussetzung für erfolgreiches Loslassen ist das richtige Team. Gemeint sind die richtigen Menschen im Team. Jim Collins schreibt in diesem Zusammenhang: »Das alte Sprichwort ›Mitarbeiter sind das wichtigste Kapital‹ erweist sich als falsch. Das wichtigste Kapital sind die *richtigen Mitarbeiter.*«[3] Wer die richtigen Mitarbeiter sind und dementsprechend was das richtige Team ist, ist immer subjektiv, aber ob Sie das richtige Team haben, um länger mal nicht da zu sein, können Sie anhand von drei einfachen Fragen feststellen.

Erstens: Will und kann Ihr Team das? Die sogenannte »Skill and will«-Debatte über Wollen und Können ist eine grundsätzliche, auf die ich noch weiter unten in diesem Kapitel mit Professor Dr. Adlmaier-Herbst im Interview zu sprechen komme. Für mich steht fest: Man braucht beides im Team, um mit Autonomie führen zu können – das Können und das Wollen. Wer einmal alle Mitglieder des Teams in einer 2x2-Matrix einordnet, mit Können auf der X-Achse und Wollen auf der Y-Achse, dem wird schnell klar, wie die Lage ist. Wenn alle im oberen rechten Quadrat sind, ist das großartig. Im oberen linken Quadrat besteht Hoffnung, Skills kann man vermitteln, und die Frage ist hier, wie groß die Lücke zwischen Ist und Soll ist. Unten rechts ist bitter: Wenn jemand kann, aber nicht will, hat er meiner Meinung nach nichts im Team zu suchen. Und den Quadranten links unten, nicht können und nicht wollen, brauchen wir gar nicht weiter zu diskutieren.

Zweitens: Vertrauen Sie ihrem Team? Die Antwort ist nicht kompliziert: ja oder nein. Oder »es kommt drauf an«: der Melanie schon, aber dem Willi nicht. Da, wo die Antwort kein uneingeschränktes »JA!« ist, lohnt es sich herauszufinden, was fehlt, und die Situation dann zu ändern – mit Feedback, Coaching oder einer Neubesetzung. Wenn Sie den Menschen vertrauen, denen Sie das Steuer überlassen, wenn Sie von Bord gehen, dann kann Autonomie Wunder bewirken. Natürlich hatte ich vor meinem Unfall in den drei Sekunden vor dem Sturz nicht die Möglichkeit, mich das zu fragen. Aber das war auch nicht nötig, denn ich vertraute jedem Einzelnen im Team, deshalb konnte es gut gehen.

Drittens: Teilt Ihr Team Ihre persönlichen Werte und die der Firma? In anderen Worten, würden sie in Ihrem Sinne entscheiden oder etwas ganz anders regeln als Sie, mit entsprechenden Konsequenzen? Bei zwei Wochen Urlaub kann man noch eine bestimmte Vorgehensweise vorher absprechen. Bei sechs Wochen Funkstille auf Fidschi kann nicht alles vorbesprochen werden, und ob alles nicht Abgestimmte am Ende während Ihrer Abwesenheit in Ihrem Sinne geregelt wird, hängt maßgeblich davon ab, ob Sie ein Team haben, das Ihre Werte und die der Firma teilt. Denn unsere Werte leiten unser Handeln. Nur wenn unsere persönlichen Werte der Kultur der Firma entsprechen, können wir auch intuitiv im Sinne der Firma entscheiden.

Ein gemeinsames Verständnis vom Wie wird aber oft vernachlässigt, Werte sind häufig das Erste, was unter Zeitdruck wegfällt, und doch ist das Wie genauso entscheidend für die Zielerreichung wie das Was. Häufig sind uns unsere eigenen Werte gar nicht bewusst. Dann wird es schwierig einzuschätzen, ob Ihr Team in Ihrem Sinne handeln würde. Fragen Sie sich einmal, was unbedingt gegeben sein muss, damit Sie irgendwo mitmachen, oder welche Grenzüberschreitung für Sie das Ende einer Freundschaft oder einer Partnerschaft bedeuten würde.

Um die Firmenwerten ist es häufig nicht besser bestellt als um die persönlichen Werte. In vielen Unternehmen sind sie nicht mehr als ein Poster an der Wand und voller Allgemeinplätze. Respekt und Fairness zum Beispiel kann niemand widersprechen, aber es ist nicht klar, was das im Tagesgeschäft heißt. Mehr noch, Sie können die Werte vieler namhafter Konzerne alle auf einen Tisch ohne die Firmennamen legen, und es klingt alles verblüffend ähnlich.

> Nur wenn Ihr Team Ihre persönlichen Werte und die der Firma teilt, kann es dauerhaft in Ihrer Abwesenheit in Ihrem Sinne entscheiden.

Voraussetzungs-Check Nummer drei für erfolgreiches Loslassen ist, das richtige Team zu haben, deren Mitglieder wollen und können, denen Sie vertrauen und die Ihre Werte und die des Unternehmens teilen.

1. Zeichnen Sie eine 2x2-Matrix, die X-Achse ist »Können« (Skill) und die Y-Achse »Wollen« (Will). Nun tragen Sie jeden Ihres direkten Teams dort ein. Über alle, die oben rechts auftauchen, können Sie sich sehr freuen, bei diesen Mitarbeitern können Sie sofort loslassen. Falls es Mitarbeiter in dem Quadranten oben links gibt, fragen Sie sich, welche Skills sie brauchen, um nach rechts zu kommen. Falls es Mitarbeiter rechts unten und links unten gibt, fragen Sie sich, ob das mit Coaching geändert werden kann und falls nicht, ziehen Sie daraus die Konsequenzen. Ich bin mir bewusst, dass diese letzte Empfehlung der klassischen Skill-Will-Interpretation widerspricht, die Mitarbeiter unten links anzuleiten, also eng zu führen, und die Mitarbeiter unten rechts zu begeistern. Aber wir haben schon in Kapitel 2 gesehen, dass man Menschen nicht begeistern kann. Und warum bitte soll man jemanden, der nicht will und nicht kann, anleiten?

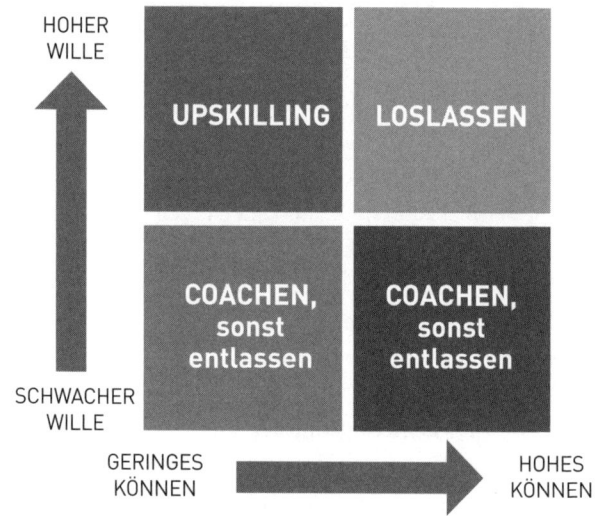

2. Vertrauen Sie Ihrem Team? Gehen Sie jede Person durch. Bei allen Personen, wo die Antwort nicht eindeutig »JA!« ist, finden Sie heraus, warum nicht. Wie müsste es sein, damit Sie

dieser Person vertrauen würden? Tun Sie, was auch immer zu tun ist, denn an diesem Punkt kommt man nicht vorbei. Bedenken Sie, dass man Vertrauen nicht verdienen kann. Wenn Sie einer Person nicht vertrauen, werden Sie immer Gründe finden, warum das gerechtfertigt ist.

3. Was sind Ihre persönlichen Werte? Was sind die Werte der Firma, in der Sie arbeiten? Passt das zusammen?

Die Sache mit der Eigenverantwortung: Eine Grundvoraussetzung

Eine weitere Eigenschaft des »richtigen« Teams ist die Bereitschaft, eigenverantwortlich zu arbeiten. Das geht mit Autonomie einher – wer Freiraum für Selbstbestimmung will, muss im Gegenzug auch bereit sein, die Verantwortung für das eigene Verhalten und für die Konsequenzen daraus zu übernehmen. Dazu gehört auch die Bereitschaft, an den eigenen Ergebnissen gemessen zu werden. Aus meiner Sicht ist diese Bereitschaft eine Grundvoraussetzung, damit man als Chef loslassen kann. Wer Autonomie einräumt, aber auf Menschen trifft, die die daraus resultierende Verantwortung nicht wahrnehmen wollen, der produziert Chaos im Stillstand, denn sie werden schlichtweg nicht die Initiative ergreifen oder Entscheidungen treffen. Wir haben im vorigen Kapitel gesehen, wie der 2-Stunden-Chef Eigenverantwortung einfordern kann. Das richtige Team ist das Team, in dem alle mindestens dazu bereit sind, Verantwortung zu übernehmen und idealerweise darauf drängen. Wenn das Team es ablehnt, eigenverantwortlich zu arbeiten, kann Führen nach dem Autonomieprinzip nicht gelingen.

Das Problem ist, dass viele Unternehmen ihren Mitarbeitern abgewöhnt haben, eigenverantwortlich zu arbeiten. Nein, schlimmer noch, schon in der Schule werden wir dazu veranlasst, unser Engagement zurückzufahren. Als Kinder sprühen wir nur so vor Selbstausdruck, wir teilen uns mit, wir machen die Dinge, wie wir sie wollen, egal was andere darüber denken. Wir haben keine Angst, abgelehnt zu werden, wir schwingen voll aus. Dann, im Laufe der Schulzeit und im Laufe unserer Karriere, zeigen wir uns immer weniger, wir passen uns an, erfüllen Erwartungen.

Ich höre immer wieder von Chefs, dass sie meinen, sie würden ja gerne mehr Autonomie zulassen, aber ihre Mitarbeiter wollten einfach nicht mehr Verantwortung übernehmen. Wie soll das über Nacht gehen, frage ich mich, wenn man es ihnen jahrelang abgewöhnt hat? Und was passiert, wenn sie wirklich eigenverantwortlich arbeiten und dann einen Fehler machen? Wir müssen uns doch nur ehrlich fragen, warum so viele Mitarbeiter Extra-Schleifen drehen, um sich abzusichern und Entscheidungen weiterreichen. Am Ende ist es reiner Selbstschutz. Es ist in vielen Organisationen zu einer bewährten Überlebensstrategie geworden, und diese Realität kann man nicht von einem Tag auf den nächsten ändern.

»Ja, aber selbst, wenn es für die Mitarbeiter sicher wäre, eigenverantwortlich voranzugehen, würden sie es nicht tun. Dazu sind sie einfach zu bequem«, höre ich jetzt noch den Chef eines wichtigen Mittelständlers argumentieren. Natürlich ist es grundsätzlich bequemer, wenn ich eine Entscheidung mit voraussichtlich unangenehmen Konsequenzen weiterreiche und jemand anderes sich darüber den Kopf zerbricht und statt meiner eine schlaflose Nacht hat. Daran kann man sich sogar gewöhnen. Dennoch weigere ich mich zu akzeptieren, dass Menschen an sich bequem sind. Da bin ich ganz bei Sprenger und seinem Menschenbild: »Alle Menschen verfügen grundsätzlich über kreative Energie, die nach Entfaltung drängt. Menschen verfügen über ein hohes Aktionspotenzial, zu verstehen als die Fähigkeit und die grundsätzliche Bereitschaft zu arbeiten.«[4]

Wie also bringt man Menschen dazu, wieder gerne Verantwortung zu übernehmen? Auch hier gilt: Das Beste ist, wir fragen sie selbst, nur so werden wir herausfinden, was sie wirklich davon abhält, es schon heute zu tun. Jeder wird andere Gründe haben. Was brauchst du, um diese Entscheidung zukünftig selbst zu treffen? Fehlt es an Werkzeugen, an Informationen? An Erfahrung? An Input? An Unterstützung in der Herleitung der Entscheidung? Meistens ist es nichts davon. Wenn das so ist, dann einfach weiterfragen: Was befürchtest du, wenn du eigenverantwortlich vorgehst? Dass ich die Entscheidung

> Menschen sind nicht zu bequem, Eigenverantwortung zu übernehmen. Wir haben es ihnen vielerorts abgewöhnt, es auch zu tun.

rückgängig mache, wenn sie mir nicht gefällt? Dass es Konsequenzen gibt, wenn es schiefgeht? Die Antworten werden in jedem Umfeld anders ausfallen.

Der Chef kann zunächst ein Bewusstsein dafür schaffen, dass Eigenverantwortung (wieder) erwünscht ist. Mitarbeiter, die jahrelang das Gegenteil erlebt haben, werden das zunächst nicht glauben. In dem Fall ändert sich erst mal gar nichts, und die Aussage des Chefs bleibt eine reine Absichtserklärung. Sie werden es zunächst vielleicht auch gar nicht wollen, schließlich ist es bequemer, wenn die Initiative bei jemand anderem liegt und der die Risiken eingeht. Nur wenn sie einmal die Erfahrung machen, dass es wirklich gewünscht ist, dass sie eigenverantwortlich arbeiten, und sie die Erfahrung machen, dass sie, wenn sie es tun, auch überleben, können Sie merken, dass sich wirklich etwas ändert. Dann gilt es, diese Erfahrung so oft zu wiederholen, bis es zur Selbstverständlichkeit wird. Das Ganze geht nur schrittweise, und es wird dauern, schließlich geht es um nichts Geringeres, als darum, ein ganz neues Verhalten als Gewohnheit zu etablieren. Das braucht einfach Zeit.

Der 2-Stunden-Chef hat genug Werkzeuge unter den vier Führungsrollen mit den zwölf Maßnahmen, um Autonomie zu fördern. Ob es gelingt, hängt wie immer in einer Partnerschaft auch davon ab, ob sein Gegenüber das will. Der Chef kann den Rahmen dafür schaffen, dass Eigenverantwortung zu übernehmen eine grundsätzlich positive Erfahrung wird. Damit kann er seinen Mitarbeitern ermöglichen, wieder ein größeres Maß an Selbstausdruck zu leben. Ob sie das wollen oder nicht, hat er nicht in der Hand, und er wird auch erst mit der Zeit herausfinden, wer mit mehr Autonomie wirklich aufblüht und für wen das partout nichts ist. Dann kann der Chef neu wählen, denn die Bereitschaft, eigenverantwortlich zu arbeiten, ist eine Grundvoraussetzung für erfolgreiches Loslassen. Aber jeder verdient die Chance, seine ursprüngliche Selbstbestimmtheit, die in der Kindheit und im Beruf verloren gegangen ist, wiederzuentdecken.

Egal ob ein Mitarbeiter künftig mehr Eigenverantwortung will oder nicht, wir werden in der VUCA-Welt gar nicht darum herumkommen, dass alle mehr Eigenverantwortung leben. Die Trennung von Management, dem Organisieren von Arbeit, und dem Ausführen von Arbeit löst sich auf, wie wir noch im folgenden Abschnitt zum Thema agiles Arbeiten und Selbstorganisation sehen werden. Das bedeutet, dass die Delegation von Initiative und Entscheidungen an »das Management« endet und beides nun auf viel mehr Köpfe verteilt wird. Eigenverantwortung wird in Unternehmen zukünftig zum Gemeingut werden.

Die vierte Voraussetzung für erfolgreiches Loslassen ist demzufolge: die Bereitschaft des Teams, eigenverantwortlich zu arbeiten. Es ist nicht irgendeine weitere Voraussetzung, es ist die Grundvoraussetzung schlechthin.

Übung für mehr Eigenverantwortung

1. Vervollständigen Sie den Satz: »Wer selbst entscheidet und die Initiative ergreift, der ...«
2. Statuserfassung: Wie viele Ihrer direkten Mitarbeiter arbeiten bereits eigenverantwortlich?
3. Falls es welche gibt, die das nicht oder nur manchmal tun, warum tun sie es nicht? Warum ist es ihnen möglich, zum Beispiel Entscheidungen weiterzureichen oder nicht die Initiative zu ergreifen? Welche Rolle spielen Sie dabei? Wie müsste es sein, damit diese Mitarbeiter es tun? Führen Sie den Dialog mit diesen Mitarbeitern und ergründen Sie deren Bedingungen. Machen Sie Ihre Erwartungen klar und finden Sie heraus, was passieren muss, damit der Mitarbeiter wieder selbstbestimmter wird. Vereinbaren Sie explizit, was er tun wird und wie Sie ihn dabei unterstützen. Machen Sie nach vier Wochen einen Review, dann nach acht und nach zwölf Wochen und so weiter, bis das Thema durch ist.
4. Wenn Sie morgen für sechs Wochen auf die Fidschi-Inseln fliegen würden, würde Ihr Team entscheiden und die Initiative ergreifen?

Interview mit Professor Dr. Georg Adlmaier-Herbst

Professor Dr. Adlmaier-Herbst ist mit seiner Forschungsstelle »Berliner Management Modell für die Digitalisierung«
(BMM) an der Universität der Künste in Berlin Vordenker für
Führung in der Digitalisierung. Er lehrt außerdem an der Universität St. Gallen und der Jiao-Tong-Universität in Shanghai
und berät Unternehmen im In- und Ausland. In seinem neuen
Buch zum Thema Change-Management[5] verrät er, wie es gelingt, Mitarbeiter für Wandel zu gewinnen.[6] Ich wollte von ihm
wissen, wie er die oben aufgelisteten Voraussetzungen für
Führung mit mehr Autonomie sieht und was das mit der Digitalisierung zu tun hat.

*Warum stehen viele Mitarbeiter nicht hinter der Vision eines
Unternehmens? Wie kann man das ändern?*
Visionen sind zu oft allein mit dem Kopf formuliert. Sie ap-
pellieren an den kritischen Verstand, sie sind logisch und
korrekt, aber sie rufen keine positiven Gefühle hervor. Aber
Verstand und Gefühle sind zwei getrennte und völlig unterschiedlich arbeitende Systeme. Beide Systeme sollten im
Boot sein. Eine gute Vision spricht daher Verstand und Herz
an. Meiner Schätzung nach lösen 90 Prozent der Visionen
zu wenig positive Gefühle und damit Energie für die Digitalisierung aus, wie die Beispiele von Deutsche Telekom (»First
Choice for Connected Life and Work«) und Procter&Gamble
(»... the most digitally-enabled company in the world.«) zeigen. Um auch die Gefühle der Mitarbeitenden ins Boot zu holen, sollte der Chef mit seinen Mitarbeitenden in den Dialog
treten, um deren Motivationssystem kennenzulernen: Was
treibt uns künftig für unser Business an? Was gibt uns Kraft,
Hindernisse und Probleme zu überwinden? Woher nehmen
wir die Beständigkeit, unsere gesteckten Ziele auch tatsächlich zu erreichen?

*Wie geht man in deutschen Unternehmen denn heute mit
Fehlern gemeinhin um?*
Das Motto lautet oft: Wer Fehler macht, wird getötet – natürlich nur bildlich gesprochen. Beispiele sind die IT und die Produktion. Das steht in großem Widerspruch zur wachsenden Forderung nach Agilität und Fehlertoleranz im Zuge der Digitalisierung. Wie soll aber eine Führungskraft, die bisher für Fehler derb abgestraft wurde, jetzt frohen Mutes seinen Mitarbeitern zu ihren Fehlern gratulieren? Nur Fehler nicht mehr zu bestrafen, reicht für das Umlernen nicht aus. Vielmehr müssen alle Beteiligte immer wieder die Erfahrung machen, dass Ausprobieren und Fehler mit positiven Belohnungen verbunden sind. Je öfter, desto besser. Je intensiver die positive Belohnung, desto schneller lernen sie und überschreiben alte, schlechte Erfahrungen.

*In der dritten Phase des BMM geht es um das Herstellen der
Bereitschaft und der Befähigung der Mitarbeitenden (Wollen
und Können). Wie kann man das erreichen?*
Früher war die Aufgabe von Führung, extrinsisch und aufgabenorientiert, also mit Geld und Zielen, zur Erledigung klar umrissener Aufgaben zu motivieren. In der Digitalisierung funktioniert das nicht mehr: Ziele sind nicht mehr in Stein gemeißelt, sondern dynamisch. Oft haben sie kein klares, messbares Ergebnis. Die Aufgabe von Führung in der Digitalisierung ist heute, die intrinsische Motivation des Mitarbeiters zu stärken. Dies geschieht, indem ihn die Führungskraft unterstützt, sein Motivationssystem zu erkennen und selbst die eigene Motivation freizusetzen. Das Selbstmanagement des Mitarbeiters zu stärken, wird zur Basisqualifikation von Führung werden. Ziel ist, dass die Person im Flow arbeiten kann, weil der Job ihren Stärken und Persönlichkeitssystem entspricht. Es gibt weder Über- noch Unterforderung. Nur so wird Höchstleistung entstehen. Das richtige Team ist aus meiner Sicht ein Team, in dem jeder im Flow arbeitet.

Wie kann man als Chef bei den Mitarbeitern die Bereitschaft erzeugen, Eigenverantwortung zu übernehmen?
Im ersten Schritt ist die Analyse sinnvoll, welche positiven und welche negativen Gefühle mit der Übernahme von Eigenverantwortung verbunden sind. Gute und schlechte Gefühle verarbeiten wir übrigens in zwei Systemen, sie sind keine Enden einer Skala. Im zweiten Schritt wird geklärt, was geschehen müsste, um die Situation einerseits noch angenehmer und andererseits weniger unangenehm zu erleben. Lösungen können an den konkreten Arbeitsbedingungen ansetzen oder – wo diese nicht veränderbar sind – an der eigenen Haltung. Also: Welche Einstellung brauche ich, damit ich die Übernahme von Eigenverantwortung positiver erlebe? Die Methodik der Entwicklung und Umsetzung von Haltungszielen liefert das Zürcher Ressourcen Modell (ZRM), das für diesen Prozess eine Reihe sehr praktikabler Instrumente anbietet.

Ist Digitalisierung ohne einen Wandel in der Art und Weise, wie in Deutschland geführt wird, möglich?
Ganz klar nein! Kein Unternehmen in Deutschland ist in der Lage, die Digitalisierung aus der vorherrschenden Haltung zu Führung zu meistern. Die Qualitäten, die die Digitalisierung erfordert, sind eine dramatische Veränderung gegenüber vorher: Kreativität, Agilität, und Fehlertoleranz sind das Gegenteil von Autorität, langfristiger Planung und Präzision. Keiner kann heute mehr sagen, wo wir in fünf Jahren stehen werden. Die Unternehmen, die bei der Digitalisierung gut dabei sind – zum Beispiel Otto, Klöckner, Bosch –, haben das nur mit Änderungen im Führungsstil geschafft.

Was sind die Konsequenzen der Digitalisierung für Führung?
Die technologische Entwicklung vollzieht sich exponentiell, auf dieses Tempo muss sich Führung einstellen. Die Konsequenzen der Digitalisierung für den Markt und das eigene

Geschäftsmodell sind häufig noch gar nicht abzusehen, und das macht es schwierig, den Mitarbeitern ein klares Zielbild zu vermitteln und ihnen so Sicherheit zu geben. Heute ist alles offen, man kann nur noch den Prozess kommunizieren mit offenem Ausgang. Es gibt einen ausgesprochen hohen Erklärungsbedarf durch die vielen neuen Technologien wie Artificial Intelligence, Biotechnologie und Big Data, und die meisten Begriffe der Digitalisierung sind nicht nur positiv, sondern fast immer auch negativ besetzt. Führung muss diese Widerstände abbauen. Aber sonst wäre Motivation ja ein Ponyhof, die Kunst von Führung ist doch, ein Ziel trotz Widerständen umgesetzt zu bekommen.

Keine Voraussetzung: Agiles Arbeiten und Selbstorganisation

Erfordert Führen mit Autonomie agiles Arbeiten? Nein, tut es nicht. Führen mit Autonomie ist in jedem Kontext möglich, in dem jemand führt, egal ob dieser Kontext agil ist oder eher starr. Aber agiles Arbeiten ist unmöglich, wenn Kontrolle das gängige Führungsparadigma ist. Wie soll ein Mitarbeiter agil reagieren, wenn er gesteuert wird? Führen nach dem Autonomieprinzip ist gewissermaßen die Voraussetzung für agiles Arbeiten, der Chef schafft den Rahmen für Erfolg, indem er die Autonomie seiner Mitarbeiter mit minimaler Führung stärkt. Das gibt ihnen die Möglichkeit, selbstbestimmt auf sich ändernde Umstände zu reagieren.

Bei allem Hype, den es derzeit um agiles Arbeiten gibt, ist aus meiner Sicht unumstritten, dass wir mehr Autonomie in deutschen Unternehmen brauchen – der deutsche Tanker ist behäbig. Das Drängen nach agilem Arbeiten ist immer auch ein Drängen nach mehr Autonomie: »Entscheidungen werden zu langsam getroffen und zu spät umgesetzt. Die Komplexität der Herausforderungen übersteigt die herkömmlichen Methoden der Unternehmensführung. Unternehmen müssen agiler werden. Dazu gehört die Veränderung von Unternehmen hin zu mehr

Autonomie und Selbstorganisation in einzelnen Bereichen oder insgesamt.«[7], so der bereits zitierte Unternehmer Hermann Arnold.

Aber was heißt es überhaupt, agil zu arbeiten? Agilität ist zunächst einfach Anpassungsfähigkeit, die unbestritten in einer VUCA-Welt immer mehr gefordert ist. Agile Methoden wie Scrum oder Kanban, die aus der Softwareentwicklung kommen, aber vor allem in der Produktentwicklung immer breiter Anwendung finden, gehen iterativ vor, in kleinen schnellen Schritten. Nach jedem Schritt wird der Effekt am Kunden gemessen, eventuell werden daraus Schlussfolgerungen gezogen, und die Vorgehensweise wird angepasst. Die Lösungen, die damit generiert werden, sind alle auf den Kunden und seine Bedürfnisse ausgerichtet. Die zum Teil radikale Kundenzentriertheit ist Kern agilen Arbeitens.

Man fragt sich, warum das keine Selbstverständlichkeit ist, wie konnte es passieren, dass wir den Kunden aus den Augen verloren haben? »In den letzten Jahren haben wir uns in unseren Organisationen intensiv um die Prozesse gekümmert, diese optimiert und verbessert. […] Und bei dieser ›Bauchnabel-Schau‹ haben wir einen vergessen: den Kunden. Durch die Betrachtung unserer organisationsinternen Welt haben wir den Zweck des Daseins unserer Organisation völlig aus den Augen verloren: Organisationen sind dazu da, einen externen Kunden zu erfreuen.«[8], schreibt der Berater Torsten Scheller in seinem Werk zum Thema agiles Arbeiten. Dieses Kreisen-um-sich-Selbst kann sich in einer digitalen Welt kein Unternehmen mehr leisten. Dem Mitarbeiter mehr Autonomie einzuräumen, damit er dem Kunden besser und schneller dienen kann, ist in einer digitalen Welt unerlässlich. Wir können uns die internen Power-Point-Schlachten, die Machtspiele und die langatmigen Entscheidungszyklen gar nicht mehr leisten, wenn wir in der heutigen schnelldrehenden globalen Welt wettbewerbsfähig bleiben wollen.

Natürlich hat das Auswirkungen auf die Führung und auf die Art, wie wir unsere Zusammenarbeit organisieren. »Das bestimmende Element agiler Organisationen ist Selbstorganisation«, so Scheller. Anstelle eines Chefs, der das System steuert, kommen viele Mitarbeiter in Verantwortung. »Die losgelassene Steuerungsmacht muss ersetzt werden durch adäquates

> Autonomie für den Mitarbeiter ist die Voraussetzung für agiles Arbeiten. Nur so kann er dem Kunden besser und schneller dienen.

systemisches Handeln: Dies bedeutet insbesondere das Setzen von Rahmenbedingungen (›Leitplanken‹), in denen Selbstorganisation stattfinden kann, und das Ausrichten (›Alignement‹) der Organisation auf ein gemeinsames Ziel.«, schreibt Scheller.[9] Genau das ist Führen nach dem Autonomieprinzip.

Selbstorganisation ist nicht nur eine extreme Form von Autonomie, sondern auch das Gegenteil von dem, was seit Henry Fords Einführung von Serienproduktion von Autos noch heute vielerorts praktiziert wird: Taylorismus, die Trennung von Ausführen von Arbeit und von deren Management. Das vorherrschende Paradigma in solchen Organisationen ist »Command and Control«, einer sagt, was zu tun ist, und andere führen es aus. Bei KFC war das gerade bei den Abläufen im Restaurant der Fall, ähnlich wie im produzierenden Gewerbe. Aufgaben werden nach im Detail definierten Richtlinien ausgeführt und von Schichtleitern kontrolliert. Die Organisation der Arbeit, zum Beispiel der Schichtplan der Mitarbeiter, wird vom Management übernommen.

»Das alte Modell Vorhersagen-und-Kontrollieren funktioniert unter den relativ einfachen und statischen Bedingungen, die in der Zeit herrschten, wo es entstand: dem Industriezeitalter«, so der Amerikaner Brian Robertson, der Erfinder von Holokratie, einer der derzeit gehypten Formen von Selbstorganisation. Und weiter: »Aber in der heutigen postindustriellen Welt sehen sich Organisationen neuen großen Herausforderungen gegenüber. […] Selbst wenn die Führungskräfte die Notwendigkeit neuer Ansätze anerkennen, gibt ihnen die Grundlage des Modells Vorhersagen-und-Kontrollieren nicht die Beweglichkeit, die in dieser Umgebung der schnellen Veränderung und dynamischen Komplexität gewünscht und nötig ist.«[10] Stattdessen werden in der Selbstorganisation Entscheidungen in der Organisation verteilt, sodass ausführende Mitarbeiter schneller reagieren können, indem sie selbst entscheiden. Das kann unterschiedliche Formen annehmen, wie wir gleich noch sehen werden.

Selbstorganisation heißt übrigens nicht, dass es keinen Chef mehr gibt. Macht und Hierarchie bleiben laut den Scrum-Beratern Boris Gloger und Dieter Rösner bei Selbstorganisation grundlegende, systemimmanente Realitäten.[11] Ein zentrales Element von Selbstorganisation ist, neben einem echten, gemeinsamen Problem, »klar erkennbare Strukturen mit einer funktionalen Aufgabenverteilung und einem eindeutigen Initiator, sprich Anführer«[12]. Der ist besonders gefragt, wenn es um nicht eindeutige Entscheidungen geht: »Gerade im klassischen Projektmanagement, aber auch im Kontext von Scrum, ist immer wieder zu beobachten, dass in bestimmten Situationen auch im Sinne von Selbstorganisation Machtentscheidungen nötig sind.«[13]

Dabei ist egal, welche Form der Selbstorganisation zutrifft: Die derzeit diskutierten Modelle Soziokratie, Holokratie und Teal-Organisation haben allesamt noch Chefs. Mal wird er gewählt, mal nicht, aber es gibt einen beziehungsweise mehrere. In der durch den Niederländer Gerard Endenburg bereits in den Siebzigern in seinem Familienunternehmen erprobten »Soziokratie« gibt es in jedem Kreis (Gruppe) einen Leiter und zudem im Top-Kreis den »Leitungsgebenden« der Organisation, also einen CEO oder Geschäftsführer.[14] Bei der oben bereits erwähnten »Holokratie« von Brian Robertson gibt es den sogenannten »Lead-Link« pro Kreis, der klassische Managementaufgaben wie die Ressourcenverteilung, die Zuweisung von Rollen und das Formulieren von Prioritäten und Strategien übernimmt.[15] Der CEO des amerikanischen Online-Schuhhändlers Zappos, Tony Hsieh, beispielsweise hat seine gesamte Organisation auf Holokratie umgestellt.[16]

Die vielleicht am wenigsten chef-zentrierte Form ist die »Teal-Organisation« des in Kapitel 5 erwähnten belgischen Beraters und Autors Frederique Laloux. In seinem viel beachteten Buch *Reinventing Organizations* propagiert er die Abschaffung des mittleren Managements.[17] Selbstmanagement »braucht Strukturen, unbedingt, aber es braucht keinen Chef«, so Laloux kürzlich in einem Interview.[18] Nichtsdestotrotz haben viele der von Laloux beschriebenen Teal-Organisationen noch Chefs. Eines von Laloux' Beispielen ist Buurtzorg, der selbstorganisierte niederländische Pflegedienst, der bis heute von dem visionären Gründer Jos de Blok geführt wird. Er hat mittlerweile 10 000 Mitarbeiter, darunter keinen einzigen Manager. Allerdings führt Jos de Blok nicht im klassischen Sinne. Wenn er zum Beispiel etwas ändern will, muss er vorher die Meinung von seinen Kollegen einholen, vor allem von denen, die davon betroffen sind.[19] Das verdeutlicht exemplarisch die Führungsqualität, die von Chefs in Selbstorganisation gefordert ist: die Autonomie der Mitarbeiter respektieren und stärken.

Egal ob Soziokratie, Holokratie oder Teal-Organisation, Selbstorganisation ist nicht unumstritten, und wir werden vielleicht erst in Jahrzehnten wissen, welches System sich am Ende beweisen wird, wenn überhaupt. Es gibt nur wenige Organisationen, die wie Zappos die Reinform eines Selbstorganisationsmodells leben. Zwischen weiterhin tayloristisch gesteuert und 100 Prozent selbstorganisiert gibt es ein ganzes Spektrum an Lösungen, wie Hermann Arnold aufzeigt, zum Beispiel geführte Organisationen mit Handlungsspielräumen und Organisationen, die autonom in definiertem Rahmen sind.[20] Egal wo auf diesem Spektrum Sie mit Ihrer Organisation derzeit sind, solange es noch einen Chef gibt, ist Führen mit Autonomie der Weg, wie Sie Motivation, Innovation, Kreativität und Eigenverantwortung fördern.

> Selbstorganisation bedeutet nicht zwangsläufig, dass es keinen Chef mehr gibt. Aber er hat die Autonomie der Mitarbeiter zu stärken.

Das Autonomieprinzip ist organisationsagnostisch, es funktioniert sowohl in Start-ups als auch in DAX-Konzernen, im Mittelstand in der Provinz und in der Agentur in der Großstadt, egal ob die Organisation eher selbstbestimmt oder eher gesteuert ist. Der Knackpunkt ist nicht die Organisationsform, die eigentliche Herausforderung ist, wie ich es als Person schaffe, den 2-Stunden-Chef-Kompass einzusetzen. Das hat vor allem mit Selbstführung zu tun. Darum geht es im nächsten Kapitel.

DIE QUINTESSENZ

1. Lust auf ein Sabbatical? Dann stellen Sie vorher die Weichen richtig, damit Ihre Abwesenheit nicht in Chaos oder Stillstand endet.
2. Teilt Ihr Team Ihre Vision?
3. Sind Fehler erlaubt?
4. Vertrauen Sie Ihrem Team?
5. Ist jeder in Ihrem Team bereit, eigenverantwortlich zu arbeiten?
6. Agiles Arbeiten, obwohl in aller Munde, ist explizit keine Voraussetzung für Führen mit Autonomie , das Autonomieprinzip ist organisationsagnostisch.

Kapitel 8

Tag 385: Wie schaffen Sie den Wandel – auch ohne Unfall?

◼ Ein Sommertag in Berlin. Ich sitze mit meiner Freundin Anke und meinem Bruder Klaas in einem Café. Es herrscht Aufbruchstimmung, wir kommen gerade vom Notar und haben unser Start-up gegründet. Ich bin erst seit kurzem von meinem Sabbatical in Russland und Neuseeland zurück und bin seit Längerem richtig ausgeschlafen. Mein Kopf ist frei, ich habe mein Smartphone fast nicht benutzt. Und doch freue ich mich nun riesig, wieder online zu sein und voll durchzustarten. Ein radikaler Neustart, alle Variablen sind wieder auf null gestellt: Ich habe meine Pferde verkauft, habe meinen Job bei KFC gekündigt und bin nach Berlin gezogen. Nun beginnt als Gründerin ein ganz neues Kapitel in meinem Leben, statt Eckbüro in der Konzernzentrale ein Schreibtisch im Co-Working-Space, statt Dienstwagen ein gebrauchtes Fahrrad und statt meiner geschätzten Assistentin nun Siri.

Ich schildere das hier, weil diese vielleicht radikalste Änderung in meinem Leben ganz ohne Bruch und Unfall geschehen ist. Während ich meinen Führungsstil nach meinem Unfall geändert hatte, weil ich musste, weil ich gewissermaßen zum Loslassen gezwungen war, habe ich nun die Konzernwelt ganz aus eigenem Antrieb verlassen, weil ich gründen wollte. Es ist also möglich, alte Gewohnheiten abzulegen und Neues zu wagen, ganz ohne ein einschneidendes, lebensveränderndes Erlebnis, ganz ohne Leidensdruck. Genauso können Sie den Paradigmenwechsel von Ihrem alten Führungsstil zu Führen nach dem Autonomieprinzip vollziehen. Wie das gelingt, erfahren Sie in diesem Kapitel.

Die Auslöser: Wann wir unser Verhalten ändern

Die Bereitschaft zu wirklich grundlegender Verhaltensänderung kann zum Beispiel aus großem Schmerz oder aus großer Verheißung kommen. Natürlich helfen lebensverändernde Ereignisse, die einem keine Wahl lassen, als zukünftig anders zu führen, weil man es einfach muss. Für mich sind das »*Push*«-Faktoren. Das kann negativer Push sein wie Unfälle, Krankheit oder pflegebedürftige Eltern. Es kann auch ein Aufwacherlebnis bei der Arbeit sein, wie die verheerenden Ergebnisse einer Mitarbeiterbefragung bei der Hotelkette Upstalsboom aus meiner ostfriesischen Heimat, in der nach einem neuen Chef verlangt wurde. Tief getroffen von dieser persönlichen Kritik nahm Eigentümer und Geschäftsführer Bodo Janssen dies zum Anlass, seinen eigenen Führungsstil, aber auch die Führungskultur insgesamt grundlegend zu verändern, mit großem Erfolg.[1]

Doch es gibt auch positiven Push wie die Geburt eines Kindes, die Beförderung zu einem Job mit viel mehr Verantwortung oder der Durchbruch der Firma. Eine Topmanagerin in der Konsumgüterindustrie schilderte mir, wie sie immer sehr hohe Ansprüche an sich selbst hatte und durchaus abends noch einmal ein paar Stunden mehr in den Job investierte. Nach der Geburt ihrer Tochter war sie nicht weniger ehrgeizig, aber sie musste die Ergebnisse mehr als vorher über ihr Team erreichen. »Kinder sind von uns abhängig. Die Vorstellung, dass meine einjährige Tochter alleine vor der Kita stehen würde, wenn ich nicht rechtzeitig das Büro verließe, ließ mich viel leichter als früher loslassen und Aufgaben Kollegen anvertrauen, die ich sonst selbst gemacht hätte«, sagte sie mir. Auch eine Beförderung kann eine neue Art zu führen notwendig machen.

Die beste Art, jemanden darin zu unterstützen, weniger Mikromanagement zu betreiben, ist, ihm so viel mehr Verantwortung zu geben, dass er einfach nicht mehr kontrollieren kann. Das Gleiche trifft auf Wachstum zu: Ich habe schon einige Gründer gesehen, die am Anfang alles nach ihren Vorstellungen selbst gemacht haben und dann sehr schnell losließen, wenn ihr Start-up durch die Decke ging. Egal ob Unfall oder Durchbruch am Markt, Push-Faktoren sind in der Regel nicht planbar und häufig mit Leid verbunden. Doch das muss nicht so sein.

Ich habe dieses Buch geschrieben, damit Sie Führen mit Autonomie für sich entdecken können, ohne sich dafür beide Arme brechen zu müssen.

Neben großem Schmerz kann auch große Verheißung ein Katalysator für Verhaltensänderung sein. Ich ändere meine Einstellung und mein Verhalten nicht, weil ich es muss, sondern weil ich es will, weil ich mir davon verspreche, etwas zu bekommen, was mir wichtiger ist als alles andere. Wenn dieser »Pull«, dieser Sog, sehr stark ist, dann fällt die Verhaltensänderung nicht schwer beziehungsweise man nimmt sie billigend in Kauf.

Natürlich ist es mir nicht leichtgefallen, meine Pferde zu verkaufen und mich von meinen Freunden in Düsseldorf zu verabschieden, um nochmal ganz neu in Berlin anzufangen, so als hätte ich bei Monopoly die Karte »Gehe zurück auf Los« gezogen. Noch heute denke ich jeden Montagabend um 22 Uhr sehnsüchtig daran, wie meine engsten Freunde sich nach der Kantoreiprobe zu dieser Zeit in unserer Stammkneipe zu ein paar Gläsern Alt treffen. Dann wäre ich am liebsten in Düsseldorf und nicht in Berlin. Dennoch nimmt man diese Entbehrungen in Kauf für etwas Neues. Die Aussicht auf mehr Zeit und mehr Erfolg durch das Autonomieprinzip kann ein solcher Pull-Faktor sein.

Nur um Ihre Erwartungen gleich zu Anfang zu managen: Das Bedürfnis nach Macht und Sicherheit, was uns kontrollieren lässt, ist ein zutiefst menschliches und in unserer Persönlichkeit sehr tief verankert, wie wir in Kapitel 1 bereits gesehen haben. Es ist nicht leicht, die entsprechenden Glaubenssätze zu ändern, für die wir ein ganzes Leben Beweise gefunden haben. Ihr Verstand wird rebellieren, Ihr Ego wird sich mächtig wehren. Der Mensch ist ein träges Wesen. Eine Studie von akut herzkranken Patienten hat gezeigt, dass die Mehrzahl nicht die Verhaltensänderungen in Bezug auf Ernährung, Bewegung und Rauchen umsetzen, die ihr Kardiologe ihnen als überlebenswichtig vorgibt, obwohl sie wissen, dass sie bei Nichtbeachtung sterben werden.[2] Der Wandel von Führen mit Kontrolle zu Führen mit Autonomie passiert nicht im Schlaf. Der Weg ist hart, erwarten Sie deshalb bitte nicht, dass Sie am Ende dieses Kapitels damit fertig sind. Aber Sie werden am Ende des Kapitels deutlich klarer sehen, wie es Ihnen gelingen kann, zukünftig mit Autonomie zu führen und so mehr Zeit und Erfolg zu haben.

Man kann auch lang etabliertes Verhalten ändern, wenn das erwünschte Ergebnis als Verheißung stark genug ist.

In vielerlei Hinsicht ist dieses Kapitel das entscheidende. Wer nicht bei sich selbst anfängt, für den bleibt Führen mit Autonomie ein Lippenbekenntnis. Selbstführung ist die Voraussetzung für Führung schlechthin, und genau darum geht es jetzt.

Vier Schritte, wie Sie ihr Ego auch ohne Unfall überlisten

Wenn Sie zukünftig mit Autonomie führen wollen, es aber nicht aufgrund von irgendwelchen Push-Faktoren müssen, dann folgen jetzt vier Schritte, mit denen Sie auch ohne Unfall altes Führungsverhalten hinter sich lassen können.

Schritt 1: Das Ziel

Sie brauchen zuallererst ein klares und inspirierendes Ziel. Für welches Ergebnis würde es sich für Sie lohnen, anders zu führen? Was wäre der Gewinn aus dieser nicht trivialen Verhaltensänderung? Was würde anders sein? Würde es sich lohnen, dafür an sich selbst zu arbeiten? Ist das eher Push oder Pull? Soll etwas, das Sie stört, aufhören, so wie bei Gisbert Rühl in Kapitel 6, der einfach nicht mehr entscheiden wollte, welche Tasse zur Hauptversammlung verschenkt wird? Oder soll etwas Neues anfangen, obwohl der Status quo so ganz in Ordnung ist, Sie sich aber zum Beispiel mehr Zeit und mehr Erfolg wünschen? Wie genau sieht das aus? Wenn Sie sich zum Beispiel mehr Zeit wünschen, wozu würden Sie sie nutzen? Um in der Firma Zukunftsfragen voranzutreiben? Um mehr davon mitzubekommen, wie Ihre Kinder aufwachsen? Um ein lang vernachlässigtes Hobby wiederzubeleben? Wenn Sie mit diesem neuen Führungsstil vor allem mehr Erfolg beabsichtigen, wie würde das konkret aussehen? Woran wäre der messbar? Bis wann?

Egal, was es ist, stellen Sie sich den Soll-Zustand so konkret wie möglich vor, und schreiben Sie Ihr Ziel auf, möglichst in einem Satz, der klar macht, wozu Sie Ihr Führungsverhalten ändern wollen. Beispiel: »*Ab dem 17. September 2019 gehe ich jede Woche auf ein Date mit meiner Frau und spiele an zwei Abenden ab 18 Uhr mit unseren Kindern.«* Oder: *»Ab dem 1. August 2019 wächst unser monatlicher Umsatz um X Prozent.«*

Nun kommt der Lackmustest: Ist dieses Ziel verheißungsvoll genug für Sie? Sind Sie bereit, dafür Ihre Komfortzone zu verlassen? Auf einer Skala von 1 bis 10, wie sehr wollen Sie das (1 = gar nicht, 10 = unbedingt)? Wenn die Antwort unter 8 liegt, dann lassen Sie es sein oder suchen Sie sich ein neues Ziel, das Ihnen wirklich wichtig ist. Das aktuelle Ziel wird bei einer so niedrigen Absicht nicht reichen, um Ihr lang etabliertes Verhalten zu ändern. Wenn beispielsweise mein Ziel ist, im nächsten Jahr das Matterhorn zu besteigen, ich das aber nur unter ferner liefen will, dann werde ich schlicht und einfach nicht die Disziplin aufwenden, die es braucht, um hinreichend zu trainieren und mich erfolgreich darauf vorzubereiten.

Schritt 2: Status quo

Wenn Sie nun Ihr Ziel festgelegt haben, was ist der Startpunkt? Wo stehen Sie heute? Wie denken und handeln Sie in Ihrer Führung aktuell, mit welchen Ergebnissen? Dieser Schritt – sich selbst im Spiegel zu betrachten – ist vielleicht der schwierigste im ganzen Buch, aber es führt kein Weg daran vorbei. Wenn Sie den Rest des Kapitels nun überspringen, in dem Glauben, dass solche kritischen Selbstreflexionen gar nicht nötig sind, weil Sie durch den 2-Stunden-Chef-Kompass ja schon methodisch wissen, wie es geht, dann wird sich nicht viel ändern. Dieses Buch wird dann wie so viele andere konsequenzlos bleiben. Sie wären dabei aber in bester Gesellschaft. Wir sehen in unserem Start-up TheNextWe in der deutschen Wirtschaft tagtäglich, dass man sich gerade in der Digitalisierung ausschließlich auf Methoden und Prozesse fokussiert. Das ist die Komfortzone im Land der Ingenieure. Aber Vorsicht: Die beste neue Methode kann nicht wirken, wenn es noch Vorbehalte gibt, ob sie nun bewusst oder unbewusst sind.

Das Gleiche gilt für den 2-Stunden-Chef: Der 2-Stunden-Chef-Kompass als Führungsmethode wird nicht zu mehr Zeit und Erfolg führen, wenn er aus der gleichen Haltung heraus angewendet wird, die aktuell zu Führen mit Kontrolle führt. Wir haben in Kapitel 5 gesehen, dass unser Denken unser Handeln steuert. Gleiches Denken führt zu gleichem Verhalten und gleichen Ergebnisse. Wer neue Ergebnisse will, muss umdenken. Höchstwahrscheinlich ist Ihnen derzeit gar nicht bewusst, welches Denken Sie wie führen lässt und was Ihre Vorbehalte gegenüber Loslassen sind. Nur wenn Ihnen diese Vorbehalte bewusst werden und Sie sie aus dem Weg räumen, kann etwas wirklich Neues entstehen. Nur dann können Sie den Gewinn an Zeit und die Steigerung Ihres Erfolgs, den Führen mit Autonomie ermöglichen kann, auch wirklich realisieren. Also lesen Sie unbedingt weiter.

Eine Anmerkung noch vorab: Seien Sie ehrlich und werten Sie Ihr bisheriges Verhalten nicht. Vollziehen Sie diesen Schritt voller Neugierde auf das, was dadurch möglich ist. Wenn Sie werten, dann kommen Sie nicht an den Kern. Wenn mich jemand vor meinem Unfall gefragt hätte, ob ich mit Kontrolle führen würde, hätte ich das natürlich vehement abgestritten. Ich doch nicht! Ich, die so viele Entscheidungen in die Organisation verlagerte. Delegieren war mein

> Gleiches Denken führt zu gleichem Verhalten und gleichen Ergebnissen. Wer neue Ergebnisse will, muss umdenken.

zweiter Name. Niemals! Und doch hat der Unfall noch mal ganz andere Ergebnisse möglich gemacht. Also habe ich sehr wohl vorher mit Kontrolle geführt, aber mein damaliges »Fixed Mindset« hätte mir diese Erkenntnis nicht erlaubt. Kontrolle, Sicherheit und Macht sind nichts Negatives, und man kann mit allen dreien weit kommen. Nur weil man sich entscheidet, etwas Neues zu leben, heißt das noch lange nicht, dass das Alte falsch war.

In diesem Sinne vervollständigen Sie die folgenden Sätze, und zwar so lange, bis Sie das Gefühl haben, dass Sie wirklich die Wahrheit geschrieben haben. Keine Sorge, die Ergebnisse müssen Sie mit niemandem teilen.

Übung zur Erfassung des Status quo
Heutiges Denken
Vertrauen ist . . . .
Kontrolle ist . . . .
Kontrollverlust ist . . . .
Autonomie ist . . . .
Loslassen ist . . . .

Mitarbeiter sind . . . .

Wenn ich nicht kontrolliere, dann . . . .

Wer vertraut, der . . . .

Wer zu viel abgibt, der . . . .

Heutiges Handeln

Ich kontrolliere, indem . . . .

Ich kontrolliere vor allem, wenn . . . .

Ich gebe gerne Verantwortung ab, wenn . . . .

Das passiert . . . .

Dies hat zur Konsequenz, dass . . . .

Schritt 3: Neues Mindset

Das ist also Ihr aktuelles Denken, man könnte auch sagen, Ihr aktuelles Mindset, was Ihren Führungsstil in Bezug auf Kontrolle und Autonomie heute bestimmt. Es sind diese Glaubenssätze, die unser Verhalten wie auf Autopilot steuern. Mit unserem Start-up TheNextWe haben wir uns auf Mindset-Wandel in Unternehmen spezialisiert. Da unser Denken unser Handeln bestimmt und dieses wiederum unsere Ergebnisse produziert, ist es am effektivsten, gleich das Denken zu ändern, wenn man neue Ergebnisse wünscht. Im Folgenden teile ich mit Ihnen erstmals öffentlich die TheNextWe-Methode für Mindset-Wandel, nach der wir unsere Klienten digital coachen. Natürlich gehört in einem 12-wöchigen Coachingprogramm noch viel mehr dazu, aber diese Kernelemente sind sozusagen unsere »secret sauce«. Wenn Sie ehrlich zu sich selbst sind, funktioniert die Methode für alle Mindsets, egal, ob berufliche oder private.

Wählen Sie den Glaubenssatz aus Schritt 2, der es für Sie am unwahrscheinlichsten macht, erfolgreich mit Autonomie zu führen. Das können Dinge sein wie »Kontrolle geht schneller«, »Autonomie ist Luxus« oder »Loslassen ist für Weicheier«. Wenn Sie dieses Mindset ändern wollen, dann wenden Sie die folgende Methode an. Wenn nicht, überspringen Sie den Rest dieses Abschnitts und gehen direkt zu »Schritt 4: Neues Verhalten zur Gewohnheit werden lassen«. Wenn

Sie überhaupt keine negativen Dinge aufgeschrieben haben, gehen Sie ebenfalls zu »Schritt 4«. Denn es gibt bei Ihnen nichts zu wandeln, Sie brauchten nur die richtige Methode.

Die TheNextWe-Methode für den Mindset-Wandel

1. *Welche Beweise habe ich für mein Mindset?*
   Seit wann denke ich so, wo kommt das her? Was habe ich erlebt? Woran mache ich das fest?
2. *Stimmen diese Beweise?*
   Könnte man das auch anders sehen? Argumentieren Sie das genaue Gegenteil. Das ist der sogenannte sokratische Dialog.
3. *Welchen Preis zahle ich, weil ich so denke?*
   Wir wissen nicht, was Elon Musk denkt, aber wir wissen, dass er mit seinen 120-Stunden-Wochen einen großen persönlichen Preis zahlt.
4. *Wie wahrscheinlich ist es, dass ich mein Ziel erreiche, solange ich an diesem Mindset festhalte?*
5. *Was wäre ein funktionales neues Mindset für mein Ziel?*
   Wenn Ihr altes Mindset »Kontrolle geht schneller« war, könnte Ihr neues Mindset zum Beispiel »Autonomie ist nachhaltiger« sein.

Wenn Sie jetzt enttäuscht sind, dass Sie nicht ganz allein Ihr altes Mindset soeben in fünf Schritten gewandelt haben oder vielleicht noch gar nicht klar darüber sind, was das alte Mindset überhaupt ist, dann seien Sie nicht zu hart zu sich, es ist tatsächlich alles andere als trivial, alte Überzeugungen aufzudecken und zu wandeln. Für manche Themen funktioniert das sehr gut, weshalb ich die Methode hier teile. Aber wenn es ans Eingemachte geht, dann haben wir häufig einen blinden Fleck und können uns selbst gar nicht auf die Schliche kommen. (Dazu gleich im Interview mit Anke Kaupp, Vordenkerin für Mindset-Wandel, noch mehr.) Dann braucht man einen Coach als Sparringspartner. Es ist sehr schwer, sich selbst zu coachen und die eigenen tief verwurzelten Überzeugungen selbst zu wandeln. Deshalb nutzen wir im Team externe Coaches, die uns mit unserer eigenen Methode coachen, obwohl wir alle selber ausgebildete Coaches sind. Aber die vorangegangene Übung war auch in diesem Fall nicht umsonst: Sie haben sicherlich einige Erkenntnisse gewonnen und sind des Rätsels Lösung allein durch die Reflexion schon ein ganzes Stück näher gekommen. Falls nicht, fragen Sie mal Ihren Partner oder Ihre Kinder nach Feedback, die können einen blinden Fleck leicht sichtbar machen.

Den Rest kann ein guter Coach in kurzer Zeit auflösen. Es erstaunt mich immer wieder, dass in Deutschland Coaching von manchen als Nachhilfe angesehen wird. Das Gegenteil ist der Fall – einen Coach zu nutzen, ist kein Ausdruck von Schwäche, sondern von Stärke. Im Sport ist es selbstverständlich: Die Besten werden immer besser, weil sie von den besten Coaches trainiert werden. In den USA zählen Top-Coaches, wie zum Beispiel Tony Robbins, herausragende Persönlichkeiten aus Wirtschaft und Politik zu ihren Klienten. Wieso meinen wir also, alles allein schaffen zu müssen?

Nichtsdestotrotz gibt es eine Reihe an validen Do-it-yourself-Büchern, zum Beispiel *Immunity to Change* des pensionierten Harvard-Professors Robert Kegan[3], der im Arbeitskontext ebenfalls kognitiv die Ursache von limitierendem Führungsverhalten identifiziert, samt Übungen, um dieses Verhalten zu ändern. Außerdem sind viele Bücher zum Thema Selbstführung erhältlich. Mein Favorit ist ein über dreißig Jahre alter amerikanischer Klassiker, *Taming your Gremlin* von Rick Carson, der einem beibringt, das »Monster des eigenen Verstandes« zu zähmen, indem man selbstlimitierende Überzeugungen und Verhaltensweisen identifiziert und wandelt. Ich glaube, dieses Buch ist auch deshalb noch heute erhältlich, weil es einen bei aller Tiefe der Selbstreflexion immer wieder zum Lachen bringt und man die vielen Kobolde in seinem eigenen Leben gut wiedererkennt.[4] Es ist allerdings nicht aufs Business ausgerichtet, genauso wenig wie die folgenden Empfehlungen.

In Amerika wird Coaching als Stärke gesehen, genutzt von herausragenden Persönlichkeiten aus Wirtschaft und Politik.

Wir machen Mindset-Wandel bei TheNextWe kognitiv, weil wir überzeugt sind, dass es so am nachhaltigsten ist. Es gibt aber auch andere Methoden, wie zum Beispiel das Zürcher Ressourcen Modell

(ZRM), ein von Maja Storch und Frank Krause für die Universität Zürich entwickeltes Selbstmanagementtraining, das sehr zielgerichtet Verhalten wandelt unter Einbeziehung von physiologischen, emotionalen und kognitiven Aspekten.[5] Besonders schätze ich *Die Kunst sich selbst auszuhalten: Ein Weg zur inneren Freiheit* von Jesuit und Philosoph Michael Bordt, der eine praktische Anleitung zur Erlangung von selbstbestimmtem Handeln an die Hand gibt mit dem Fokus auf Gefühle. »Der wichtigste Schritt auf dem Weg zu einer größeren inneren Freiheit besteht darin, in einen Abstand zu den Gefühlen zu kommen, die uns beherrschen wollen.«[6] Der Schlüssel, sich selbst auszuhalten, liegt laut Michael Bordt darin, Selbstwahrnehmung zu praktizieren, ohne dem Handlungsimpuls unserer Gefühle nachzugeben.[7] Damit gewinnen wir die Autonomie über unser eigenes Handeln zurück.

Schritt 4: Neues Verhalten zur Gewohnheit werden lassen

Nun ist wirklich genug analysiert, jetzt geht es darum, einfach zu machen. Es gilt, Beweise für das neue Mindset im Tagtäglichen zu suchen, die zeigen, dass man damit nicht nur überlebt, sondern auch das gewünschte Ziel erreicht. Der Mindset-Wandel bleibt eine akademische Übung, wenn Sie das Ganze nicht jetzt auch in neues Führungsverhalten verwandeln. Das braucht Wiederholung, so lange, bis Sie gar nicht mehr darüber nachdenken müssen, weil es ganz von selbst geschieht und so zu natürlichem Verhalten wird.

Ich bin voriges Jahr mit meinen Freunden den Staffelmarathon in Düsseldorf gelaufen. Es war Jahre her, dass ich regelmäßig gelaufen war. Es wurde schnell klar, dass der einzige Weg, wirklich regelmäßig zu trainieren, frühmorgens vor der Arbeit war. Abends war schlichtweg immer irgendetwas anderes. Ich bin kein Frühaufsteher, und die Trainingszeit fiel in den Winter, der in Berlin in dem Jahr nass und kalt war. Die Aussicht, aufzustehen und im Dunkeln auf einer zunehmend matschigen Strecke allein meine Runden zu laufen, war morgens in meinem warmen Bett wenig verlockend. Am Anfang war es der »Pull« des Staffelmarathons, der mich trotzdem aufstehen ließ. Für die Aussicht auf das Erlebnis, den Staffelmarathon mit meinen Freunden zu laufen, war ich bereit, meinen inneren Schweinehund zu konfrontieren. Aber mit der Zeit blieb diese Konfrontation aus, der Wecker klingelte, ich stand von selbst schlaftrunken auf, und bevor ich es wusste, war ich mit meiner Stirnlampe vor der Haustür und am Laufen. Auch nachdem der Staffelmarathon vorbei war, lief ich weiter, mein neues Verhalten war zu einer Gewohnheit geworden, ganz entgegen meiner Natur als Langschläfer.

Wiederholung ist also der Schlüssel. Die wenigsten Menschen schaffen es, so lange durchzuhalten, bis sich das neue Verhalten als Selbstverständlichkeit etabliert hat, wie die vielen nicht umgesetzten Neujahrsvorsätze zeigen. Um auf die nötige Anzahl an Wiederholungen zu kommen, brauchen Sie Commitment, Fokus und Routine. Mit *Commitment* meine ich eine starke Absicht für Ihr Ziel, die Sie ja in Schritt 1 schon festgestellt haben. *Fokus* ist wichtig, weil wir nicht alles gleichzeitig verändern können. Es ist schwer genug, eine einzige neue Verhaltensweise im Tagesgeschäft aufrechtzuerhalten, und schlicht unmöglich, alle zwölf Aspekte des 2-Stunden-Chef-Kompasses gleichzeitig umzusetzen. Versuchen Sie nicht, in einem Schritt ein 2-Stunden-Chef zu werden. »Erfolg ist sequenziell; er ergibt sich daraus, dass man sich zu jedem Zeitpunkt immer voll auf eine Sache konzentriert«[8], schreibt der amerikanische Unternehmer Gary Keller, der überzeugt ist, dass aus diesem Fokus auf »The One Thing« großer Erfolg entsteht. *Routine* ist wichtig, um dranzubleiben. Es ist viel wahrscheinlicher, dass ich dreimal die Woche laufen werde, wenn ich es mir für jeden Montag, Mittwoch und Freitagmorgen in den Kalender eintrage, als wenn ich jede Woche aufs Neue drei Termine suche. So entstehen Gewohnheiten.

»The One Thing« kann ein ambitioniertes Ziel sein, aber es ist wahrscheinlicher, dass man es erreicht, wenn man es in vielen sehr kleinen Schritten angeht, wie es die japanische Kaizen-Tradition vorsieht.[9] Bei Verhaltensänderung ist disruptive Innovation im Sinne von »Ab morgen bin ich ein anderer« eher unwahrscheinlich. Es

> Damit ein neues Mindset nachhaltig wird, muss das neue Verhalten so oft wiederholt werden, bis es zur Gewohnheit wird.

ist besser, drei Mal in der Woche 30 Minuten zu laufen, als einmal in der Woche 90 Minuten. So wird eine Verhaltensänderung einfacher und nachhaltiger.

1. Bewerten Sie sich auf einer Skala von 1 bis 10 in jeder der zwölf Dimensionen des 2-Stunden-Chef-Kompasses (1 = Mache ich nie, 10 = Mache ich immer).
2. Wählen Sie die Dimension, die den größten Hebel für Ihr Ziel haben wird. Stellen Sie alle anderen zurück und fokussieren Sie sich nur darauf. Was ist Ihr »One Thing«? Womit werden Sie starten? (Um das auszuwählen, können Sie zum Beispiel mit »V1: Sinn nutzen« beginnend die erste Dimension wählen, die eine niedrige Bewertung hat, denn die Dimensionen sind ja der Wichtigkeit nach geordnet.)

		1	2	3	4	5	6	7	8	9	10
V1	Sinn nutzen										
V2	Vision leben										
V3	Zielsetzung										
E1	Glaube an Erfolg haben										
E2	Fortschritt feiern										
E3	Wertschätzung										
C1	Zuhören										
C2	Stärken stärken										
C3	Feedback geben										
L1	Eigenverantwortung einfordern										
L2	Konflikte offenlegen										
L3	Entscheiden										

3. Definieren Sie konkret, welches Führungsverhalten Sie in Bezug auf die ausgewählte Dimension brauchen, um Ihr Ziel zu erreichen. Identifizieren Sie kleine machbare Schritte. Beispiel Eigenverantwortung einfordern: Statt von sich zu erwarten, nie wieder einen Affen anzunehmen, zählen Sie zunächst die Affen, die jeden Tag bei Ihnen landen, und delegieren Sie alle vor Tagesende zurück. Beispiel Zuhören: Hören Sie in jedem Meeting mehr zu, als im letzten Meeting, bis Sie irgend-

wann mehr zuhören, als Sie reden, egal, ob unter vier Augen oder in der Gruppe. Wenn die kleinen Schritte gut laufen, dann wagen Sie einen größeren: Machen Sie vier Wochen Urlaub und lassen Sie Ihr Smartphone zu Hause.

4. Etablieren Sie eine neue Routine und tracken Sie diese, zum Beispiel mit Kalendererinnerungen, einer Reflexion am Tagesende auf dem Weg nach Hause, Tagebucheinträgen oder Ähnlichem.

Interview mit Anke Kaupp, Vordenkerin für Mindset-Wandel

Anke Kaupp ist Mitgründerin und Chief Psychologist von TheNextWe. Sie ist kognitive Psychologin und studierte unter anderem bei Albert Ellis in New York, einem der Begründer der kognitiven Verhaltenstherapie. Für TheNextWe entwickelte sie eine kognitive Methode für Mindset-Wandel in Unternehmen.[10]

Wie würdest du die menschliche Natur in Bezug auf Wandel beschreiben?

Es existiert nicht ohne Grund das geflügelte Wort vom Menschen als »Gewohnheitstier«: Gewohnheiten strukturieren unseren Tagesablauf und geben Sicherheit. Evolutionär gesehen haben einstudierte Abläufe unser Überleben gesichert. Wer feste Gewohnheiten verändern will, hat deshalb eine große Hürde zu überwinden. Diese Verinnerlichung kann sogar dazu führen, dass Menschen freiwillig in unangenehmen Situationen verweilen, beispielsweise in einem repetitiven Beruf, der keine Erfüllung schafft, oder einer Beziehung, in der sie kein Glück finden. Der Impuls zum Umdenken muss meist von außen kommen, um Menschen aus der situativen Erstarrung zu befreien und Alternativen ins Blickfeld zu rücken.

Was bestimmt das menschliche Verhalten?

Die unterschiedlichsten Faktoren haben Einfluss auf unser Verhalten. Eine große Rolle spielen die kulturelle Sozialisation und die Erziehung, aber natürlich sind auch die Erfahrungen, die man im Laufe seines Lebens sammelt, essenziell. Aus all diesen verschiedenen Parametern formt sich ein Weltbild, das sich mit der Zeit mehr und mehr verfestigt. In dieser Gewöhnung liegt das Problem: Wer beispielsweise zum wiederholten Male von seinen Mitarbeitern enttäuscht wurde insofern als diese nicht wie gewünscht agieren, gewinnt leicht die Überzeugung, selbst unersetzlich zu sein.

Vor kurzem coachte ich den Niederlassungsleiter eines mittelständischen Weltmarktführers: Er hatte die Erfahrung gemacht, dass alle wichtigen Aufgaben und Entscheidungsfragen immer wieder zurück auf seinen Schreibtisch wanderten. Dies führte bei ihm zu der Überzeugung, alles selber machen zu müssen. Nur was durch seine Hände gegangen war, konnte erfolgreich sein. Die tägliche Arbeitszeit wuchs ihm über den Kopf und griff schließlich auch auf das Wochenende über. Als die Belastung zu groß wurde, zog er die Notbremse und entließ einige Mitarbeiter in Schlüsselpositionen. Das Problem blieb jedoch bestehen, da der Niederlassungsleiter seine Denkweise nicht auf die neue Situation anpasste und die neuen Mitarbeiter dadurch in die Verhaltensmuster ihrer Vorgänger gedrängt wurden.

Wie kann man solche Glaubenssätze und Denkweisen verändern?

Zuallererst muss geklärt werden, auf welchen Überzeugungen bestimmte Denkweisen aufbauen. Woran macht eine bestimmte Person fest, dass seine Kollegen und Mitarbeiter unfähig oder aus Sicht des Chefs sogar faul sind? Im nächsten Schritt geht es darum zu hinterfragen: Was ist denn mein Anteil an der Situation? Was tue ich, damit sich die Situation nicht ändern kann?

Danach müssen die Folgen dieser Überzeugung für die eigene Person geprüft werden: Wie beeinflusst mein Denken mein Verhalten gegenüber den Kollegen und welche Konsequenzen hat das für mich? Im Coaching-Beispiel des Niederlassungsleiters könnte diese Analyse wie folgt klingen: »Ich habe keine hohe Meinung vom Fachverstand meiner Kollegen. Deshalb bin ich beständig unzufrieden mit ihrem Arbeitsfortschritt und nehme diese Unzufriedenheit auch mit nach Hause. Vor allem traue ich meinen Mitarbeitern nichts mehr zu. Daher übergebe ich ihnen auch keinerlei Verantwortung mehr. Selbst wenn sie es könnten, ich würde ihnen keine Chance geben, mir das zu beweisen. Weil ich aus Angst, dass das Ergebnis nicht so ist, wie ich es mir vorstelle, gar nichts Wichtiges mehr delegiere.«

Kann man diese Glaubenssätze auch allein ohne Coach wandeln?
Bis zu einem bestimmten Punkt kann ich solche Reflexionen durchaus auch alleine angehen. Diese Grenze ist jedoch nur schwer individuell zu bestimmen. Um ein Beispiel zu geben, möchte ich noch einmal auf die Faktoren des eigenen Weltbilds zurückkommen. Unsere eigene Sozialisation verschafft uns individuelle »blinde Flecken«. Ein blinder Fleck ist für manche Führungskraft zum Beispiel, wie ihr Feedback ankommt: Was als sachliche Kritik gemeint war, wird als Einschüchterung wahrgenommen.
Schwierig wird das Selbst-Coaching auch an Punkten, an denen es Selbstüberwindung kostet. Also dort, wo ich eigene Schwächen zugeben muss oder in mir unangenehme Kognitionen hervorgerufen werden. Hier kommt es meist zum Abbruch der Reflexion. Genau diese Schwellen sind es jedoch, über die einen ein Coach bringen kann. Häufig handelt es sich bei diesen Schwellen um kognitive Dissonanzen, also das Aufeinandertreffen zweier sich widerstrebender Gefühle beziehungsweise Zustände. Den dabei entstehenden un-

angenehmen Spannungszustand gilt es zu überwinden. Auf uns allein gestellt gehen wir aber meist den Weg, der unser Selbstkonzept und Weltbild nicht gefährdet. So verbleiben wir bei den bestehenden Überzeugungen und Verhaltensmustern. Diese ins Wanken zu bringen und zu hinterfragen, wird damit die Aufgabe des Coaches.

Womit tun sich Menschen am schwersten?
Am schwersten ist es, den ersten Schritt in eine neue Richtung einzuschlagen. Wer sein Verhalten verändert, muss sich unweigerlich den daraus resultierenden Konsequenzen stellen, egal ob diese gewichtig oder minimal ausfallen. Viele Menschen fürchten den Moment, in dem sie ihr bisheriges Verhalten von einem alternativen Blickwinkel neu evaluieren müssen: Waren die bisherigen Lebensentscheidungen etwa alle falsch? Woher weiß ich, dass der eingeschlagene Weg der richtige ist?

Laut einer Studie sind sechs von sieben Menschen auch dann nicht zur Verhaltensänderung bereit, wenn sie lebensbedrohlich erkrankt sind. Dieser radikalen Furcht vor Veränderung kann man heute zum Glück immer besser mit modernen, digitalen Coaching-Methoden entgegenwirken. Daher dürfte sich dieses verheerende Ungleichgewicht in Zukunft zunehmend zugunsten des Muts zur Veränderung verschieben.

Masterclass im Loslassen: Autonomie für den Chef

Was passiert, wenn ich konsequent mit Autonomie führe und so aus dem Ständig-reagieren-müssen-Modus herauskomme? Wenn das Tagesgeschäft läuft, weil es das Team von selbst stemmt? Ein 2-Stunden-Chef zu sein, kann dazu führen, strategischer und zukunftsorientierter zu arbeiten. Es kann dazu führen, im Leben mehr zu erfahren, als nur zu arbeiten. Es kann Raum für überschaubare private Projekte schaffen. Und es kann in eine ganz neue Zukunft münden. Was wollten Sie immer schon mal machen? Was würden Sie machen, wenn Sie nicht ins Büro gehen müssten, weil es auch ohne Sie läuft? Wir haben nur ein Leben – wozu wollen Sie Ihres nutzen? Auf die Antworten auf diese Fragen kommt man nur, wenn man Zeit und Muße hat. In der Hektik des operativen Tagesgeschäfts ist das schwierig. Das ist die Autonomie des Chefs. Indem der 2-Stunden-Chef die Autonomie der anderen stärkt, schafft er auch sich selbst Raum für ein selbstbestimmtes Leben. Sich den daraus resultierenden grundlegenden Fragen zu stellen, ist sozusagen die Masterclass im Loslassen.

Keine Sorge, Führen mit Autonomie bedeutet nicht zwangsläufig eine neue Zukunft, sonst hätte ich das als Nebenwirkung schon am Anfang angegeben. Vielleicht sind Sie genau am richtigen Ort in der richtigen Rolle. Führen mit Autonomie führt nicht dazu, dass man sich überflüssig macht, die Chefsache Zukunft ist so groß und wird immer überlebenswichtiger, dass Sie in Ihrer jetzigen Rolle mehr denn je gebraucht werden, selbst wenn das Team immer mehr Verantwortung übernimmt. Wenn das bei Ihnen bereits der Fall ist, dann überspringen Sie den Rest dieses Kapitels. Aber wenn Sie sich fragen, was noch möglich ist, dann lesen Sie weiter. Sich das zu fragen, heißt nicht, dass die bisherige Wahl falsch war! Im Gegenteil, ich glaube, dass alles, was wir erleben, für uns ist. Manchmal hat es sich aber einfach erfüllt, und es ist Zeit weiterzuziehen.

> Sie haben nur ein Leben – wozu wollen Sie es nutzen?

In der Reha hatte ich sehr viel Zeit für die Frage, was ich tun wollte, wenn es bei KFC auch ohne mich lief. Mein Job dort hatte sich noch nicht erfüllt, ich war noch nicht fertig. Es galt für zukünftiges Wachstum zusätzliche institutionelle Partner zu gewinnen, ohne die bestehenden Partner zu verärgern. Es zeichnete sich im Markt bei den Wettbewerbern aber auch global eine zunehmende Ausrichtung auf Franchise ab, und darauf war unsere Struktur nicht ausgerichtet, auch das galt es aufzusetzen und umzusetzen. Ich denke, der Lackmustest für den Erfolg eines Chefs sind die Ergebnisse, nachdem er weg ist. Wenn Sie also einen nächsten Schritt erwägen, dann denken Sie zuerst darüber nach, was Ihr »unfinished business« in Ihrem jetzigen Job ist, und bringen Sie das zu Ende. Stellen Sie die wichtigsten Weichen, und machen Sie sich dann konsequent überflüssig. Als ich schließlich kündigte, war wirklich alles getan, ich war fertig. Ich bin stolz auf die Bilanz: Als ich nach insgesamt fünf Jahren in der Rolle als Geschäftsführerin ging, hatten wir annähernd so viele Restaurants eröffnet wie in den mehr als 40 Jahren zuvor und damit 2 600 neue Jobs geschaffen.

Das nächste Kapitel für KFC in Deutschland brauchte mit der Ausrichtung auf Franchise nicht nur andere Strukturen, sondern auch ganz andere Führung. Ich forschte in meinem Herzen und kam zu dem Schluss, dass das nicht das nächste Kapitel meines Lebens sein würde. Es stellte sich daher die Frage, was ich als Nächstes tun wollte. Schon länger keimte eine Ahnung nach dem Wunsch, ein Start-up zu gründen, in mir. Im Nachhinein kann ich nicht genau sagen, wann mich der Gründervirus genau infiziert hatte, es war eher ein schleichender Prozess.

Die Reise ins Silicon Valley hatte mir die Augen geöffnet, wie groß der digitale Hebel ist. Mein Bruder hatte bereits BMW verlassen und sein erstes Start-up gegründet, durch ihn erhielt ich weitere Einblicke in die Realitäten eines digitalen Gründers, und mir gefiel, was ich da sah. Dann gab es noch ein augenöffnendes Gespräch mit dem Geschäftsführer eines psychometrischen Tests, den ich testhalber durchgeführt hatte, weil wir überlegten, ihn in der Firma flächendeckend einzuführen. Er saß in meinem Büro und sagte als Erstes: »Ich weiß nicht, was Sie hier tun.« Ich schaute ihn verdutzt an. Was meinte er damit? »Ihren Testergebnissen nach zu urteilen sind Sie von Ihrer Persönlichkeit her keine Konzern-Managerin. Sie haben das Persönlichkeitsprofil einer Unternehmerin.« Er überreichte mir den Testbericht, und dort stand es klipp und klar. Am Abend dieses Tages fiel mir wieder ein, dass der innocent-Gründer Adam Balon das schon in meinem Einstellungsgespräch vor zehn Jahren erkannt hatte.

Danach war die Frage noch: Was genau gründen und mit wem? Dazu überlegte ich mir, was ich eigentlich immer schon machte, egal in welchem Setting, was ich auch ohne Bezahlung tun würde und wofür ich brannte. Ganz klar, ich liebe Wachstum, ich stehe auf für menschliche und wirtschaftliche Weiterentwicklung. Ich bin fest davon überzeugt, dass sich beides bedingt. Ich hatte die Wirkung von Coaching aus erster Hand erfahren dürfen, aber nie das Budget gehabt, diese kostspielige Methode allen Mitarbeiter zugänglich zu machen. Was für ein Hebel aber wäre das gewesen, wenn jeder Mitarbeiter die Möglichkeit für Mindset-Wandel durch einen Coach gehabt hätte, dezentral, deutschlandweit? In der Diskussion mit meinem Bruder wurde mir klar, dass Coaching sehr wohl erschwinglich und skalierbar werden würde, wenn man es digitalisierte. Er kam als Mitgründer und CTO an Bord. Nun fehlte nur noch die Methode, und die brachte meine Freundin, die kognitive Psychologin Anke Kaupp, mit, der Sie im Interview oben ja bereits begegnet sind. Sie kam als Mitgründerin und Chief Psychologist an Bord.

Ich schildere Ihnen das, um zu zeigen, dass die Masterclass im Loslassen keinen Unterricht und keine Prüfung erfordert. Am Ende ist das, was uns ausmacht, ja bereits in uns, wenn auch unbewusst. In dem Moment, wo man sich auf die Suche nach Antworten macht, erscheinen sie, in der Form von Begegnungen und Erlebnissen. Nach und nach formt sich ein Bild und wird schärfer. Es ist wie ein Sog, der immer stärker wird, bis man auf einmal gekündigt hat und die Möbel im Container sind. Man muss sich also nur auf die Suche machen und wachsam sein, dann ergibt sich alles andere von selbst.

Sollten Sie trotzdem formell und strukturiert suchen wollen: Das Thema Selbstfindung boomt, es gibt zahllose Bücher dazu. Im Folgenden eine persönliche Auswahl, ohne Anspruch auf Vollständigkeit.

> Die Masterclass im Loslassen bedarf keines Unterrichts. Wer sich auf die Suche nach Antworten macht, der findet sie von selbst.

Folgende Übungen und Bücher haben mich weitergebracht:

1. *Was muss ich einfach tun?* Gemeint ist nicht einkaufen, damit der Kühlschrank wieder voll ist, sondern was mein allertiefstes Bedürfnis ist. Ein Künstler muss einfach malen, ein Politiker muss einfach politisch gestalten, ein Bergsteiger muss einfach auf den Gipfel. Man kann auch mit der Frage daraufkommen: Was mache ich immer schon, egal in welchem Zusammenhang? Oder: Was würde ich definitiv auch dann tun, wenn ich nicht dafür bezahlt werde? Elle Luna hat ein wunderschönes Buch zum Thema »Must« illustriert, was im Übrigen auch sehr gut mit den üblichen Zweifeln aufräumt.[11]

2. *Auf welcher Messe wäre ich selbst am fünften Tag noch mit Begeisterung dabei?* Diese Frage hilft, das Thema zu identifizieren, wofür ich brenne. Ich dachte eine Zeit lang, dass mein Thema vielleicht Möbeldesign wäre. Ich fuhr nach Frankfurt zur Möbelmesse und war nach einem halben Tag durch, die Messe war ein super Lackmustest.

3. *Was wollte ich rückblickend vom Lebensende her auf keinen Fall missen?* Es ist eine uralte Selbstfindungsübung, seinen eigenen Nachruf oder seine eigene Grabrede zu schreiben. Das ist sehr konfrontierend, ich habe es ausprobiert. Diese Frage ist ein bisschen positiver, und sie kam mir in den Sinn, als ich Christiane zu Salms Buch der Nachrufe von Menschen im Hospiz las.[12] Viele der Menschen schrieben über das Leben, das sie hätten leben sollen. Ein schwedischer Studienfreund erzählte mir einmal, dass ein Sprichwort in seiner Heimat besagt, dass man am Ende des Lebens nur die Dinge bereut, die man nicht gemacht hat.

4. *Mein perfekter Tag.* Schreiben Sie, ohne viel nachzudenken, Ihren idealen Tag auf, im Präsens in vollständigen Sätzen. Diese Übung kommt aus dem mittlerweile 40 Jahre alten Selbstfindungsklassiker der Amerikanerin Barbara Sher.[13]

5. *Design your life.* Die Innovationsmethode Design-Thinking angewandt auf Selbstfindung mit schrittweiser Umsetzung von Anfang bis Ende von Robert Kötter und Marius Kursawe.[14]

DIE QUINTESSENZ

1. Die Bereitschaft, sein Verhalten grundlegend zu verändern, kann aus »Push-Faktoren« wie Unfällen, der Geburt eines Kindes oder einem beruflichen Durchbruch entstehen, also weil man sich einfach anders verhalten *muss*. Genauso gut kann man Verhalten aber ausgelöst durch »Pull-Faktoren« ändern, weil man es *will*, zum Beispiel durch die Verheißung eines persönlichen Ziels.

2. Es ist nicht möglich, mit altem Denken neues Verhalten nachhaltig zu etablieren.

3. Um Verhalten langfristig zu ändern, braucht es viererlei Schritte:
   - Ein inspirierendes Ziel, was zu erreichen einem wirklich sehr wichtig ist,
   - Eine Klarheit über das derzeitige Mindset,
   - Ein neues, für das Ziel funktionales Mindset,
   - Ausreichend Wiederholung des neuen Verhaltens, bis es zur Gewohnheit wird.

4. Führen mit Autonomie kann, aber muss nicht, zu einer beruflichen Veränderung führen. Es gibt einem Zeit, über das nachzudenken, was man immer schon machen wollte. Wer dafür offen ist, für den ergibt sich alles Weitere von selbst. Vorher sollte man allerdings »unfinished business« im jetzigen Job zu Ende führen.

Kapitel 9
Ausblick: Autonomie als Schlüsselfrage der Zukunft

■ Wer sich fragt, wie wir in 20, 30 oder 40 Jahren leben werden, findet die unterschiedlichsten Antworten. Die meisten davon beschreiben die Technologie, die unser Leben dann bestimmen wird. Niemand kann in die Zukunft sehen, und die sich rasant beschleunigende exponentielle Entwicklung der heutigen Technologie macht es nicht leichter. Noch schwerer aber ist vorherzusagen, was die gesellschaftlichen und sozialen Auswirkungen dieser Technologie sein werden. Denkbar ist ein nie da gewesenes Maß an Selbstbestimmung, sozusagen unendliche Autonomie, denkbar ist aber auch ein nie da gewesenes Maß an Kontrolle durch Datendiktaturen. Welches von beiden unsere Realität wird, hängt davon ab, ob wir fähig zu Autonomie sind und sie wollen. Egal, was Sie über Führen mit Autonomie denken, Autonomie ist eine Schlüsselfrage der Zukunft, und Unternehmen sind wichtige Spielfelder, um den Umgang damit schon heute zu üben.

Was die Zukunft bringt: Unendliche Autonomie oder unendliche Kontrolle?

Es ist unmöglich, die Zukunft vorherzusagen. Das war schon immer so, aber angesichts der großen technologischen Veränderungen, die sich gerade anbahnen, war es vielleicht noch nie »so unmöglich« wie heute. Das iPhone hat vor gut einem Jahrzehnt unsere Kommunikation und unser Konsumverhalten revolutioniert. Was aber, wenn nicht nur die Kommunikation, sondern auch die Medizin, die Mobilität und die Verteidigung gleichzeitig revolutioniert werden, wie es die Künstliche Intelligenz derzeit tut? Dann wird sich unsere Realität in zehn

Jahren deutlich stärker von heute unterscheiden als unsere heutige Realität von unserem Leben vor dem iPhone.

Wenn die technologischen Realitäten der Zukunft schwierig vorherzusagen sind, dann sind es die sozialen Konsequenzen erst recht. »Es zeigt sich, dass vorherzusagen, wer wir sein werden, viel schwieriger ist, als vorherzusagen, was wir in der Lage zu tun sein werden«, schreibt der amerikanische Journalist Tom Vanderbilt.[1] Sozialer Fortschritt sei die Achillessehne der Zukunftsforschung, zitiert er den Historiker Lawrence Samuel. Wenn Technologie den Menschen verändert, dann häufig nicht so, wie man es erwarten würde: Verbesserungen in der Mobilität haben Distanzen nicht überflüssig gemacht, sondern ganz im Gegenteil den Urbanismus gestärkt. Die Erfindung der Waschmaschine hat nicht die Geschlechterrollen grundlegend geändert, sondern zunächst dazu geführt, dass Frauen die Aufgaben ihrer Bediensteten übernahmen.[2]

Vielleicht die fundamentalste gesellschaftliche Konsequenz von Technologie ist ihre Auswirkung auf Autonomie. Denkbar sind in Bezug auf Autonomie in der Zukunft sowohl unendliche Autonomie als auch unendliche Kontrolle und natürlich alles zwischen diesen beiden Extremen.

Beginnen wir mit der optimistischeren, wenn auch nicht unproblematischen Möglichkeit: Die technologische Entwicklung bietet uns bisher ungeahnte Wahlmöglichkeiten, die die Selbstbestimmung auf eine neue, fast unvorstellbare Ebene bringen. Wir werden immer weniger »müssen« und immer mehr frei wählen »können«. Wie lange wollen wir leben? Wenn ansteckende und vererbte Krankheiten besiegt sind und Kriege und Kriminalität der Vergangenheit angehören, dann können und müssen wir uns erstmalig in der Geschichte der Menschheit diese Frage stellen. Wie intelligent wollen wir sein? Mit »human enhancement«, also mit Mikrochips im Gehirn ergänzt die Maschine den Menschen, und Intelligenz wird erstmals nicht von der Natur bestimmt, sondern programmierbar. Wollen wir arbeiten? Wenn in nicht allzu ferner Zukunft die Künstliche Intelligenz viele Aufgaben effizienter als der Mensch lösen wird, brauchen nicht mehr alle zu arbeiten. Wir könnten das mit vielen anderen Fragen weiter deklinieren, aber schon diese drei Fragen zeigen: Die menschliche Autonomie kann durch die heute im Entstehen begriffene Technologie zukünftig ins Unendliche gesteigert werden. So weit der Standpunkt der Optimisten.

Aber das Gegenteil ist ebenso möglich: Wer heute schon Angst hat, dass Alexa die Gespräche der Familie beim Abendbrot mithört und analysiert, der fürchtet sich erst recht vor Implantaten in unseren Köpfen, denn sie sind »Eintrittstor für den Feind in unserem Kopf«, die es Brainhackern erlauben, nicht nur Informationen abzuhören, sondern auch zu manipulieren, schreibt Miriam Meckel in ihrem Buch *Mein Kopf gehört mir*.[3] Neurosecurity wird ebenso wichtig werden wie Biosecurity, denn längst ist es Bio-Hackern gelungen, einen DNA-Strang mit Schadsoftware zu versehen.[4] Dieses Maß an potenzieller Fremdbestimmung ist schlichtweg gruselig und zeigt, dass auch die Möglichkeiten für Kontrolle ins Unendliche wachsen.

> Die menschliche Autonomie kann durch die heute im Entstehen begriffene Technologie zukünftig ins Unendliche gesteigert werden.

Noch gruseliger wird es, wenn man bedenkt, dass schon heute die meisten Daten ganz wenigen Firmen gehören. Derzeit nutzen sie die Daten, um ihr Geschäft auszubauen, und das kann für den Nutzer durchaus autonomiesteigernd sein, weil er an Zeit und Effizienz gewinnt. *But what if Google turns evil*? Oder diese Firmen gezwungen werden, ihre Daten an Regierungen weiterzureichen? Dann gewinnt ein Regime ein noch nie da gewesenes Maß an Kontrollmöglichkeiten über seine Bürger: »Da Algorithmen uns so gut kennen werden, könnten autoritäre Regierungen die absolute Kontrolle über ihre Bürger erlangen, mehr noch als damals im nationalsozialistischen Deutschland, und Widerstand gegen solche Regime könnte völlig unmöglich sein. Das Regime wird nicht nur genau wissen, was Sie empfinden – es kann auch dafür sorgen, dass Sie genau das fühlen, was es will«, schreibt Bestseller-Autor Yuval Harari[5], der digitale Diktaturen vorhersagt. Er zählt zu den Pessimisten.

> Die technologischen Möglichkeiten für Kontrolle wachsen, selbst unser Gehirn und Körper sind davon nicht ausgenommen.

Zukünftig unerlässlich: Die Fähigkeit zu Autonomie

Welches Szenario am Ende eintreten wird, das der Pessimisten oder das der Optimisten, hängt von vielen Faktoren ab. Ein entscheidender ist unsere Haltung zu Autonomie. Heute programmiert der Mensch (noch) die Maschine, er entscheidet, wofür sie eingesetzt wird. Und wir leben in einer Demokratie, in der wir entscheiden, wer die Rahmenbedingungen unserer Zukunft setzt. Ist uns Autonomie wichtig, so werden die Optimisten in Deutschland recht bekommen. Wir werden Wahlmöglichkeiten über die Nutzung unserer Daten haben, wir werden wählen können, ob und wozu wir Chips im Kopf haben wollen, und wir werden Entscheidungen in unserer Demokratie viel häufiger als heute mitbestimmen können, zum Beispiel wie autonome Waffen eingesetzt werden. Aber das passiert nicht von selbst. Es erfordert den unbedingten politischen Willen, alles zu tun, was nötig ist, damit unsere Autonomie erhalten bleibt.

Außerdem erfordert es von jedem Einzelnen, nicht nur passiv zu konsumieren, sondern die Wahlmöglichkeiten auch zu nutzen und zu gestalten. Schon heute kann man es vermeiden, einen elektronischen Footprint zu hinterlassen, aber die wenigsten, mich eingeschlossen, tun es – zu bequem ist es, sein Leben von Google managen zu lassen. Wer will darauf verzichten, dass Flüge automatisch in den Kalender eingetragen werden oder dass man auf dem direktesten Weg bei jeder Verkehrslage ans Ziel kommt? Die wenigsten verzichten darauf, zum einen aus Bequemlichkeit, zum anderen, weil vielen auch nicht klar ist, wie das geht. Grundfähigkeiten in digitaler Selbstbestimmung sind eine unerlässliche Voraussetzung für Autonomie.

Ich bin überzeugt, dass der technologische Wandel in Zukunft schlichtweg mehr Autonomie denn je von Bürgern und Konsumenten erfordern wird, ob wir das nun wollen oder nicht. Das verursacht zum einen die oben beschriebene wachsende Vielfalt an Wahlmöglichkeiten, die von dem Consumer-Trend der Individualisierung noch verstärkt wird. Zum anderen werden wir aber einfach viel öfter selber entscheiden müssen, weil die Welt volatiler und weniger berechenbar wird. Wie Bill Aulet im Vorwort schildert: Kontrolle ist angesichts der sich dramatisch beschleunigenden technologischen Veränderung nicht mehr fassbar. Darum werden wir in immer mehr Situationen, die auf uns zukommen, selbst bestimmen müssen. Und wir müssen lernen, damit umzugehen. Wenn nicht klar ist, was die richtige Antwort ist, wie entscheide ich dann und gehe trotzdem weiter? Wenn wir nicht darauf vorbereitet sind, Autonomie tagtäglich zu leben, wird das eine Überforderung. Immer und immer wieder zu entscheiden und zu wählen, muss so selbstverständlich werden, wie die Schnürsenkel zuzubinden. Das ist als Kind eine völlige Überforderung und als Erwachsene denken wir nicht einmal mehr darüber nach. Autonomie muss nicht schwer sein, wenn wir sie lernen und konsequent üben. Sie wird zu unserem Modus operandi werden.

Natürlich können wir die Fähigkeit zu Autonomie in der Schule lehren, wie es Verena Pausder mit der Digitalwerkstatt vorlebt, wie in Kapitel 3 geschildert. Wenn dieser Ansatz als Vorbild dient, dann wird den zukünftigen Generationen selbstbestimmtes Leben vielleicht wirklich so leichtfallen wie das Schuhezubinden. Aber das ist noch lange hin, und all diejenigen, die nicht mehr in der Schule sind, werden ebenfalls mit dem höheren Maß an Autonomie klarkommen müssen. Deshalb kommen wir aus meiner Sicht gar nicht darum herum, Autonomie bei der Arbeit zu üben.

> In der zunehmend unberechenbaren Zukunft wird uns viel mehr Autonomie abverlangt werden. Unternehmen sind ideale Übungsplätze dafür.

Wir verbringen die meiste Zeit unseres Lebens bei der Arbeit, und wenn Unternehmen Übungsplätze für Autonomie werden, wo Chefs mit Autonomie führen und auf diese Weise ihre Mitarbeiter einfach gewohnt sind, selbstbestimmt zu arbeiten, dann haben wir vielleicht eine Chance, unsere Zukunft aktiv zu gestalten, statt sie passiv zu ertragen. Wie man im Unternehmen mehr Autonomie lebt, dazu gibt dieses Buch Impulse.

Interview mit Pascal Finette,
Vordenker für Technologie der Zukunft

Aktuell bestimmen die Pessimisten die öffentliche Debatte. Das ist fatal: Die Digitalisierung ist bei den meisten Mitarbeitern, wie Prof. Dr. Adlmaier-Herbst in Kapitel 7 deutlich gemacht hat, sowieso schon negativ besetzt. Auch in der breiten Öffentlichkeit wird die Digitalisierung in Deutschland gemeinhin nicht als Riesenchance wahrgenommen, sondern eher als unberechenbare Bedrohung. Das bremst uns als Land aus: Statt voller Vorfreude das zu gestalten, was durch die Digitalisierung erstmals möglich wird, schauen wir größtenteils weg und konsumieren dann das, was andere anderswo gestaltet haben. Wir brauchen als Land einen Mindset-Wandel: Die Digitalisierung ist eine Jahrhundertchance. Welche Konsequenzen sie hat, das bestimmen wir.

Deshalb geht das letzte Interview dieses Buches an einen Optimisten. Ich habe mit Pascal Finette[6] gesprochen, Chair für Entrepreneurship & Open Innovation an der Singularity University, einem Think Tank im Silicon Valley, der mit Kursen zu exponentiellen Technologien Entscheider darin befähigt, die Zukunft aktiv zu gestalten.

Pascal, heute unterstützt die Maschine den Menschen, sie wirkt autonomiesteigernd. Wird sich das drehen?
Nein, überhaupt nicht. Diese Schwarz-Weiß-Sicht »Maschinen verdrängen Menschen« ist aus meiner Sicht ein großer konzeptioneller Fehler. Viel mehr werden Maschinen in nächster Zukunft den Menschen augmentieren. Bei dem, was der Mensch außergewöhnlich gut kann – divergentes und komplexes Denken, Kreativität, Empathie und Sympathie –, werden die Maschinen uns unterstützen.

Wie viele Menschen müssen in der Zukunft überhaupt noch arbeiten?
Wir werden deutliche Umbrüche sehen, aber die Mehrheit der Menschen wird auch im Jahr 2040 noch arbeiten. Allein schon wegen der alternden Gesellschaft, von der Deutschland ganz besonders betroffen ist. Bestimmte Arten von Jobs werden wegfallen, jemand, der heute händisch in der Müllsortierung arbeitet, wird das nicht mehr tun, weil Maschinen das besser können werden. Im Rechtsanwaltsbüro wird der Anwalt nicht mehr 500 Seiten Verträge lesen müssen, aber die Verträge aufsetzen werden wir schon noch müssen. Die Frage ist, wie wir es schaffen, dass jemand, der heute Lastwagen fährt, einen Job bekommt, der zukunftsfähig ist.

Wie wahrscheinlich sind Big-Data-Diktaturen, in denen wenige Menschen alle Daten besitzen?
Ja, es ist möglich, dass es dazu kommt. Die meisten Daten würden dann bei großen amerikanischen und chinesischen Anbietern landen. Aber es würde mich mehr beunruhigen, wenn die Daten in den Händen von Regierungen landen als in den Händen von Firmen. Leider geht das Hand in Hand, wenn Firmen die Daten haben, dann können Regierungen auch darankommen. Eine Regierung kann mir im Zweifel die Freiheit rauben, aber Firmen nicht, Google will einfach mehr Werbung verkaufen. Deutschland hat die Herausforderung, dass die Technologien, die zukünftig dominant werden, aus den USA und China kommen. Die USA geben heute schon 25 Milliarden Dollar für KI-Grundlagenforschung aus, China 30 Milliarden, Europa komplett nur 3 Milliarden. Wir kommen also in eine Welt, in der lebensbestimmende Technologien von den Amerikanern und Chinesen dominiert werden.

Leben wir nicht schon heute in einer Daten-Diktatur?
Ich glaube an die Selbstbestimmung des Menschen – alles, was du machen musst, ist, nicht mehr zu Facebook zu gehen,

was ich vor einiger Zeit gemacht habe. Und glaub mir, mein Leben nach Facebook ist super, es ist überhaupt kein Problem, da nicht mitzumachen. Was mich nervt an der Diskussion, ist, dass wir nicht einfach unser Schicksal in die Hand nehmen und uns selbst schützen. Jede Gefahr, ausspioniert zu werden, kann man durch Technologie abwenden, mit Adblocking, virtual private networks, speziellen Browsern et cetera. Besser, wir führen eine Diskussion darüber, wie wir selbstbestimmt mit unseren Daten umgehen, anstatt zu jammern.

Die Möglichkeiten für Autonomie wachsen ins Unendliche, die für Kontrolle auch. Was wird zukünftig dominieren?
Technologie kann immer für beides genutzt werden: Menschen zu ermächtigen oder sie zu unterdrücken. In Deutschland leben wir glücklicherweise in einer starken Demokratie, was auch immer die Zukunft bringt, ist unsere Entscheidung. Die größte Gefahr sehe ich im mangelnden Dialog zwischen den Gesellschaftsschichten, zwischen denen, die Technologie und ihre Chancen verstehen, und den weiten Schichten, die verständlicherweise die Chancen gar nicht sehen. Die eigentliche Gefahr ist für mich diese soziale Abkopplung. Als diejenigen, die es verstehen, haben wir die Verantwortung, viel mehr im Dialog zu sein. Wir dürfen die Skeptiker nicht als Idioten abschreiben. Bei Trump und beim Brexit geht alles gegeneinander. Wir brauchen ein gesellschaftliches Miteinander.

Welche Auswirkungen wird Technologie für die Autonomie insgesamt haben?
Die KI befreit uns von der Fremdbestimmung unserer eigenen Voreingenommenheit (*biases*). Die Maschine hat keine Biases, deshalb kann die KI Routineentscheidungen besser faktenbasiert treffen als der Mensch. Der Ausstieg aus der Atomenergie beispielsweise hat für die Umwelt keinen Sinn

gemacht, das war eine emotionale Entscheidung, die eine Maschine nicht getroffen hätte. Und Technologie ermöglicht uns, unsere Zeit mit den wirklich wichtigen Dingen zu verbringen und dort unsere Selbstbestimmtheit einzusetzen. Neuroscience zeigt, dass wir nur eine bestimmte Menge an Entscheidungen pro Tag treffen können, denn das Gehirn ist wie ein Muskel, der irgendwann müde wird. Wenn wir Maschinen beauftragen, die einfachen Entscheidungen zu erledigen, können wir uns der schwierigen annehmen. Ich bin überzeugt, dass in diesem Zuge die Art und Weise, wie wir Unternehmen führen, und die Politik sich angleichen werden: Unternehmen werden demokratischer, dort wird man mit mehr Autonomie führen, und Regierungen werden mehr datenbasiert entscheiden.

Was muss passieren, damit Optimisten wie du recht bekommen?
Wir müssen es aktiv gestalten. Ob Autonomie oder Kontrolle gewinnt, steht 50:50. Diese Debatte ist so wichtig, aber sie wird einfach nicht geführt. Wir brauchen Politiker, die nicht nur bereit sind, darüber zu sprechen (wobei auch davon brauchen wir mehr), sondern die auch bereit sind zu handeln, egal wann der Benefit eintritt.

The End

So. Jetzt ist genug gefragt, argumentiert, und hergeleitet. Am Ende, und da sind wir nun, hat Autonomie das Zeug, »The Next Big Thing« zu werden – gesamtgesellschaftlich wie auch für jeden Einzelnen. Gesellschaftlich, weil Autonomie in einer immer komplexeren Welt unverzichtbar ist. Und für jeden Einzelnen kann das überraschend beglückend und erfüllend werden, wie ich am eigenen Leib dank meines Reitunfalls erfahren durfte. Wenn sich dann noch der Erfolg einstellt und man wieder Zeit für das Wesentliche hat, dann werden wir die Digitalisierung vielleicht sogar noch als größte Chance unserer Zeit begreifen. Packen wir es an.

Ich freue mich auf Ihre Reaktion auf info@2stundenchef.de.

Unter www.2stundenchef.de können Sie auch alle Übungen aus diesem Buch als PDF erhalten.

KOMPLEXITÄT — AUTONOMIE

Danke

Mein Dank geht an alle, die zur Entstehung dieses Buches beigetragen haben, für deren namentliche Erwähnung der Platz schlichtweg nicht ausreicht. Ich danke meinem ehemaligen Team bei KFC, das mir die Erfahrung von Loslassen ermöglicht hat, und allen, die mich nach meinem Unfall aufgefangen haben. Ich hatte das große Privileg, mit großartigen Menschen und Coaches weltweit zusammenzuarbeiten, und bin dankbar für alles, was sie mir beigebracht haben. Mit diesem Buch möchte ich das Erlernte nach dem Prinzip »pay forward« weitergeben.

Ich bedanke mich bei allen Vordenkern und Vorbildern, die dieses Buch als Interviewpartner bereichert haben. Ich danke Georg Adlmaier-Herbst, Moritz Ettl und Emilio Galli-Zugaro, die mich mit Tutorien und Literaturhinweisen weitergebracht haben. Mein Dank gilt Lucia für die akribische Zusammenstellung des Literaturverzeichnisses, Sarah für die Grafik und Bea, Beata, Martin, Peter und Thomas für ihre tolle Unterstützung. Ich bin Jim Herman dankbar für wertvolles detailliertes Feedback zu den Kapiteln 5, 6 und 8, Dr. Uwe Mazura für scharfsinnige Kommentare zum gesamten Manuskript und der Buchexpertin Dr. Petra Begemann für fundiertes Feedback zum selben und höchst inspirierende Diskussionen.

Ich danke Stephanie Walter und dem gesamten Team des Campus Verlags. Ihnen allen gebührt mein Dank, alle Fehler gehen auf mich. Fehler sind, ganz wie in Kapitel 7 dargelegt, nicht beabsichtigt und doch unvermeidbar.

Ich danke meinen Mitgründern Klaas und Anke bei TheNextWe für alles, weit über dieses Buch hinaus. Mit euch tagtäglich zusammenarbeiten zu dürfen, ist eines der großen Geschenke meines Lebens.

Ich danke meinen Eltern, dass sie die vielen Rechtschreibfehler im ganzen Manuskript liebevoll aufgespürt und korrigiert haben. Sie haben mich als Mensch entscheidend geprägt und damit alles, was ich hier propagiere. Eltern sind Schicksal, und ich bin zutiefst dankbar für das meine. Deshalb ist euch beiden dieses Buch in Liebe gewidmet.

Interviewpartner

Prof. Dr. Georg Adlmaier-Herbst

Professor an der Universität der Künste, Berlin, und an der Universität St. Gallen; Vordenker für Leadership in der Digitalisierung

Prof. Dr. D. Georg Adlmaier-Herbst ist früh in die Digitalisierung eingestiegen: 1992 war seine erste Website online. 1994 hat er für seinen damaligen Arbeitgeber, die Schering AG, das Intranet weltweit aufgebaut. Anfang der 2000er-Jahre war Adlmaier-Herbst am Aufbau des Institut of Electronic Business (IEB) beteiligt. Heute ist Adlmaier-

Herbst anerkannter Berater, Trainer und Redner für Unternehmen, Organisationen und Personen im In- und Ausland. Er ist Honorarprofessor und Scientific Director der Forschungsstelle »Berliner Management Modell für die Digitalisierung (BMM®)« am Berlin Career College der Universität der Künste Berlin. Außerdem ist er Gastprofessor an der Jiao-Tong-Universität in Shanghai (China) und an der Lettischen Kulturakademie in Riga. An der Universität St. Gallen (Schweiz) lehrt er »Digital Leadership« im CAS Digital Innovation und Business Transformation. Er ist Mitglied im Rat der Internetweisen. 2011 wurde er von der Zeitschrift »Unikum Beruf« zum »Professor des Jahres« gewählt. Adlmaier-Herbst hat 22 Bücher geschrieben, sein neuestes trägt den Titel: *Change – so klappt's! Die vier ZRM®-Innovationen für den erfolgreichen Wandel.*

Quelle: Professor Dr. Georg Adlmaier-Herbst, Foto: Eyes and Ears

Thomas Andrae

Chief Strategy Officer, Nucleus Scientific Inc.; Vordenker für neuartige Mobilität

Bei Nucleus Scientific, einem aus dem MIT hervorgegangenen Advanced-Automotive-Start-up, arbeitet Thomas an neuartigen Antrieben für Mobilitätskonzepte der nächsten Generation sowie an algorithmischen Batterieschnellladesystemen, für den Einsatz in kommenden geteilten Mobilitätskonzepten für urbane Räume. Thomas hat verschiedene Beirats- und Aufsichtsratsmandate im Mobilitätsbereich, unter anderem in der Start-up-Organisation der Continental AG. Er verfügt über ein tiefes Verständnis des Konsumentenverhaltens und der Gestaltung kundenorientierter Organisationen und Systeme. Er glaubt an Technologie als Hebel zum Ausgleich von Informationsasymmetrien in der modernen Gesellschaft. Nach seinem Studium der Informatik und Wirtschaftswissenschaften in Berlin und Berkeley arbeitete Thomas zehn Jahre als IT-Strategieberater, primär in Nordamerika und Asien. Nachdem er sein eigenes Unternehmen gegründet und sieben Jahre später erfolgreich an ein Fortune-500-Unternehmen verkauft hatte, war er instrumental am Aufbau des globalen Venture-Capital-Geschäfts für 3M beteiligt.

Quelle: Thomas Andrae

Bill Aulet

Managing Director, Martin Trust Center for MIT Entrepreneurship; Autor des Vorworts

Bill Aulet verändert die Art und Weise, wie Unternehmertum weltweit verstanden, gelehrt und praktiziert wird. Er ist ein preisgekrönter Pädagoge und Autor, dessen aktuelle Arbeit auf der Grundlage seiner 25-jährigen erfolgreichen Geschäftskarriere aufgebaut ist, zunächst bei IBM und dann als dreifacher Gründer. Seit 2009 ist er verantwortlich für die Leitung der Entwicklung von Entrepreneurship Education am MIT im Trust Center. 2017 wurde Bill zum Professor of the Practice

am MIT Sloan ernannt. Sein erstes Buch, *Disciplined Entrepreneurship* (2013), wurde in über 18 Sprachen übersetzt und war der Inhalt von drei Online-edX-Kursen, die von Hunderttausenden von Menschen in 199 verschiedenen Ländern besucht wurden.

Er hat Artikel in zahlreichen Publikationen wie dem *Wall Street Journal*, *TechCrunch* und dem *Boston Globe* veröffentlicht. Er ist ein gefragter Redner bei Shows wie CNBCs Squawk Box, *BBC News*, *Bloomberg News* sowie bei Veranstaltungen und Konferenzen auf der ganzen Welt. Er hat Abschlüsse von Harvard und MIT und ist Vorstandsmitglied von MITEK Systems (NASDAQ: MITK) und XL Hybrids Inc. (Privat) sowie Gastprofessor an der University of Strathclyde und an der Duke University.

Quelle: MIT, übersetzt mit www.deepL.com

Pascal Finette

*Chair for Entrepreneurship & Open Innovation, Singularity
University; Vordenker für Technologie der Zukunft*

An der Singularity University sowie als Mitgründer bei radical Ventures konzentriert sich Pascal Finette auf die Schnittstelle von Technologie, gesellschaftlichen Auswirkungen und Kultur. Er inspiriert und befähigt Unternehmer, Querdenker und Veränderer, die hartnäckigsten Probleme unserer Zeit anzugehen. Er hat seine Karriere damit verbracht, die Grenzen der Technologie
zu erforschen, und vertritt leiden-
schaftlich die Ansicht, dass sie die
Menschheit nachhaltig verbessern
kann. Er begann im Internet zu wirken, bevor es einen Webbrowser gab,
gründete und investierte in eine Reihe
von Technologie-Start-ups und leitete
die eBay-»Platform Solutions Group«
in Europa. Finette leitete Mozillas
Open Innovation Lab und gründete
Mozillas Accelerator WebFWD. Zuletzt baute er die Start-up-Programme
der Singularity University auf. Er war

Principal bei Google.org und ist Gründer der gemeinnützigen Organisationen Mentor for Good und The Coaching Fellowship sowie der »GyShiDo«-Bewegung (Get Your S%#&Done). Er veröffentlicht den meinungsstarken Newsletter »The Heretic«, der von Zehntausenden von Changemakern weltweit gelesen wird, und ist Autor des Buches *The Heretic: Daily Therapeutics for Entrepreneurs.*

Quelle: Pascal Finette, übersetzt mit www.deepL.com

Anke Kaupp

Gründerin & Chief Psychologist, TheNextWe; Vordenkerin für Mindset-Wandel

Als Mitgründerin und Chief Psychologist von TheNextWe (2017) und Leiterin zweier Psychologischer Institute in Stuttgart und Schorndorf (seit 2000) ist Anke Kaupp eine führende Expertin auf dem Gebiet des Mindset-Wandels im beruflichen wie auch privaten Kontext. Sie ver-

fügt über mehr als 25 Jahre Erfahrung als kognitiver Coach, Wirtschaftsmediatorin, Therapeutin und Supervisorin. Durch ihre tägliche Arbeit hat sie bereits Tausenden Menschen zu einem neuen Blickwinkel auf ihren Alltag verholfen. Anke Kaupp ist gefragte Sprecherin auf internationalen Kongressen. Sie studierte unter anderem bei Albert Ellis in New York, einem der Begründer der kognitiven Verhaltenstherapie. Diese basiert auf der Erkenntnis, dass neue Bewertungen und neues Denken ein neues Verhalten

und damit auch neue Ergebnisse ermöglichen. Anke Kaupp adaptierte diese Methode für ihre Arbeit bei TheNextWe und entwickelte daraus ein wirkungsvolles Tool für Mindset-Wandel und Zielerreichung in Unternehmen, vom Start-up über den Mittelstand bis zum DAX-Konzern. Damit etabliert sie digitales Coaching als wirksames Werkzeug für Transformation.

Quelle: TheNextWe

Verena Pausder

Gründerin & CEO von Fox & Sheep und der
HABA Digitalwerkstatt; Vordenkerin für digitale Bildung

Als Gründerin und CEO von Fox & Sheep (2012) und der HABA Digitalwerkstatt (2016) hat sich Verena Pausder dem digitalen Leben und Lernen unserer Kinder verschrieben. Fox & Sheep ist der größte Entwickler für Kinder-Apps in Deutschland und gehört mit über 20 Millionen Downloads europaweit zu den Top Ten. Die HABA Digitalwerkstatt ist inzwischen nicht nur an acht Standorten in Deutschland vertreten, sondern bringt in Nordrhein-Westfalen auch die ersten mobilen Digitalwerkstätten auf die Schul-

höfe des Landes. Angetrieben wird Verena von einer großen Vision: Alle Kinder sollen chancengleich Zugang zu digitaler Bildung erhalten. 2017 hat sie deshalb den gemeinnützigen Verein Digitale Bildung für Alle e. V. gegründet. Zudem ist sie Mitbegründerin der Initiative START-UP TEENS, die Schülerinnen und Schüler für Unternehmertum begeistert. Auf politischer Ebene berät sie aus erster Hand zu Fragen der digitalen Transformation: Sie ist Mitglied im Innovation Council von Dorothee Bär, Staatsministerin für Digitales, sowie Mitglied im Beirat »Junge Digitale Wirtschaft« von Bundeswirtschaftsminister Peter Altmaier. 2016 wurde Verena vom Weltwirtschaftsforum zum Young Global Leader ernannt.

Quelle: Verena Pausder

Gisbert Rühl

Vorsitzender des Vorstands Klöckner & Co; Vorbild für Führen mit Autonomie in der Industrie

Gisbert Rühl ist seit 2005 im Vorstand des internationalen Stahldistributors Klöckner & Co – zunächst als Finanzvorstand und seit 2009 als Vorsitzender des Vorstands. Aktuell treibt Gisbert Rühl mit voller Kraft die digitale Transformation von Klöckner & Co voran. Dazu gründete er 2014 die Digitaleinheit kloeckner.i in Berlin, die mittler-

weile rund 90 Mitarbeiter beschäftigt. Heute erzielt Klöckner & Co bereits fast ein Viertel des Konzernumsatzes über digitale Kanäle und gilt als Vorreiter der Digitalisierung in der Stahldistribution. Das neueste Projekt des umtriebigen Managers ist das Venture XOM Materials, eine unabhängige Industrieplattform für den Stahl- und Metallhandel sowie benachbarte Bereiche, die Anfang 2018 in Europa live gegangen ist.

Gisbert Rühl begann seine Karriere nach dem Studium des Wirtschaftsingenieurwesens an der Universität Hamburg 1987 als Unternehmensberater bei der Roland Berger & Partner GmbH. Nach mehreren Stationen in leitenden Positionen in der Industrie kehrte er 2002 zu Roland Berger als Partner und Gesellschafter zurück.

Quelle: Klöckner & Co

Heike Schluckebier

Heim- und Einrichtungsleiterin in einem Wohnheim für Menschen mit Behinderung; Vorbild für Führen mit Autonomie im Sozialmanagement

Heike Schluckebier, Jahrgang 1968, kam über Umwege zur Arbeit im sozialen Bereich. Mittlerweile ist sie seit 26 Jahren in unterschiedlichen Einrichtungen für Menschen mit geistigen und körperlichen Behinderungen beschäftigt. Zunächst tätig im direkten Assistenz- und Betreuungsdienst, wechselte sie nach der Weiterbildung im Gesundheits- und Sozialmanagement in Führungsverantwortung.

Bedingt durch den demografischen Wandel und sich ständig anpassende rechtliche Rahmenbedingungen hat sie im Laufe der Jahre zahlreiche Veränderungsprozesse begleiten dürfen. Auch nach so vielen Jahren treibt sie der Wunsch an, die Wohn- und Lebensbedingungen der Menschen mit Behinderung zu verbessern und ihnen in der öffentlichen Wahrnehmung eine Stimme zu geben. In ihrer täglichen Arbeit legt sie Wert darauf, die Mitarbeiter verlässlich durch die anstehenden tief greifenden Umbrüche zu begleiten und sie im beruflichen Alltag zu neugierigem Mitdenken zu motivieren.

Quelle: Heike Schluckebier

Literatur

Aaron, A., The CEO of Kronos on Launching an Unlimited Vacation Policy, in: *Harvard Business Review*, November-December 2017 issue, https://hbr.org/2017/11/the-ceo-of-kronos-on-launching-an-unlimited-vacation-policy

Adlmaier-Herbst, G./Storch, M./Storch J./Breiter, R. (2018), *Change-Management – so klappt's!: Die vier ZRM®-Innovationen für den erfolgreichen Wandel*, Bern

Amabile, T. (1998), How to kill creativity, in: *Harvard Business Review*, 09/1998. https://hbr.org/1998/09/how-to-kill-creativity

Amabile, T./Kramer, S. (2011), *The Progress Principle: Using Small Wins*, Boston

Arnold, H. (2016), *Wir sind Chef: Wie eine unsichtbare Revolution Unternehmen verändert*, Freiburg

Assig, D./Echter, D. (2012), *Ambition: Wie große Karrieren gelingen*, Frankfurt

Assig, D./Echter, D. (2018), *Freiheit für Manager: Wie Kontrollwahn den Unternehmenserfolg verhindert*, Frankfurt

Aulet, B. (2016), *Start-up mit System: In 24 Schritten zum erfolgreichen Entrepreneur*, Heidelberg

Benioff, M (2009), *Behind the Cloud: the untold story of how Salesforce.com went from idea to billion-dollar company – and revolutionized an industry*, San Francisco

BEQOM, *JFK and the Janitor: the importance of understanding the WHY that is behind what we do*, 26. November 2014, https://www.beqom.com/blog/jfk-and-the-janitor

Blanchard, K./Carlos, J./Randolph, A. (2001), *Empowerment Takes More Than a Minute*, Oakland

Bordt, M. (2017), *Die Kunst sich selbst auszuhalten: Ein Weg zur inneren Freiheit*, München

Buckingham, M./Clifton, D. (2016), *Entdecken Sie Ihre Stärken jetzt!: Das Gallup-Prinzip für individuelle Entwicklung und erfolgreiche Führung*, Frankfurt

Budras, C., Unternehmer in Not: Elon Musk, ein irrer Typ, *Frankfurter Allgemeine Zeitung* vom 26. August 2018, http://www.faz.net/aktuell/wirtschaft/diginomics/elon-musk-hat-geldgeber-getaeuscht-und-kapitalismus-verraten-15755832.html?printPagedArticle=true#pageIndex_0

Bund, K. (2014), *Glück schlägt Geld: Generation Y: Was wir wirklich wollen*, Hamburg

Bourree, L. (2015), Why Are So Many Zappos Employees Leaving?

Last year, the company's turnover rate was 30 percent, *The Atlantic*, 15. Januar 2016 https://www.theatlantic.com/business/archive/2016/01/zappos-holacracy-hierarchy/424173/

Burnett, B./Evans, D. (2016), *Mach, was Du willst: Design Thinking fürs Leben*, Berlin 2016

Carson, R. (2003), *Taming Your Gremlin: A Surprisingly Simple Method for Getting Out of Your Own Way*, New York

Chapman, G./White, P. (2013), *Die 5 Sprachen der Mitarbeitermotivation*, Tübingen

Clark, P., Why unlimited vacation means more time in the office, *Financial Times*, 5. November 2017

Collins, J. (2001), *Der Weg zu den Besten: Die sieben Management-Prinzipien für dauerhaften Unternehmenserfolg*, Frankfurt

Csikszentmihalyi, M. (1990), *Flow: das Geheimnis des Glücks*, Stuttgart

Davidoff Solomon, S., $1 Billion for Dollar Shave Club: Why Every Company Should Worry, *The New York Times*, Ausgabe 26. Juli 2016

Davies, A., Elon Musk is Broken, and We Have Broken Him, in: *Wired*, 16. August 2018, https://www.wired.com/story/elon-musk-tesla-tweets-struggles/

Deci, E./Flaste, R. (1995), *Why we do what we do. Understanding Self-Motivation*, London

Deci, E./Ryan, R. (2000), The »What« and »Why« of Goal Pursuits: Human Needs and the Self-Determination of Behavior, in: *Psychological Inquiry* Vol. 11, No. 4, S. 242

Deloitte Millennial Survey 2018, S. 17 ff., https://www2.deloitte.com/content/dam/Deloitte/global/Documents/About-Deloitte/gx-2018-millennial-survey-report.pdf

di Lorenzo, G., Fragen an Herrn Schmidt: Verstehen Sie das, Herr Schmidt? *ZEITmagazin*, Nr. 10, 4. März 2010 https://www.zeit.de/2010/10/Fragen-an-Helmut-Schmidt/seite-4

Doerr, J. (2017), *Measure What Matters: OKRs – the Simple Idea That Drives 10x Growth*, New York

Dweck, C. (2012), *Mindset: How You Can Fulfil Your Potential*, London

Eckert, D., Deutsche Arbeitnehmer von ihren Chefs gefrustet, *Welt* vom 06. Dezember 2017, https://www.welt.de/wirtschaft/karriere/article171322669/Deutsche-Arbeitnehmer-von-ihren-Chefs-gefrustet.html

Ferriss, T. (2007), *Die 4-Stunden Woche: Mehr Zeit, mehr Geld, mehr Leben*, Berlin

Floridi, L. (2015), *Die 4. Revolution: wie die Infosphäre unser Leben verändert*, Berlin

Fried, J. und Heinemeier Hansson, D. (2018), *It doesn't have to be crazy at work*, London

Friedman, T. (2016), *Thank you for being late: an optimist's guide to thriving in the age of accelerations*, New York

Galli Zugaro, E. (2017), *The Listening Leader: How to drive performance by using communicative leadership*, Harlow

Gelles, D./Stewart, J. B./Silver-Greenberg, J./Kelly, K., Elon Musk Details »Excrutiating« Personal Toll of Tesla Turmoil, *New York Times* vom 16. August 2018, https://www.nytimes.com/2018/08/16/business/elon-musk-interview-tesla.html

Gloger, B./Rösner, D. (2014), *Selbstorganisation braucht Führung: Die einfachen Geheimnisse agilen Managements,* München

Greenleaf, R. K. (2002), *Servant Leadership: A Journey into the Nature of Legitimate Power & Greatness,* New York

Harari, Y. N. (2018), *21 Lektionen für das 21. Jahrhundert,* München

Harel, Y., Entrepreneurs Should Watch Out for Cognitive Biases and the Curse of Knowledge, *Entrepreneur,* 13. November 2015, https://www.entrepreneur.com/article/252499

Hengstschläger, M. (20012), *Die Durchschnittsfalle: Gene-Talente-Chancen,* Salzburg

Holiday, R. (2017), *Dein Ego ist Dein Feind: So besiegst Du deinen größten Gegner,* München

Horowitz, B. (2014), *Wenn es hart auf hart kommt: Schwierige Management-Situationen und wie man sie meistert,* Kulmbach

Hurrelmann, K./Albrecht, E. (2014), *Die heimlichen Revolutionäre: Wie die Generation Y unsere Welt verändert,* Weinheim

Janssen, B. (2016), *Die stille Revolution: Führen mit Sinn und Menschlichkeit,* München

Jotzo, M. (2016), *Loslassen für Führungskräfte: meine Mitarbeiter schaffen das,* Wiesbaden

Kaffenberger, M. (2017), *Wie viele Start-ups scheitern,* 03. März 2017, https://www.gruenderpilot.com/wie-viele-Start-ups-scheitern/

Kegan, R./Laskow Lahey, L. (2009), *Immunity to Change: How to Overcome It and Unlock the Potential in Yourself and Your Organization,* Boston MA

Keese, C. (2016), *Silicon Germany: Wir wir die digitale Transformation schaffen,* München

Keller, G./Papasan, J. (2017), *The One Thing: Die überraschend einfache Wahrheit über außergewöhnlichen Erfolg,* München

Keltner, D. (2016), *Das Macht Paradox: Wie wir Einfluss gewinnen – oder verlieren,* Frankfurt

Kissel, K./Tschinkel, W. (2018), *Das Prinzip der minimalen Führung: Effektive Führung im Wandel der Zeit,* Hamburg

Kötter, R. und Kursawe, M. (2015), *Design Your Life: Dein ganz persönlicher Workshop für Leben und Traumjob,* Frankfurt

Krisch, J. (2011), *K5: Rocket Internet und die »Egoless Culture«,* 08. Oktober 2011 https://excitingcommerce.de/2011/10/08/rocket-internet-und-die-egoless-culture/, abgerufen im September 2018

Kuhl, J. (2010), *Lehrbuch der Persönlichkeitspsychologie: Motivation, Emotion und Selbststeuerung,* Göttingen

Laloux, F. (2014), *Reinventing Organizations: Ein Leitfaden zur Gestaltung sinnstiftender Formen der Zusammenarbeit,* München

Laloux, F. (2018), *Sense and Respond: Wirtschaftsphilosoph und Bestsellerautor Frédéric Laloux über das Ende der klassischen Organisation – und warum die Zukunft selbstführenden Organisationen gehört,* Interview mit Egon Zehnder, 17. Mai 2018, https://www.egonzehnder.com/de/interview-mit-frederic-laloux

Lao Tse (1990), *Tao-Te-King,* Vers 17, Diogenes, Zürich

Latham, G./Locke, E. (2002), Building a Practically Useful Theory of Goal Setting and Task Motivation, *American Psychologist,* Vol. 57, No. 9, S. 706 ff.

Lencioni, P. (2014), *Die 5 Dysfunktionen eines Teams,* Weinheim

Lohmann, D. (2012), *.... Und mittags geh ich heim: Die völlig andere Art, ein Unternehmen zum Erfolg zu führen,* Wien

Luhmann, N. (2012, 4. Auflage), *Macht,* Konstanz und München

Luna, E. (2015), *The Crossroads of Should and Must: Find and follow your passion,* New York

Maitland, A./Thomson, P. (2014), *Future work: Changing organizational culture for the new world of work,* New York

Maurer, R. (2014), *One Small Step Can Change Your Life: The Kaizen Way,* New York

Meckel, M. (2010), *Brief an mein Leben: Erfahrungen mit einem Burnout,* Reinbek

Meckel, M. (2018), *Mein Kopf gehört mir: Eine Reise durch die schöne neue Welt des Brainhacking,* München

Murphy, J. (2010), *Inner Excellence: Achieve Extraordinary Business Success Through Mental Toughness,* New York City

Naziri, J., Dollar Shave Club co-founder Michael Dubin had a smooth transition, in *LA Times,* Ausgabe 16. August 2016, http://articles.latimes.com/2013/aug/16/business/la-fi-himi-dubin-20130818

Nelson, A., A Female Founder's Take On The Tears of Elon Musk, *Forbes,* 21. August 2018, https://www.forbes.com/sites/amynelson1/2018/08/21/a-female-founders-take-on-the-tears-of-elon-musk/#14dd42e33a4e

Novak, D. (2012), *Taking People With You: The Only Way to Make BIG Things Happen,* New York

Oncken, S./Wass, D. L. (1974). Management Time: Who's Got the Monkey?, in *Harvard Business Review,* Ausgabe November-Dezember 1974, Reprint in der Ausgabe November-Dezember 1999

Parment, A. (2013), *Die Generation Y: Mitarbeiter der Zukunft motivieren, integrieren, führen,* 2. Auflage, Wiesbaden

Pascus, B., Elon Musk is reportedly sleeping under his desk and camping out at the office for days at a time as Tesla faces pressure to make 5,000 Model 3s per week, *Business Insider,* 28. Juni 2018, https://www.businessinsider.de/elon-musk-sleeps-under-desk-as-tesla-faces-model-3-production-goals-2018-6?r=-US&IR=T

Pauen, M./Welzer, H. (2015), *Autonomie – Eine Verteidigung,* Stuttgart

Pink, D. H. (2010), *Drive: Was Sie wirklich motiviert,* Salzburg

Pfeffer, J. (2015), *Leadership BS: Fixing Workplaces and Careers one truth at a time,* New York

Pfläging, N. (2001), *Führen mit flexiblen Zielen: Praxisbuch für mehr Erfolg im Wettbewerb,* Frankfurt am Main

Purps-Pardigol, S. (2015), *Führen mit Hirn: Mitarbeiter begeistern und Unternehmenserfolg steigern,* Frankfurt

Ramadan, L./Peterson, D./Lochhead, C./Maney, K. (2016), *Play bigger: How rebels and innovators create new categories and dominate markets,* London

Rath, T. (2014), *Entwickle deine Stärken: mit dem StrengthsFinder 2.0,* München

Rifkin, J. (2014), *Die Null-Grenzkosten-Gesellschaft: Das Internet der Dinge, kollaboratives Gemeingut und der Rückzug des Kapitalismus,* Frankfurt

Robertson, B. (2015), *Holacracy: Ein revolutionäres Management-System für eine volatile Welt,* München

Scharmer, O. (2018), *The Essentials of Theory U: Core Principles and Applications,* Oakland

Scheller, T. (2017), *Auf dem Weg zur agilen Organisation: Wie Sie Ihr Unternehmen dynamischer, flexibler und leistungsfähiger gestalten,* München

Schmitt, R. (2001), *Rational-Emotive Therapie (RET): Eine Einführung,* Schmitt Verlag, kein Ort angegeben, S. 51/52

Seligman, M. (2011), *Flourish – Wie Menschen aufblühen: Die positive Psychologie des gelingenden Lebens,* München

Seligman, M. (2005), *Der Glücks-Faktor: Warum Optimisten länger leben,* Köln

Senge, P. M. (2006), *Die fünfte Disziplin: Kunst und Praxis der lernenden Organisation,* 11. Auflage, Stuttgart

Sher, B. (2010), *Wishcraft: Wie ich bekomme, was ich wirklich will,* München

Sinek, S. (2009), *How great leaders inspire action,* TEDx Puget Sound September 2009, https://www.ted.com/talks/simon_sinek_how_great_leaders_inspire_action ?language=en

Spiegel Online (2018) (Ohne Angabe des Journalisten), Von der Aschenbahn in den Eiskanal: Bob-Pilotinnen erstmals bei Olympia, *Spiegel Online* 16.01.2018, http://www.spiegel.de/sport/wintersport/olympia-2018-jamaika-erstmals-mit-frauen-bobteam-vertreten-a-1188134.html

Sprenger, R. (2014), *Mythos Motivation: Wege aus einer Sackgasse,* Frankfurt

Storch, M./Krause, F. (2017), *Selbstmanagement – ressourcenorientiert: Grundlagen und Trainingsmanual für die Arbeit mit dem Zürcher Ressourcen Modell,* Bern

Sutton, R. (2007), *Der Arschloch Faktor: Vom geschickten Umgang mit Aufschneidern, Intriganten und Despoten im Unternehmen,* München

Teller, A., Stand August 2018, https://www.linkedin.com/in/astroteller/

Tenorth, L., Unbegrenzt Urlaub: Funktioniert Trivagos Arbeitszeitmodell? in *NRZ,* Ausgabe 29. November 2017, https://www.nrz.de/wirtschaft/unbegrenzt-urlaub-funktioniert-trivagos-arbeitszeitmodell-id212599289.html

Urban, T., Blog *Wait but Why,* The Cook and the Chef: Musk's Secret Sauce, 6. November 2015, https://waitbutwhy.com/2015/11/the-cook-and-the-chef-musks-secret-sauce.html

Vance, A. (2015), *Elon Musk: Tesla, SpaceX and the Quest for a Fantastic Future,* HarperCollins

Vanderbild, T. (2018), Why Futurism has a Cultural Blindspot: We predicted cell phones, but not women in the workplace, *Nautilus, Issue 065,* 11. Oktober 2018, abgerufen unter http://nautil.us/issue/65/in-plain-sight/why-futurism-has-a-cultural-blindspot-rp

von Zepelin, J., Coach to go, Capital Ausgabe 07/2018, https://www.capital.de/karriere/capital-de-coach_to_go

zu Salm, C., (2015), *Dieser Mensch war ich: Nachrufe auf das eigene Leben,* München

Anmerkungen

Alle hier angegebenen Links wurden bis einschließlich November 2018 aufgerufen und überprüft.

Vorwort von Bill Aulet

1 Zitiert in Gittleson, K. (2012), »Can a Company Live Forever?«, *BBC News*, New York, 19 January 2012
2 Managing Director, Martin Trust Center for MIT Entrepreneurship und Professor of the Practice, MIT Sloan School of Management. Bills vollständiger Lebenslauf befindet sich im Abschnitt Interview-Partner am Ende des Buches.

Kapitel 1: Tag 1: Das Leben wirft mich aus dem Sattel

1 Übersetzt vom Cambridge Dictionary online, https://dictionary.cambridge.org/de/worterbuch/englisch/ego
2 Holiday, R. (2017), *Dein Ego ist Dein Feind: So besiegst Du deinen größten Gegner*, München, S. 20
3 Ebd., S. 21
4 Pfeffer, J. (2015), *Leadership BS: Fixing Workplaces and Careers one truth at a time*, New York, S. 19–21
5 Ebd. S. 19 und 20
6 Greenleaf, R. K. (2002), *Servant Leadership: A Journey into the Nature of Legitimate Power & Greatness*, New York, S. 27
7 Krisch, J., *K5: Rocket Internet und die »Egoless Culture«*, 08.10.2011, https://excitingcommerce.de/2011/10/08/rocket-internet-und-die-egoless-culture/
8 Assig, D. und Echter, D. (2012), *Ambition: Wie große Karrieren gelingen*, Frankfurt, S. 106
9 Jotzo, M. (2016), *Loslassen für Führungskräfte: meine Mitarbeiter schaffen das*, Wiesbaden, S. 172
10 Assig/Echter (2012), S. 228
11 Ebd., S. 229
12 PAWLIK Handlungssteuerungsmodell: Affekte und Emotionen, https://youtu.be/SveqmCvVRMI
13 Julius Kuhl – Wie Führungskräfte motivieren können, https://www.youtube.com/watch?v=8RGREHbDUeA
14 Kuhl, J. (2010), *Lehrbuch der Persönlichkeitspsychologie: Motivation, Emotion und Selbststeuerung*, Göttingen, S. 285
15 Anderson/Berdahl (2002) zitiert in Ebd., S. 287
16 Luhmann, N. (2012, 4. Auflage), *Macht*, Konstanz und München, S. 16

17 Lao Tse, *Tao-Te-King*, Zürich, Vers 17, zitiert aus der Diogenes-Ausgabe 1990
18 Keltner, D. (2016), *Das Macht Paradox: Wie wir Einfluss gewinnen – oder verlieren*, Frankfurt, S. 42
19 Ebd., S. 11
20 Gelles, D., Stewart, J., Silver-Greenberg, J., Kelly, K., Elon Musk Details »Excrutiating« Personal Toll of Tesla Turmoil, *New York Times*, 16. August 2018, https://www.nytimes.com/2018/08/16/business/elon-musk-interview-tesla.html
21 Budras, C., Unternehmer in Not: Elon Musk, ein irrer Typ, *FAZ*, 26. August 2018, http://www.faz.net/aktuell/wirtschaft/diginomics/elon-musk-hat-geldgeber-getaeuscht-und-kapitalismus-verraten-15755832.html?printPagedArticle=true#pageIndex_0
22 Ebd., *New York Times*, 16. August 2018
23 Ebd., *FAZ*, 26. August 2018
24 Elon Musk is Broken, and We Have Broken Him, *Wired*, 16. August 2018, https://www.wired.com/story/elon-musk-tesla-tweets-struggles/
25 Vance, A. (2015), Elon Musk: Tesla, SpaceX and the Quest for a Fantastic Future, HarperCollins, S. 345
26 Elon Musk is reportedly sleeping under his desk and camping out at the office for days at a time as Tesla faces pressure to make 5,000 Model 3s per week, *Business Insider*, 28. Juni 2018, https://www.businessinsider.de/elon-musk-sleeps-under-desk-as-tesla-faces-model-3-production-goals-2018-6?rUS&IR=T
27 Nelson, A., A Female Founder's Take On The Tears of Elon Musk, *Forbes*, 21. August 2018, https://www.forbes.com/sites/amynelson1/2018/08/21/a-female-founders-take-on-the-tears-of-elon-musk/#14dd42e33a4e
28 Meckel, M. (2010), *Brief an mein Leben: Erfahrungen mit einem Burnout*, Leck, S. 174
29 Ebd., S. 176
30 Ebd., S. 175
31 Ferriss, T. (2007), *Die 4-Stunden-Woche: Mehr Zeit, mehr Geld, mehr Leben*, Berlin, S. 143
32 Arnold, H. (2016), *Wir sind Chef: Wie eine unsichtbare Revolution Unternehmen verändert*, Freiburg, S. 13

Kapitel 2: Tag 15: Das Team startet durch

1 Pauen, M./Welzer, H. (2015), *Autonomie –Eine Verteidigung*, Stuttgart, S. 21
2 Ryan und Decis Autonomieverständnis formuliert in Deci, E./Flaste, R. (1995), *Why we do what we do. Understanding Self-Motivation*, London, S. 2
3 Pauen/Welzer (2015), S. 31
4 Ebd., S. 32
5 Vergleiche dazu auch Deci, E./Ryan, R. (2000), The »What« and »Why« of Goal Pursuits: Human Needs and the Self-Determination of Behavior, in *Psychological Inquiry* Vol. 11, No. 4, S. 242
6 Pink, D. H. (2010), *Drive: Was Sie wirklich motiviert*, Salzburg, S. 21
7 Deci/Ryan (2000), S. 235
8 Ebd., S. 243
9 Pauen/Welzer (2015), S. 25 und Deci/Ryan (2000), S. 232
10 Deci/Ryan (2000), S. 234
11 https://youtu.be/MWcJZ210AaM oder #worldstoughestjob
12 Kaffenberger, M. (2017), *Wie viele Start-ups scheitern*, 03.03.2017, https://www.gruenderpilot.com/wie-viele-Start-ups-scheitern/

13   https://stackoverflow.com/questions/40162272/android-fused-location-provi
     der-api-issues-with-satellite-information-count/40173368#40173368
14   Amabile, T. (1998), How to kill creativity, in *Harvard Business Review*, 09/1998.
     https://hbr.org/1998/09/how-to-kill-creativity
15   Ebd., S. 3 des Artikels
16   Ebd., S. 12 des Artikels
17   Ebd., S. 8
18   Horowitz, B. (2014), Wenn es hart auf hart kommt: Schwierige Management-
     Situationen und wie man sie meistert, Kulmbach, S. 64
19   Ebd., S. 64
20   Ebd., S. 65
21   Csikszentmihalyi, M. (1990), *Flow: das Geheimnis des Glücks*, Stuttgart, S. 18
22   Ebd., S. 246, 247
23   Ebd., S. 124
24   Ebd., Diagramm zur Über- und Unterforderung auf S. 125
25   Ebd., S. 381
26   https://www.ccl.org/articles/leading-effectively-articles/70-20-10-rule/
27   Sprenger, R. (2014), Mythos Motivation: Wege aus einer Sackgasse, Frankfurt,
     S. 217
28   Ebd., S. 217, 218
29   Fried, J. und Heinemeier Hansson, D. (2018), *It doesn't have to be crazy at
     work*, London, S. 3
30   Deci, E./Flaste, R. (1995), S. 51–54
31   Zitat in Senge, P.M. (2006), *Die fünfte Disziplin: Kunst und Praxis der lernen-
     den Organisation*, 11. Auflage, Stuttgart, S. 1 und 2
32   Deci, E./Flaste, R. (1995), S. 29
33   Amabile (1998), S. 5
34   Ebd., »The creativity maze«, S. 4, 5.
35   Deci, E./Flaste, R. (1995), S. 49
36   Refrain aus »Bleibt alles anders« aus dem gleichnamigen Herbert Grönemeyer
     Album, 1998
37   Sutton, R. (2007), *Der Arschloch Faktor: Vom geschickten Umgang mit Auf-
     schneidern, Intriganten und Despoten im Unternehmen*, München, S. 30
38   Ebd., S. 35
39   Kununu Sprecher Johannes Prüller zitiert in https://www.welt.de/wirtschaft/
     karriere/article171322669/Deutsche-Arbeitnehmer-von-ihren-Chefs-gefrus
     tet.html

Kapitel 3: Exkurs: Wie Kontrolle Deutschland die Zukunftsfähigkeit kostet

1   https://www.tagesschau.de/wirtschaft/bahn-berlin-muenchen-101.html
2   623 Kilometer in 4 Stunden sind rein rechnerisch im Schnitt 156 Kilometer
    pro Stunde. 1931 erreichte ein Stromlinienzug auf der Strecke Hamburg-Ber-
    lin einen Weltrekord von 230,4 Kilometern pro Stunde, der zwanzig Jahre
    nicht gebrochen wurde: https://de.wikipedia.org/wiki/Stromlinienzug, abge-
    rufen im September 2018
3   Die gesamte Biografie von Thomas Andrae findet sich im Abschnitt »Die In-
    terviewpartner« am Ende des Buches.
4   https://www.siemens.com/press/de/pressemitteilungen/?press=/de/presse
    mitteilungen/2018/corporate/2018-q3/pr2018080262code.htm

5   https://www.adidas-group.com/de/medien/newsarchiv/pressemitteilungen/2017/ adidas-erhoht-umsatz-und-gewinnziele-bis-2020/ und https://www.ispo.com/ unternehmen/adidas-konkurrent-puma-mit-ambitionierten-wachstumszielen

6   Netflixonomics: The television will be revolutionised, *The Economist*, 30. Juni 2018

7   Keese, C. (2016), *Silicon Germany: Wie wir die digitale Transformation schaffen*, München, S. 15

8   Ebd., S. 17

9   Ebd., S. 18

10 Übersetzt aus Friedman, T. (2016), *Thank you for being late: an optimists guide to thriving in the age of accelerations*, London, S. 39

11 Floridi, L. (2015), *Die 4. Revolution: wie die Infosphäre unser Leben verändert*, Berlin, S. 25

12 Rifkin, J. (2014), *Die Null-Grenzkosten-Gesellschaft: Das Internet der Dinge, kollaboratives Gemeingut und der Rückzug des Kapitalismus*, Frankfurt, S. 13

13 Ebd., S. 21

14 Naziri, J., Dollar Shave Club co-founder Michael Dubin had a smooth transition, in *LA Times*, 16. August 2016, http://articles.latimes.com/2013/aug/16/ business/la-fi-himi-dubin-20130818

15 Übersetzt aus Davidoff Solomon, S., $1 Billion for Dollar Shave Club: Why Every Company Should Worry, *The New York Times*, 26. Juli 2016

16 Ebd.

17 Rifkin, J. (2014), S. 25

18 Übersetzt vom LinkedIn-Profil von Astro Teller, Stand August 2018, https:// www.linkedin.com/in/astroteller/

19 Übersetzt aus Friedman, T. (2016), S. 34

20 Ebd., S. 35

21 Übersetzt aus Ramadan, L./Peterson, D./Lochhead, C./Maney, K. (2016), *Play bigger: How rebels and innovators create new categories and dominate markets*, London, S. 42

22 Ebd., S. 44

23 Ebd., S. 44

24 YouTube-Video von Kevin Roses Interview mit Elon Musk: *The First Principles Method Explained by Elon Musk*, https://youtu.be/NV3sBlRgzTI

25 Ebd.

26 Elon Musk zitiert in Tim Urbans Blog *Wait but Why*, The Cook and the Chef: Musk's Secret Sauce, 6. November 2015, https://waitbutwhy.com/2015/11/the-cook-and-the-chef-musks-secret-sauce.html

27 Jenny von Zepelin, Coach to go, *Capital*, 07/2018, https://www.capital.de/karriere/capital-de-coach_to_go

28 http://theleanStart-up.com/principles

29 Keese, C. (2016), S. 177, 178

30 Burnett, B. und Evans, D. (2016), *Mach, was Du willst: Design Thinking fürs Leben*, Berlin 2016, S. 19

31 Übersetzt von http://entrepreneurship.mit.edu/profile/will-sanchez/, abgerufen im Juli 2018

32 http://entrepreneurship.mit.edu/online-learning/

33 Aulet, B. (2016), *Start-up mit System: In 24 Schritten zum erfolgreichen Entrepreneur*, Heildelberg, S. 2

34 http://news.mit.edu/2015/report-entrepreneurial-impact-1209

35 Stand August 2018, nach Angabe auf der edX-Website: https://www.edx.org/ schools-partners

36   Mehr Informationen zu Verena Pausder finden sich im Abschnitt »Interviewpartner«.

Kapitel 4: Tag 43: Wieder da, aber nicht ganz: Das Autonomieprinzip

1   Sprenger (2014), S. 234
2   Ebd. S. 238
3   Ebd. S. 238
4   Amabile (1998), S. 6
5   Ebd. S. 7
6   Maitland, A./Thomson, P. (2014), *Future work: Changing organizational culture for the new world of work*, New York, S. 2
7   Ebd. S. 13
8   Ebd. S. 48
9   Tenorth, L., Unbegrenzt Urlaub: Funktioniert Trivagos Arbeitszeitmodell? in *NRZ*, 29.11.2017, https://www.nrz.de/wirtschaft/unbegrenzt-urlaub-funktioniert-trivagos-arbeitszeitmodell-id212599289.html
10   Clark, P., Why unlimited vacation means more time in the office, *Financial Times*, 5.11.2017
11   Ebd.
12   Aaron, A., The CEO of Kronos on Launching an Unlimited Vacation Policy, in: *Harvard Business Review,* November-December 2017, https://hbr.org/2017/11/the-ceo-of-kronos-on-launching-an-unlimited-vacation-policy
13   Purps-Pardigol, S. (2015), *Führen mit Hirn: Mitarbeiter begeistern und Unternehmenserfolg steigern*, Frankfurt, S. 116
14   Ebd. S. 119
15   Ebd. S. 117
16   Ebd. S. 115
17   Galli Zugaro, E. (2017), *The Listening Leader: How to drive performance by using communicative leadership*, Harlow, S. 127
18   Assig, D./Echter, D. (2018), *Freiheit für Manager: Wie Kontrollwahn den Unternehmenserfolg verhindert*, Frankfurt, S. 14
19   Roger, P. und Blenko, M. W., Who has the D? How clear decision roles enhance organizational performance, in *Harvard Business Review*, January 2006, https://hbr.org/2006/01/who-has-the-d-how-clear-decision-roles-enhance-organizational-performance
20   Mehr zu Heike Schluckebier am Ende des Buches unter »Die Interviewpartner«.
21   https://www.weforum.org/agenda/2015/02/3-ways-millennials-are-changing-the-world-of-work/?utm_content=bufferf528c&utm_medium=social&utm_source=facebook.com&utm_campaign=buffer
22   Bund, K. (2014), Glück schlägt Geld: Generation Y: Was wir wirklich wollen, Hamburg, S. 76 f.
23   Hurrelmann, K. und Albrecht, E. (2014), *Die heimlichen Revolutionäre: Wie die Generation Y unsere Welt verändert*, Weinheim, S. 8
24   Parment, A. (2013), *Die Generation Y: Mitarbeiter der Zukunft motivieren, integrieren, führen*, 2. Auflage, Wiesbaden, S. 31
25   Ebd. S. 32
26   Bund, K. (2014), S. 56
27   Hurrelmann, K. und Albrecht, E. (2014), S. 34
28   Übersetzt aus Galli Zugaro, E. (2017), S. 147
29   Bund, K. (2014), S. 67

30 Parment, A. (2013), S. 83

31 2018 Deloitte Millennial Survey, S. 17. https://www2.deloitte.com/content/dam/
Deloitte/global/Documents/About-Deloitte/gx-2018-millennial-survey-report.pdf

32 Ebd. S. 21

Kapitel 5: Tag 69: Der 2-Stunden-Chef als Visionär und Ermutiger

1 Blanchard, K., Carlos, J. und Randolph, A. (2001), Empowerment Takes More
Than a Minute, Oakland, S. 38

2 Ebd., S. 39

3 Übersetzt aus Sinek, S. (2009), *How great leaders inspire action, TEDx Puget
Sound* September 2009, Minute 4:01, https://www.ted.com/talks/simon_si-
nek_how_great_leaders_inspire_action?language=en

4 Ebd., Minute 8:02

5 Seligman, M. (2012), *Flourish – Wie Menschen aufblühen: Die positive Psychologie des gelingenden Lebens,* München, S. 28

6 Gadiesh, Orit (2002), Protect your core difficult as this may be, Special Lec-
ture, 17. Oktober 2002, Bain & Company, https://www.bain.com/insights/
protect-your-core-difficult-as-this-may-be/

7 Sinek, S. (2009), Minute 2:17

8 Vergleiche Laloux, F. (2014), *Reinventing Organizations: Ein Leitfaden zur Gestaltung sinnstiftender Formen der Zusammenarbeit,* München, S. 222

9 Ebd., S. 194

10 Ebd., S. 194/195

11 Marriott 2012 Vision, https://investor.shareholder.com/mar/marriottAR11/
pdf/MarriottVision2012.pdf

12 Zitat aus dem Creative Brief vom 2. August 2013, das ich während meines Be-
suchs bei AirBnB im April 2016 in der AirBnB Zentrale in San Francisco vor-
gestellt bekam, wo es an der Wand hing.

13 di Lorenzo, G., Fragen an Herrn Schmidt: Verstehen Sie das, Herr Schmidt?
ZEITmagazin, Nr. 10, 4. März 2010 https://www.zeit.de/2010/10/Fragen-an-
Helmut-Schmidt/seite-4

14 https://www.duden.de/rechtschreibung/Vision, abgerufen im September 2018

15 Senge, P. (2010), *Die fünfte Disziplin: Kunst und Praxis der lernenden Organisation, 11. Auflage, Stuttgart,* S. 234, 235. Die Erstauflage erschien 1990. Eine
Vision ist eines von Senges fünf Dimensionen, die eine lernende Organisation
ausmacht, eine Organisation, die der Zukunft gewachsen ist, weil sie sich immer weiterentwickelt.

16 Ebd., S. 242 und 243

17 BEQOM, *JFK and the Janitor: the importance of understanding the WHY that
is behind what we do,* 26. November 2014, https://www.beqom.com/blog/jfk-
and-the-janitor

18 Latham, G. und Locke, E. (2002), Building a Practically Useful Theory of Goal
Setting and Task Motivation, *American Psychologist,* Vol. 57, No. 9, S. 706 f.

19 Deloitte (2015), Becoming Irresistible: A New Model for Employee Engage-
ment«, *Deloitte Review,* Issue 16, 26. Januar 2015, zitiert in Doerr, J. (2017),
Measure What Matters: OKRs – the Simple Idea That Drives 10x Growth, New
York, S. 10

20 Deci, E. und Ryan, R. (2000), S. 237

21 Latham, G. und Locke, E. (2002), S. 709

22 Übersetzt aus Doerr, J. (2017), S. 132

23 Siehe Prozessverlauf in Doerr, J. (2017), S. 267

24 Aus dem Google OKR Playbook, S. 258. Ein »Aspirational OKR« ist vergleich-bar mit dem »Big Hairy Audacious Goal«, kurz BHAG aus Jim Collins Buch *Good to Great*.

25 Pfläging, N. (2001), *Führen mit flexiblen Zielen: Praxisbuch für mehr Erfolg im Wettbewerb*, Frankfurt am Main, S. 38

26 Jims gesamtes Programm für mentale Resilienz können Sie hier finden: Mur-phy, J. (2010), *Inner Excellence: Achieve Extraordinary Business Success Through Mental Toughness*, New York City

27 2. Korinther 5, 7. Auf Deutsch: »Denn wir wandeln durch Glauben, nicht durch Schauen.« https://www.bibleserver.com/text/ELB/2.Korinther5%2C7

28 Schmitt, R. (2001), *Rational-Emotive Therapie (RET): Eine Einführung*, Schmitt Verlag, S. 51/52

29 Spiegel Online (2018) (Ohne Angabe des Journalisten), Von der Aschenbahn in den Eiskanal: Bob-Pilotinnen erstmals bei Olympia, *Spiegel Online*, 16.01.2018, http://www.spiegel.de/sport/wintersport/olympia-2018-jamaika-erstmals-mit-frauen-bobteam-vertreten-a-1188134.html

30 Übersetzt aus Dweck, C. (2012), *Mindset: How You Can Fulfil Your Potential*, London, S. 41

31 Collins, J. (2001), *Der Weg zu den Besten: Die sieben Management-Prinzipien für dauerhaften Unternehmenserfolg*, Frankfurt, S. 27

32 Seligman, M. (2012), S. 57

33 Ebd., S. 57

34 Harel, Y., Entrepreneurs Should Watch Out for Cognitive Biases and the Curse of Knowledge, *Entrepreneur*, 13.11.2015, https://www.entrepreneur.com/arti cle/252499

35 Ebd.

36 Horowitz, B. (2014), S. 80

37 Amabile, T./Kramer, S. (2011), *The Progress Principle: Using Small Wins*, Bos-ton, S. 4 ff.

38 Ebd., S. 80

39 Ebd., S. 6

40 Ebd., S. 80

41 Benioff, M (2009), *Behind the Cloud: the untold story of how Salesforce.com went from idea to billion-dollar company – and revolutionized an industry*, San Francisco, S. 245

42 Umsatz im Finanzjahr mit Ende Januar 2018, https://s1.q4cdn.com/454432842/ files/doc_financials/2018/Q4/CRM-Q418-Earnings-Press-Release-w-finan cials.pdf

43 Benioff, M. (2009), S. 245

44 Chapman, G./White, P. (2013), *Die 5 Sprachen der Mitarbeitermotivation*, Tü-bingen, S. 22

45 Ebd., S. 23

46 https://en.wikipedia.org/wiki/David_C._Novak abgerufen im September 2018

47 Übersetzt aus Novak, D. (2012), *Taking People with You: The Only Way to Make BIG Things Happen*, New York, S. 178

Kapitel 6: Immer noch Tag 69: Der 2-Stunden-Chef als Coach und letzte Instanz

1 Galli Zugaro, E. (2017), S. 7

2 Übersetzt aus Ebd., S. 53

3 Übersetzt aus Ebd., S. 55

4 Übersetzt aus Scharmer, O. (2018), *The Essentials of Theory U: Core Principles and Applications*, Oakland, S. 25 f.

5 Galli Zugaro, E. (2017), S. 63

6 Ich hatte diesen Spruch einmal im Zusammenhang mit Buddha gehört, aber der Jesuit Michael Bordt ordnet ihn Franz von Sales zu. Vgl.: Bordt, M. (2017), *Die Kunst sich selbst auszuhalten: Ein Weg zur inneren Freiheit*, München, S. 19

7 Kissel, K./Tschinkel, W. (2018), *Das Prinzip der minimalen Führung: Effektive Führung im Wandel der Zeit*, Hamburg, S. 97

8 Übersetzt aus Scharmer, O. (2018), S. 26

9 Für die Definitionen vergleiche Scharmer, O. (2018), S. 27/28 und S. 41/42 sowie das Video »Zuhören ist nicht gleich zuhören« von Otto Scharmer, BildungsTV, 16.12.2014, https://www.youtube.com/watch?v=VZ7VTQeJaEo

10 Übersetzt aus Ebd., S. 28

11 Hengstschläger, M. (2012), *Die Durchschnittsfalle: Gene-Talente-Chancen*, Salzburg, S. 14

12 Buckingham, M./Clifton, D. (2016), *Entdecken Sie Ihre Stärken jetzt!: Das Gallup-Prinzip für individuelle Entwicklung und erfolgreiche Führung*, Frankfurt, S. 17

13 Ebd., S. 14

14 Seligman, M. (2005), *Der Glücks-Faktor: Warum Optimisten länger leben*, Köln, S. 258

15 Buckingham, M./Clifton, D. (2016), S. 66

16 War damals ein Kaufhaus in Chicago, Anmerkung der Autorin

17 Übersetzt aus: How I Did It: Bobbi Brown, Founder and CEO, Bobbi Brown Cosmetics, Interview mit Athena Schindelheim, *Inc. Magazine*, 1. November 2007, https://www.inc.com/magazine/20071101/how-i-did-it-bobbi-brown-founder-and-ceo-bobbi-brown.html

18 Ebd.

19 Ebd.

20 Ebd.

21 Der Teilnahmecode ist in jedem Buch enthalten: Rath, T. (2014), *Entwickle deine Stärken: mit dem StrengthsFinder 2.0*, München

22 Ein Konto anlegen und Test kostenlos machen unter: https://www.authentichappiness.sas.upenn.edu/de/content/kurztest-zu-st%C3%A4rken

23 Oncken, W./Wass, D. L. (1974). Management Time: Who's Got the Monkey?, in *Harvard Business Review*, November-Dezember 1974, Reprint in der Ausgabe November-Dezember 1999. Der Artikel zählt laut *HBR*-Angabe im Reprint zu den Top-zwei-Reprint-Bestsellern.

24 Lohmann, D. (2012), *... und mittags geh ich heim: Die völlig andere Art, ein Unternehmen zum Erfolg zu führen*, Wien, S. 212

25 Lencioni, P. (2014), *Die 5 Dysfunktionen eines Teams*, Weinheim, S. 163

26 Ebd., S. 165

27 Ebd., S. 163

28 Ebd., S. 174

29 Mehr zum Thema selbststeuernde Organisationen im nächsten Kapitel.

30 Mehr Informationen zu Gisbert Rühl und Klöckner & Co finden Sie unter »Die Interviewpartner« weiter hinten im Buch.

Kapitel 7: Voraussetzungen für erfolgreiches Loslassen

1   Bourree, L. (2015), Why Are So Many Zappos Employees Leaving? Last year, the company's turnover rate was 30 percent, *The Atlantic*, 15. Januar 2016: https://www.theatlantic.com/business/archive/2016/01/zappos-holacracy-hierarchy/424173/

2   Scheller, T. (2017), *Auf dem Weg zur agilen Organisation: Wie Sie Ihr Unternehmen dynamischer, flexibler und leistungsfähiger gestalten*, München, S. 446

3   Collins, J. (2011), S. 27

4   Sprenger, R. (2014), S. 180

5   Adlmaier-Herbst, G./Storch, M./Storch J./Breiter, R. (2018), *Change-Management – so klappt's! Die vier ZRM®-Innovationen für den erfolgreichen Wandel*, Bern

6   Die vollständige Biografie von Professor Dr. Adlmaier-Herbst befindet sich im Abschnitt »Die Interviewpartner« am Ende des Buches.

7   Arnold, H. (2016), S. 34

8   Scheller, T. (2017), S. 110

9   Ebd., S. 182

10 Robertson, B. (2015), *Holacracy: Ein revolutionäres Management-System für eine volatile Welt*, München, S. 7 f.

11 Gloger, B./Rösner, D. (2014), *Selbstorganisation braucht Führung: Die einfachen Geheimnisse agilen Managements*, München, S. 77

12 Ebd., S. 32

13 Ebd., S. 79

14 Strauch, B. und Reijmer, A. (2018), *Soziokratie: Kreisstrukturen als Organisationsprinzip zur Stärkung der Mitverantwortung des Einzelnen*, München, S. 106

15 Robertson, B. (2015), S. 48, 49

16 Ebd., S. 23

17 Laloux (2014), S. 270

18 Laloux, F. (2018), *Sense and Respond: Wirtschaftsphilosoph und Bestsellerautor Frédéric Laloux über das Ende der klassischen Organisation – und warum die Zukunft selbstführenden Organisationen gehört*, Interview mit Egon Zehnder, 17. Mai 2018, https://www.egonzehnder.com/de/interview-mit-frederic-laloux

19 Ebd.

20 Arnold, H. (2016), S. 35

Kapitel 8: Tag 385: Wie schaffen Sie den Wandel – auch ohne Unfall?

1   Janssen, B. (2016), *Die stille Revolution: Führen mit Sinn und Menschlichkeit*, München

2   Zitiert in Kegan, R./Laskow Lahey, L. (2009), *Immunity to Change: How to Overcome It and Unlock the Potential in Yourself and Your Organization*, Boston MA, S. 2

3   Kegan, R./Laskow Lahey, L. (2009), S. 227–282

4   Carson, R. (2003), *Taming Your Gremlin: A Surprisingly Simple Method for Getting Out of Your Own Way*, New York, S. 99 ff. (selbst-limitierende Überzeugungen über uns selbst), S. 162 und 163 (Review). Wiederauflage der 1984 erschienenen Erstausgabe.

5   Vergleiche dazu Storch, M./Krause, F. (2017), *Selbstmanagement – ressourcenorientiert: Grundlagen und Trainingsmanual für die Arbeit mit dem Zürcher Ressourcen Modell*, Bern. Dies ist kein Do-it-yourself-Buch, aber gibt einen klaren Einblick in die Methode und kann als Entscheidungshilfe dienen, ob man ein ZRM-Seminar oder Coaching buchen will.

6   Bordt, M. (2017), S. 39
7   Ebd., S. 83
8   Keller, G./Papasan, J. (2017), *The One Thing: Die überraschend einfache Wahrheit über außergewöhnlichen Erfolg*, München, S. 19
9   Siehe Maurer, R. (2014), *One Small Step Can Change Your Life: The Kaizen Way*, New York, S. 2
10   Mehr zu Anke Kaupp am Ende des Buches im Abschnitt »Die Interviewpartner«.
11   Luna, E. (2015), *The Crossroads of Should and Must: Find and follow your passion*, New York
12   zu Salm, C., (2015), *Dieser Mensch war ich: Nachrufe auf das eigene Leben*, München
13   Sher, B. (2010), *Wishcraft: Wie ich bekomme, was ich wirklich will*, München, amerikanische Erstausgabe 1979
14   Kötter, R. und Kursawe, M. (2015), *Design Your Life: Dein ganz persönlicher Workshop für Leben und Traumjob*, Frankfurt

Kapitel 9
Ausblick: Autonomie als Schlüsselfrage der Zukunft

1   Übersetzt aus Vanderbild, T. (2018), Why Futurism has a Cultural Blindspot: We predicted cell phones, but not women in the workplace, *Nautilus, Issue 065*, 11 Oktober 2018, abgerufen unter http://nautil.us/issue/65/in-plain-sight/why-futurism-has-a-cultural-blindspot-rp
2   Ebd.
3   Meckel, M. (2018), *Mein Kopf gehört mir: Eine Reise durch die schöne neue Welt des Brainhacking*, München, S. 227
4   Ebd., S. 226
5   Harari, Y. N. (2018), *21 Lektionen für das 21. Jahrhundert*, München, S. 104
6   Pascal Finettes Vita findet sich unter »Die Interviewpartner« hinten im Buch.

Register

Über die Autorin

Insa Klasing ist CEO und Mitgründerin des Start-ups TheNextWe in Berlin. TheNextWe macht Coaching skalierbar, um Transformation durch unternehmensweites Umdenken zu ermöglichen. Zuvor war sie Geschäftsführerin von KFC in Deutschland, Österreich, Schweiz und Dänemark, wo sie das Geschäft verdoppelte und 2 600 neue Arbeitsplätze schuf. In ihrer Zeit als Geschäftsführerin eröffnete KFC annähernd so viele Restaurants in Deutschland wie in den über vierzig Jahren zuvor. Davor führte sie erfolgreich die britische Marke innocent smoothies in Deutschland ein, die sich als Marktführer durchsetzte. 2017 wurde Insa vom World Economic Forum zum Young Global Leader ernannt. Insa ist gefragte Keynote-Red-

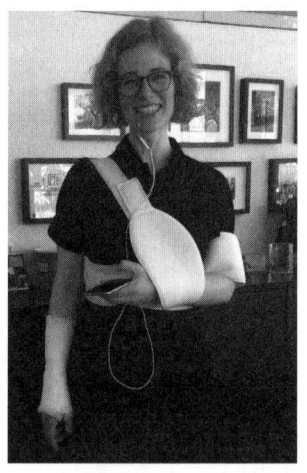

nerin zu den Themen Führung der Zukunft, Change-Management und Kulturwandel und schreibt dazu regelmäßig Gastbeiträge. Sie hält diverse Aufsichtsrats- und Verwaltungsratsmandate im In- und Ausland.

Zu Beginn ihrer Karriere war sie bei Bain & Company in London als Unternehmensberaterin in den Bereichen Consumer Goods und Private Equity tätig. Ihr erster Arbeitgeber war die NGO Action Aid! in Neu-Delhi, wo auch ihr Buch über Behinderung und Landarmut in Indien entstand. Sie ist Gründerin der NGO Zindagi-India, die Grundschulen für benachteiligte Kinder im Himalaya baute. Die gebürtige Norddeutsche ging nach dem Abitur direkt nach England, wo sie einen Bachelor-Abschluss in Politik, VWL und Philosophie an der University of Oxford und einen Magister-Abschluss in South Asian Area Studies an der University of London erwarb.

www.2stundenchef.de